动画与数字媒体专业系列教材

U0168618

AI创造力：
智能产品设计与研究

吴卓浩 著

清华大学出版社
北 京

内容简介

随着人工智能（AI）技术的飞速发展，将技术转化为产品应用的需求和价值也越来越高，迫切需要对于智能产品设计方法的构建以及智能产品设计人才的培养。本书结合最新的 AI 发展情况，系统化地梳理了智能产品设计纵向的历史发展、横向的产业领域，多方面、多层次地展现了 AI 在产品设计中的各种应用场景、方法、流程，以及如何构建智能产品设计能力。

全书共分为四篇：第一篇（第 1、2 章）研究智能产品的设计趋势；第二篇（第 3、4 章）展开讲述智能产品的分析策划；第三篇（第 5、6 章）进行智能产品的设计实践；第四篇（第 7、8 章）规划智能设计的职业之路。全书提供了大量应用实例，每章节后附有思考题、练习题，书的最后还有丰富的自我挑战课题。

本书适合作为高等院校设计类、计算机类等专业的教材；同时可供有志于在产品设计领域发展的设计师、产品经理、对产品设计感兴趣的工程师、市场 / 运营人员，以及对科技、设计感兴趣的普通人参考。

图书在版编目（CIP）数据

AI创造力：智能产品设计与研究 / 吴卓浩著. —北京：清华大学出版社，2024.7
动画与数字媒体专业系列教材
ISBN 978-7-302-66244-0

Ⅰ. ①A… Ⅱ. ①吴… Ⅲ. ①智能技术－应用－产品设计－教材 Ⅳ. ①TB472

中国国家版本馆CIP数据核字（2024）第096532号

责任编辑：张　敏
封面设计：郭二鹏
责任校对：徐俊伟
责任印制：刘　菲

出版发行：清华大学出版社
　　　　网　　　　址：https://www.tup.com.cn，https://www.wqxuetang.com
　　　　地　　　　址：北京清华大学学研大厦A座　　　邮　　编：100084
　　　　社　总　机：010-83470000　　　　邮　购：010-62786544
　　　　投稿与读者服务：010-62776969，c-service@tup.tsinghua.edu.cn
　　　　质　量　反　馈：010-62772015，zhiliang@tup.tsinghua.edu.cn
　　　　课　件　下　载：https://www.tup.com.cn，010-83470236
印　装　者：涿州汇美亿浓印刷有限公司
经　　销：全国新华书店
开　　本：185mm×260mm　　印　　张：14.25　　字　　数：321千字
版　　次：2024年9月第1版　　印　　次：2024年9月第1次印刷
定　　价：79.80元

产品编号：095491-01

编委会 |

总　主　编： 廖祥忠

总 副 主 编： 黄心渊　田少煦　吴冠英

编委会委员（排名不分先后）

序言一
PREFACE

媒介与社会一体同构是眼下正在发生的时代进程，技术融合、人人融合、媒介与社会融合是这段进程中的新代名词。过往，媒介即讯息，媒介即载体。现今，媒介与社会一体同构，定义新的技术逻辑，确立新的价值基点，构建新的数字生态环境，也自然推动新的数字艺术与数字产业进化。

2016年，数字创意产业已经与新一代信息技术、高端制造、生物、绿色低碳一起，并列为国民经济的五大新领域，被纳入《"十三五"国家战略性新兴产业发展规划》中。2021年，《中华人民共和国国民经济和社会发展第十四个五年规划和2035年远景目标纲要》（简称《纲要》）用一整篇、四个章节、两个专栏的篇幅，围绕"数字经济重点产业""数字化应用场景"等内容，对我国今后15年的数字化发展进行了总体阐述，提出以数字化转型驱动生产方式、生活方式和治理方式的多维变革，来迎接数字时代的全面到来。此外，《纲要》中列举了数项与"数字艺术"相关的重点产业，并规划了"智能交通""智能制造""智慧教育""智慧医疗""智慧文旅""智慧家居"等与"数字艺术"相关的应用场景，这些具体内容的展望为"数字艺术"的教学、研究和实践应用提供了广袤的发展空间。

20世纪50年代，英国学者C. P. 斯诺注意到，科技与人文正被割裂为两种文化系统，科技和人文知识分子正在分化为两个言语不通、社会关怀和价值判断迥异的群体。于是，他提出了学术界著名的"两种文化"理论，即"科学文化"（Scientific Culture）和"人文文化"（Literary Culture）。斯诺希望通过科学和人文两个阵营之间的相互沟通，促成科技与人文的融合。半个多世纪后，我国许多领域至今还存在着"两种文化"相隔的局面。造成这种隔阂的深层原因或许有两点：一是缺乏中华优秀文化、特别是中国传统哲学思想的引导；二是盲目崇拜西方近代以来的思想和学说，片面追求西方"原子论—公理论"学术思想，致使"科学主义—技术理性"和"唯人主义"理念盛行。"科学主义—技术理性"主张实施力量化、控制化和预测化，服从于人类的"权力意志"。它使人们相信科学技术具有无限发展的可能性，可以解决一切人类遇到的发展问题，从而忽视了技术可能带来的负面影响。而"唯人主义"表面上将人置于某种"中心"的地位，依照人的要求来安排世界，最大限度地实现了人的自由。但事实上，恰恰是在人们强调人的自我塑造具有无限的可能性时，人割裂了自身与自然的相互依存关系，把自己凌驾于自然之上，这必然损害人与自然之间的和谐，并最终反过来损害人的自由发展。

当今世界，随着互联网、人工智能、大数据、新能源、新材料等技术在社会多个层面的广泛渗透，专业之间、学科之间的边界正在打破，科学、艺术与人文之间不断呈现出集成创新、融合发展的交叉化发展态势。自然科学与人文学科正走向统一，以人文精神引导科技创新，用自然科学方法解决人文社科的重大问题将成为常态。伴随着这一深刻变化，高等教育学科生态体系也迎来了深刻变革，"交叉学科"所带动的多学科集成创新正在引领新文科建设，引领数字艺术不断进行自身改革。

动画、数字媒体是体现科学与艺术深度融合特色的交叉学科专业群。主要跨越艺术学、工学、文学、交叉学科等学科门类，涉及的主干学科有戏剧与影视（1354）、美术与书法（1356）、设计（1357）、设计学（1403）、计算机科学与技术（0812）、软件工程（0835），并且同艺术学（1301）、音乐（1352）、舞蹈（1353）、信息与通信工程（0810）、新闻传播学（0503）等学科密切相关。它们以动画，漫画，数字内容创作、生产、传播、运营及相关支撑技术研发与应用为主要研究对象，不仅在推动技术与艺术融合、人机交互、现实与虚拟融合等方面具有重要作用，更在讲好中国故事、传播中国文化、构建人类命运共同体等方面扮演重要角色。

在新文科建设赋能学科融合的背景下，教育部高等学校动画、数字媒体专业教学指导委员会本着"人文为体、科技为用、艺术为法"的理念，积极探索人文与科技的交叉融合。让"人文"部分涵盖文明通识、中华文化与人文精神等；"科技"部分涵盖三维动画、人机交互、虚拟仿真、大数据等；"艺术"部分涵盖美学、视觉传达、交互设计与影像表达等。为了应对时代和媒介进化的挑战，我们教学指导委员会组织全国本专业领域的骨干教师编写了这套"动画、数字媒体专业系列教材"，希望结合《动画、数字媒体艺术、数字媒体技术专业教学质量国家标准》推动课程建设和专业建设，为这个专业群打造符合这个时代的高等教育"数字基座"，进一步深入推动动画和数字媒体专业教育的教学改革。

教育部高等学校动画、数字媒体专业教学指导委员会主任

中国传媒大学校长

廖祥忠

2024 年 1 月

序言二
PREFACE

一直以来，我最大的梦想就是实现通用人工智能（AGI）。我在哥伦比亚大学读本科时就开始研究自然语言处理和计算机视觉，在卡耐基·梅隆大学读博士时主攻机器学习，当时我的博士申请书写的就是 AI。一方面，我希望能打造超人能力的 AI；另一方面，我希望了解人的大脑是如何思考和工作的。我从卡耐基·梅隆大学毕业，再到苹果、微软、谷歌、创新工场、零一万物，40 多年来，我在 AI 的征途上一直矢志不渝地探索 AGI 的可能路径。

以大语言模型为代表的 AI 2.0 是有史以来最伟大的技术革命，AI 的能力边界得到前所未有的扩展。只要有更多的数据和更多的 GPU，AI 就能够不断地快速学习，迭代进步。之前很多人认为 AI 缺乏丰富的创造力，但现在看来并非如此。基于海量知识的学习，大语言模型在一定程度上成功模拟了人类的思考过程，实现了深层次的理解、推理及创造性思考。可以说，我们比以往任何时候都更接近通用人工智能，它不仅已经在计算机视觉、自然语言理解等特定领域超越人类，而且能在多种不同情境下展现类似或超越人类智慧的能力。我相信，不久的将来，AI 能在 95%、甚至 99% 的任务上超过人类。AI 肯定会为人类创造巨大的价值，当然也会带来风险。作为一个谨慎的技术乐观主义者，我们看到的是过去每一项技术给社会带来的好处远远大于它的坏处。技术带来的挑战可以被技术解决，我们应该把握积极乐观的心态引导和规范，让 AI for Good。

AI 2.0 也是有史以来最伟大的平台革命，当前 AI 2.0 正在穿透各行各业，其带来的平台型机会比移动互联网时代要大 10 倍。一是用户体验将彻底改写。我们不再需要大量的视觉刺激或者输入，讲一句话 AI 就把事情做好了。二是整个商业模式都会被颠覆。一个 AI 助理就能取代当下很多商业模式。对绝大部分高科技公司来说，最具商业前景的发展方向莫过于打造 AI 应用，无论面向企业端（2B）还是面向消费端（2C），都会有大量的机会。

AI 2.0 时代的产品创新与创业需要具备几个关键能力：首先，是对技术趋势的敏锐洞察。在 AI 2.0 技术日新月异的今天，及时理解和运用最新的 AI 2.0 技术是把握创新先机的关键。其次，是对市场需求的深入理解。一个成功的创新产品或服务，应该是技术、产品和市场需求的完美结合，也就是 TPMF（Technology-Product-Market Fit）。最后，是跨学科思维和跨领域合作。在 AI 2.0 的世界里，多领域融合创新是成功的关键要素之一。

这正是卓浩这本书的重要意义与价值——它帮助读者深刻认识和理解 AI 2.0 时代所带来的挑战与机遇，找到产品创新与创业的方向，把前沿科技转化为既有意义、又有商业价值的产品。本书的内容涵盖了智能产品设计与研究的各个方面，从理论基础到实际案例，从用户研究到市场验证，从设计探索到工程实现，从方法流程到范式转变。在阅读过程中，读者不仅能体验到 AI 2.0 时代激动人心的创新热潮，更能激发自己如何在这个新时代中发现并抓住属于自己的创新与创业机会。

创新工场董事长、零一万物 CEO

李开复

序言三
PREFACE

　　我们正处在一个聚变科技时代。世界新一轮科技革命与产业革命，正在重塑我们的生活方式，颠覆现有很多产业的形态、分工和组织形式，改变人与人、人与世界的关系。未来社会趋势是更广泛的互联互通，更透彻的感知，更深入的智能。人工智能、大数据带来的变化不仅仅是提高效率和产能，更是创新的优质产品与社会服务。在人工智能与大数据时代，我们要通过设计将人与人、物与人之间的数据按照自然逻辑和社会逻辑联系到一起，以创造更高的经济和社会价值。

　　设计是一种平衡手段，是一种关系协调的过程，解决问题是设计的任务；在寻找难题的解决方案中创造价值，则是设计的价值。AI 时代中最主要的问题是什么？人类面临很多挑战，例如科技迅猛发展，环境、气候、人口、能源、健康、发展不平衡等，如何借助 AI 的帮助来解决这些问题？设计上经常说"以人为中心"，从代际间考虑，这不仅指我们，还有子孙后代；从世界层面考虑，需要关注的不仅是个人，也是团体、社会，更是全人类不同的国家、地区、民族、文化。在 AI 时代，如何以人为中心，创造性地解决问题，为人创造价值？

　　教育同样面临巨大的挑战与变革，在理念、内容、方法上都要面临一系列更新，需要立足当下、瞄准未来、主动变革。传统教育更强调传道、授业、解惑，是知识传授型的，学生被动式接受教育；现代型的教育更多地强调发现、分析、解决问题，是一种激发创造力、互动式的教学模式。在 AI 时代的挑战与机遇下，我们需要重新思考，教育的意义是什么？人才培养、科学研究、社会服务和文化传承与创新，是教育经久不变的四大职能。其中的"人才培养"在社会变革期尤其重要，因为所有的竞争、所有的改变、所有的目标的实现都是靠人。

　　2002 年卓浩在第一次见我的时候，拿出的是他关于图形化用户界面设计的几百页论文；这份时隔二十多年的新作，围绕培养"AI 创造力"人才这一主题，探讨如何创造性地运用 AI、以 AI 激发人类创造力，让人与 AI 各展所长、共生共创。通过系统化的知识构建、案例分析、方法研讨、训练习题，呈现了他对智能产品的设计以及运用智能进行产品设计的探索实践，希望能引发大家更多的思考，共同进步。

清华大学文科资深教授，原美术学院院长，博士生导师

教育部设计学类专业教学指导委员会主任、国务院学位委员会设计学科评议组召集人

科技部 2035 国家科技发展战略研究专家组成员

鲁晓波

我们仰望星空，俯瞰山海，从第一件石器、第一笔刻画出现，设计已经开始，人类的智慧光芒让我们成为万物之灵。

在人类历史的长河中，山川、火种、矿石和机器推动着世界版图的演变和人类文明的进步。今天，数字、智能和网络正在形成决定未来的力量，一场速度最快、规模最大的变革和迁徙已经开启，原有的认知不断被打破，数字技术的指数级发展使各种新兴产业模式如大潮般涌现，我们该如何设计我们的世界和我们自己。

在过去几百年，科学启蒙、工业革命、信息和智能带来的浪潮不断改变着这个世界，创造出数以百万的神奇事物，我们不断追问下一个创新是什么？21世纪前20年，信息革命推平了世界，全球产业史无前例地由生产者为中心转变为以用户为中心。进入21世纪的第三个10年，数字智能的每一秒钟都令我们激动不已，成为与人类同时塑造世界的全新力量。

从生命诞生到人工智能，从科学启蒙到机器崛起，持续不断地连接重组着万物之间的联系，这是一场人性智慧、人工智能、互联智造的系统构筑。身处技术与文化变动风暴的中心，我们如何设计我们的世界和我们自己，我们能否掌握新的力量！

时代的车轮，改变了经济社会原有的创新模式和运行规律，创新的结果不仅来自于发现和突破，更多的是信息智能和人类智慧的动态蕴变。

泛在互联、超级计算、数字智能，推动我们所处的环境巨变，创新设计正处于数字空间、物理世界与人类社会三元世界交汇的中心，设计数智化迎来重大机遇和挑战，与过去依靠设计师的灵感和创意不同，在摩尔定律的驱动下，超级计算同时面向数10亿个体的实时设计，瞬间满足大规模定制设计需求。

从大批量制造到大规模定制，从工业流水线到模块化虚拟生产，全新的设计时代随着科技革命和产业变革一起到来！正在呈现的智能制造图景中，数智化设计将用户需求转化为供应链和智慧工厂的指令集，融入设计、感知、决策、执行、服务等产品全生命周期，实现用户大数据和大规模定制的超级对接和价值转化，成为智能制造的重要引擎和驱动力。

未来大门已经光芒四射，智慧、智能、智造三智融合，我们所面对的并不只是一场科技革命，我们正在建立新文明的基础。以人性智慧设计未来，以人工智能创造力量，以智能制造构建开放共享的产业生态。

卓浩在本书中，把AI科技的发展、设计方法的演进、产业案例的实践有机地结合在一起，细致地呈现了在 AI 时代，智能产品的设计与产品的智能设计所迎来的前所未有的创新机遇，其探索令人感动和兴奋，更值得个人、团队、企业在实践中引发启迪和行动，促进智能化转型与成长。设计，将秉承人性智慧的光辉，与科技智能、产业互联网深度融合，链接用户大数据和智能制造，将人类对美好生活的不懈追求转化为大规模定制设计与服务，共同创造生机勃勃、共荣共生的美好新世界！

中国工业设计协会会长

国家工业设计研究院（智能制造领域）院长

世界工业设计大会创始人

世界设计产业组织现任主席

刘宁

早晨醒来，我起身先去检查一下这一夜的"收成"，根据昨晚睡觉前设定的参数和任务，AI 生成了 720 张设计图。快速浏览了下，有几张很不错，可以做进一步的加工，之后还可以作为新一轮模型训练的素材。

一边吃早餐，一边和孩子讨论他们正在制作的动画短片，建议他们把画面中实拍的房间背景换成 AI 根据他们的草图生成的全景图，那样整体的沉浸感会更强。

送完孩子上学，去公司的路上遇到一段堵车，启动自动跟车功能，虽说还是要保持注意力，但比不断地停车起步操作还是省心很多。最近发现一本新书不错，AI 用孩子的声音读出来，就像孩子在身边一样。

因为时间冲突，错过了几个会议，好在视频会议都有全程录像，并且自动把语音转为文字，还生成了要点总结。我有几个关心的话题，搜索关键词，跳转到会议录像的相应位置，看到大家当时的讨论不错，正在顺利推进。

设计团队做了一个新角色，把 3D 模型输出的图片作为素材，训练出了一个图像生成模型。用这个模型就可以非常方便地输入文字，生成各种动作、装扮、道具、背景的图像，比3D 模型摆姿势、建模、渲染快很多，效果也很好，做创意设计方便极了，甚至没有学过设计的人都可以用得很好。

午餐时刷了一会儿短视频，看到几个新的 AI 应用的视频，准备研究一下。不过最近推荐给我的内容里，娱乐类的占比又上升起来了，看来得花时间再调教一下这个推荐系统。

营销团队展示了他们和 AI 一起快速尝试的几套推广方案，故事稍微有点普通，还需要在里面多融入一些人性的部分；视频短片的效果很好，而且团队能直接用文字和图片来调整视频，效率也高了不少。

晚上回到家，孩子们迫不及待地向我展示他们和 AI 一起做的新音乐，是把今天下雨的感觉做了出来，用琵琶、笛子、钢片琴、电子鼓组合起来演奏，其中的琵琶就像画龙点睛，把雨打芭蕉的神韵表现了出来。

孩子们追着我讲睡前故事，还让我用"三词成文"的方法，给我三个无关的词语，让我编成故事。他们说我编得比 AI 好，这可真是让人高兴的事情，哈哈！

睡觉前，我需要再去种下今天的"庄稼"，有时是让 AI 做研究、写文章，有时是让 AI 去做设计方案的探索。不过设计方案太多了也挺麻烦，看来得另外做个评价体系，能从众多方案里自动筛选出一些最合乎要求的，然后我再从这个缩小的范围里做选择。

......

这不是未来的一天，而是今天会实实在在发生的事情。更准确地说，是在过去的一年里逐渐变为现实的事情。

2023 年，可以称得上是人工智能设计元年。

随着 2012 年的卷积神经网络（CNN）、2014 年的生成式对抗网络（GAN）、2017 年的 Transformer 架构以及大语言模型（LLM）、2021 年的对比语言—图像的预训练（CLIP）、2022 年的扩散模型等关键技术的发展，人们用深度学习算法、图形处理器硬件、互联网积累四十年的数据，凑齐了算法、算力、数据三大要素，终于召唤出能够成为生产力工具的生成式人工智能。自 1950 年代开始的 AI，历经一波三折，终于从论文和实验室中走出，成为普通大众也可以直观感受到、实际用起来的东西。随着 AI 技术逐渐成熟，越来越多的产品中融入 AI，或者直接基于 AI 打造，产品的设计过程也越来越多地使用各种 AI 工具，随之而来的就是新的 AI 设计流程、方法与范式，智能产品设计的时代正在到来。

在这本书中，你将了解到以下内容：

- 最前沿的 AI 科技与智能产品知识，如何用来解决问题、创造价值。设计者一手牵着用户、一手牵着科技，就必须洞悉目前 AI 能够达到的最好效果以及技术的局限。最新的智能产品设计研究与设计，包括原则、方法、工具、流程，由那些可借鉴的、引人思考的、可深入发掘的例子，启发自己的实践。

- 如何在共创的过程中搭建工作流、实现控制性、进行设计范式的转变。充分释放 AI 的能量，挑战过去不可能完成的任务（比如设计 3000 个产品概念设计），让自己成长为一位优秀的智能产品设计者。

- 为什么 AI 创造力极其重要，人与 AI 之间如何各展所长、协作共创。为什么要人来定目标、筛成果，人要发挥的作用和价值是什么；在智能产品设计中，如何做到以人为始、以人为终，以人为师、以人为本、以人为伴。

本书希望带给大家的第一个价值是，通过系统化地梳理智能产品设计纵向的来龙去脉、横向的相关领域，帮助大家感受智能科技、思考智能产品、创造智能未来。和历史上每次科技引发的世界变革一样，这次的 AI 也是首先科技厚积薄发，然后产品爆发。作为产品的设计者来说，能够经历这样的过程是特别幸运的：设计一手牵着用户、一手牵着科技，当科技突破，设计就获得了更强大的力量，去为用户创造价值；设计的本质是创造性地发现问题、解决问题，通过 AI 赋能，设计能够更高效地拥抱不确定性、探索可能性，去创造前所未有的产品，产品设计者在这个过程中也将获得更大的舞台。OpenAI 于 2023 年 8 月首次收购了一家公司[1]，就是为了增强自己把技术转化为产品的能力。

本书希望带给大家的第二个价值是，通过多方面展现 AI 在产品设计中有趣的、引人思考的各种应用场景、方法、流程，剖析其中的关键点、挑战与解决办法，吸引感兴趣的人下决心进入这个领域。二十多年前，我就是因为在大一的时候被计算机系的同学邀请，机缘巧合下成为国内最早进入用户体验领域的人之一，又幸运地遇到了鲁晓波老师、李开复老师等帮助我的师长，让我有机会在用户体验和 AI 的产品设计之路上不断成长。我深深体会到有导师指点以及猜中行业发展红利的意义，所以在这个重要的时间节点上，我也怀着忐忑之心，鼓起勇气写出这本书，以供同行和爱好者评阅。

今天的 AI 只是个开始，无论是从技术、产品、社会的角度来说，我们对 AI 的理解和运用都还处在很初级的阶段。人类在真正搞清楚火的原理以前，已经用火超过百万年；人类梦想像鸟一样飞行，最终创造出飞机。我们当然希望不需要再用 100 万年才能搞清 AI 的秘密，而真正释放 AI 的潜力，同时保护人类的价值，需要科学家、工程师、设计师等方面的共同努力。并且随着 AI 科技的发展，越来越多的普通人也能加入到智能产品的创造与应用之中。这正是 AI 创造力的价值与使命——通过创造性地运用 AI，以及用 AI 增强人类创造力，让人与 AI 各展所长、共生共创。

本书适合有志于在产品设计领域发展的设计师、产品经理、大学生、高中生，对产品设计感兴趣的工程师、市场人员、运营人员，以及大学和中小学教师，还有对科技、产品、设计感兴趣的普通人。大家不仅可以从中了解到很多智能产品设计与研究的知识和实践，还能找到很多可以用在平时的学习、工作、生活中的 AI 工具。如果你愿意进入这样一个潜力无穷的前沿领域，可以认真对待每节的思考题，每章的练习题，以及本书最后的自我挑战课题。

参考文献

最后，感谢家人们给予我的一切，无条件的爱与支持，奇思妙想的灵感，努力向前的动力。

吴卓浩

2023 年 12 月于北京阿派朗创造力乐园

目 录
CONTENTS

1

第一篇
智能产品研究

3 岁的 Summer 说："羽毛把我抓走了，那咖啡怎么办？"

小宝宝这样的话语，让人不由得联想到 AI 做的诗。

AI 与人类思维的根本区别究竟在哪里，又将去往何方？

今天的 AI 取得突破的很重要的一个原因是：

人类不再执着于创造一个全能的机器，而是做一个孩子般的"大脑"，然后去学习。

第 1 章

智能产品与智能设计

1.1 从偃师献技到 ChatGPT

在人类文明的发展过程中，人们一直都期待发明智能的造物。

《列子·汤问》所记载的西周时期工匠偃师，为周穆王（约公元前 1026 年—约公元前 922 年）制作歌舞机器人。西方世界中最早关于智能造物的记载，则可以追溯到公元前 8 世纪《伊利亚特》在特洛伊战争史诗中所记述的，残疾的金属加工之神赫菲斯托斯（Hephaestus）创造了金色的女仆助手，以及第一个"杀人机器人"——塔洛斯（Talos）。当然还有更多非人形的、具有一定智能的造物，比如动物形态的机械装置，但也并没有实物或者图纸流传可考。

随着文艺复兴运动带来的思想文化解放与科技发展，欧洲在 17 世纪到 19 世纪初达到了当时机械自动化装置的顶峰，工匠们建造了很多大师级的作品。其中最知名的智能造物，可能莫过于奥地利人肯佩伦（Wolfgang von Kempelen）发明的下棋机器人"土耳其人"（The Turk），1770 年一经亮相就引起轰动，不过后来被发现，其实是有真人藏在柜子里通过机械装置操控下棋。

今天人们熟知的 AI 形象更多源于影视作品，比如 1984 年开始的《终结者》（Terminator）系列中的各种机器人（很多人对于未来 AI 的恐惧往往就来源于此），2001 年《A.I.》中的机器人男孩戴维，2004 年《机械公敌》（I, Robot）中的机器人桑尼，2023 年《她》（Her）中并无形象、却又栩栩如生的萨曼莎。影视作品中出现的第一个机器人形象是 1927 年出现于电影《大都会》（Metropolis）中的机器人玛利亚，而 1982 年上映的《银翼杀手》（Blade Runner）则第一次从机器人的视角对"生命"这一人类的永恒话题进行了探讨。

1950 年艾伦·图灵（Alan M. Turing）提出了著名的"图灵测试"（the Turing Test）[2]（最初被称为"模仿游戏"）（图 1-1），这是一种对机器表现出相当于或无法区分于人类的智能行为的能力的测试。在测试中，一个真人、一台被设计为产生类似人类反应的机器，分别与一个人类评估者进行自然语言对话；人类评估者知道与之对话的二者之一是一台机器，但是参加测试的两个真人和一台机器之间彼此无法看到对方。如果评估者不能可靠地区分机器和人类，就

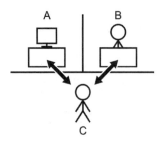

图 1-1 用来判断一台机器是否"具有"智能的图灵测试

说机器通过了测试。测试结果不取决于机器对问题做出正确回答的能力，只取决于它的答案与人类的答案有多接近。这个测试的巧妙之处在于不再纠结于智能的实现方式，而聚焦于智能现象本身。这样清晰的目标导向，更有助于指导科学研究与产品研发的推进。2023 年 4 月，AI21labs 在线组织了一次史上最大规模的图灵测试[3]，由来自全球的超过 150 万人与目前最先进的 AI（比如 Jurassic-2、GPT-4）进行了超过 1000 万次对话，根据最开始的 200 万次对话以及相应的人类判定，发现在 68% 的情况下人类可以准确判定出对方是人还是 AI。其中，当对面是真人时，有 27% 的情况错判对方为 AI；当对面是 AI 时，有 40% 的情况错判对方为人。显而易见，面对今天的 AI，人类已经无法准确区分对方究竟是人还是 AI 了。

2001 年，又有科学家赛尔摩·布林思杰德（Selmer Bringsjord）、保罗·贝洛（Paul Bello）和戴维·费鲁奇（David Ferrucci）提出了"洛夫莱斯测试"（the Lovelace Test）[4]，用于替代图灵测试对 AI 进行评估。如此命名，是因为他们受到了世界上第一位计算机程序员艾达·洛夫莱斯（Ada Lovelace）的启发。他们认为图灵测试太容易，也没有捕捉到智能的本质，想通过洛夫莱斯测试这种创造性测试来解决图灵测试的局限性。进行洛夫莱斯测试，需要一个人类裁判与一个 AI 进行交互，要求它创造一些东西，比如一个故事、一首诗或一幅画；裁判还需要提供一个创作的标准，比如一个主题、一个类型或一个风格。AI 生成一个满足标准的输出结果，如果裁判对输出结果满意，可以要求用不同的或更困难的标准再生成一个输出结果。洛夫莱斯测试要求一个 AI 产生一个原创的、有创造性的、不可从其编程中推导出的输出结果；只有当开发这个 AI 的程序员无法解释它是如何产生输出结果的时候，测试才算通过。洛夫莱斯测试比图灵测试更严格，旨在测试真正的机器认知和创造力。到目前为止，还没有哪个 AI 严格意义上通过了洛夫莱斯测试；但是随着 2022 年以来的新一波"AI 生成内容"（AIGC）技术与产品突飞猛进，AI 已经在与人类协作的过程中越来越接近于通过洛夫莱斯测试。

时至今日，人类的智能造物之路仍然任重道远。人类从大约 100 万年前就开始使用火，可直到 1772 年才由化学家拉瓦锡初步发现了火背后的科学机制；但是正如对鸟儿飞行的追寻，虽然没有得到可实用化的机械鸟，但是却带来了能把数百人一次性运送到万里之外的飞机。随着以深度学习、神经网络为代表的新一代 AI 技术蓬勃发展，尤其是在神奇的"涌现"[5]现象下不断出现的新能力，今天的 AI 虽然与历史上的那些奇妙的想象不同，还达不到能与人类智能比肩的通用 AI，或者叫强人工智能（Artificial General Intelligence，AGI），更不要说达到远超人类智能的超人工智能（Artificial Super Intelligence，ASI），而只是达到了在某个领域或特定任务上接近或者超越人类智能的弱人工智能（Artificial Narrow Intelligence，ANI）。但是无论如何，一扇新的大门的确正在向人类打开。在中文语境中，智能造物的代表，"机器人"因为带一个"人"字，常常被等同于人形机器人，但其实远远不止于此；还原到英文的语境中就很容易理解：英文中的"robot"是一个大类，包括人形机器造物、动物形机器造物、各种其他形态的机器造物（比如机械臂）、智能软件（比如自动聊天软件）等，而"android"（对，就是安卓手机的那个 Android）或者"humandroid"才特指人形机器人。

　　大家知道在工厂里应用最广的"机器人"其实是工业机械臂，而在生活中最常见的"机器人"则是智能音箱和扫地机器人。相比智能音箱以软件交互为主，今天的扫地机器人其实是一个真正具备较全面机器人功能的智能造物，你甚至可以把它理解成一个简化版的自动驾驶小车。扫地机器人具有对周围环境的感知能力（基于激光雷达或摄像头的视觉感知能力、基于碰撞检测的触觉感知能力），决策能力（基于对环境感知的路径规划能力、基于物体识别的环境理解能力），运动能力（结合了导航和互动反应的自动驾驶能力、多种清洁行为能力）。随着软件算法能力的提升，扫地机器人的智能也还有很大的提升空间。换个角度来说，偃师和赫菲斯托斯的智能造物为什么一定要采用人腿这样的结构呢？完全可以用扫地机器人的技术来作为运动底盘以及一部分的计算中枢，在此之上搭载适合各种任务的机械装置，需要什么形态就搭载什么形态。事实上，今天的很多服务机器人就是这样制作的。

　　与靠真人作弊的下棋机器人"土耳其人"不同，与IBM专门下国际象棋的超级计算机深蓝（Deep Blue）与国际象棋世界冠军加里·卡斯帕罗夫（Garry Kasparov）之间的大战不同（第一次1996年卡斯帕罗夫获胜，第二次1997年深蓝获胜，成为首个战胜世界冠军的计算机程序），2016年在围棋比赛中DeepMind的AlphaGo战胜李世石更具划时代的意义——因为AlphaGo从一开始就是瞄准能够在更多领域中应用的通用AI去打造的。一个不是专门为了下围棋而研发的AI程序连续战胜了世界上顶级的人类围棋冠军，发现了人类3000多年从未重视过的棋局中部区域的落子手法，充分展现了AI以复杂破解复杂的"暴力之美"；其后续的新版AI程序，2017年10月发布的AlphaGo Zero从零开始学习，3天后对阵2016年3月战胜李世石的AlphaGo Lee获得100：0，40天后对阵2017年5月战胜柯洁的AlphaGo Master获得90%的胜率，进一步展现了AI超强的学习能力所带来的进化能力；DeepMind还带了更多的AI，AlphaStar在2019年打爆星际争霸的职业高手，AlphaFold在2020年解决了困扰生物学家50年的蛋白质折叠问题，AlphaCode在2021年底悄悄参加CodeForces编程比赛，到2022年2月2日经过10场比赛后在整个社区的总排名达到了Top 54%。通过这一步又一步，Alpha家族向人类展示着越来越多的可能性。

　　终结者机器人和天网超级AI只是科幻电影中的幻想，而在现实世界中，ChatGPT从2022年11月问世以来，已经掀起了新一轮AI浪潮，并创造了2个月达到1亿活跃用户的世界最快速度（此前的最快速度是TikTok创造的9个月达到1亿活跃用户）。它创造的纪录远远不止于此：ChatGPT是第一个普通人可及的大模型AI，它以对话的形式，让用户无需专业知识、编程能力就可以与最先进的AI互动；ChatGPT是第一个可以生成各种类型的文本内容，如诗歌、故事、歌词、代码、摘要等的AI模型；ChatGPT是第一个使用强化学习大规模从人类反馈中进行训练的AI模型，这使得它可以根据用户的偏好和满意度来调整自己的行为，提高用户体验；配合其他AI或其他程序，ChatGPT可以实现多模态的输入输出，比如"看懂"世界，绘制图像……ChatGPT的出现让之前最先进的聊天机器人显得笨拙，让之前代表最前沿AI应用的推荐系统显得能力单一，让AI真正开始成为人们在生活和工作中的小助手。尽管在专业圈子里，对于 ChatGPT 是否代表了 AI 技术发展的方向还有很多争议 [6]，但无论只是柠檬里挤出的最后几滴水，还是引领进入了一个新世界，它都为 AI 技术的应用掀开了一个新篇章。以 ChatGPT 为基础，或者受它启发，大量的应用场景、应用产品如雨后春笋般出现，仿佛 iPhone 时刻再现。这样的 AI 已不只是一个能够执行特定任务的工具，而是能够承载未来之城建设的地基；提供 GPTs 的 GPT Store[7]、全面整合 GPT-4 的 Windows Copilot[8] 都还只是小小的预演，作为 AI 应用大爆发的底层 AI 操作系统即将破壳而出。

随着 AI 应用大爆发，智能产品也将大行其道。智能产品通过使用机器学习、计算机视觉、自然语言处理等 AI 技术，使产品具有了智能的特性。和以前的产品相比，智能产品将带来如下的主要不同：

- 智能产品能够利用 AI 技术感知、学习、适应环境与用户；以前的产品大多是被动的、静态的和孤立的，依赖于人类的输入和控制。
- 智能产品能够提供个性化、动态、互动的用户体验，并随着使用而不断演进；以前的产品只有固定的或者有限的功能，不会随使用时间而改变或改善；以前产品无法做到足够好本地化、国际化的问题，也将随着产品的充分个性化而得到解决。
- 智能产品能够通过云端进行智能管理和更新，实现数据的收集、分析和优化；以前的产品通常无法做到自动优化，甚至需要物理接入更换，难以更新维护或者成本高昂。
- 智能产品能够为制造商和用户持续创造新的价值和机会，提升性能、提高质量、降低成本、增加满意度或者创造新的收入来源；以前的产品随着时间的推移，价值和竞争力都会持续降低。

智能产品的设计虽可以沿用一些经典的设计方法，但更重要的是将充分拥抱 AI 科技，构建新的设计方法与流程。AI 辅助、增强产品设计的方式有很多，例如：

- 以定性、定量、多维度的方式，深入理解产品要解决的问题和用户需求。
- 从功能、体验、品牌、商业、成本等多维度来定义产品的需求和规格。
- 以合适的 AI 工具，基于现有设计、根据用户输入、依托产品数据以及网络大数据，来大规模探索新的设计概念和变化。
- 使用基于 AI 的仿真、测试来充分评估不同的设计方案，结合 AI 以及用户的反馈和建议，迭代和完善设计。
- 构建持续收集、分析数据，用于产品改进、新机会发现的产品演进体系。
- 低成本、高效率、大规模地探索设计与实现产品，为现实世界与虚拟世界打造高质量的智能产品，让虚实融合的世界真正成为可能。

作为智能产品设计者，尤其是非技术背景，也需要积极学习 AI 科技的基础知识（图1-2），就像做工业设计也需要了解材料、结构、工艺，做互联网产品设计也需要了解前后端编程的基础原理。可以从以下几个方面由浅入深地进行：

- 了解机器学习、神经网络、计算机视觉、自然语言处理、数据集、模型算法等 AI 的

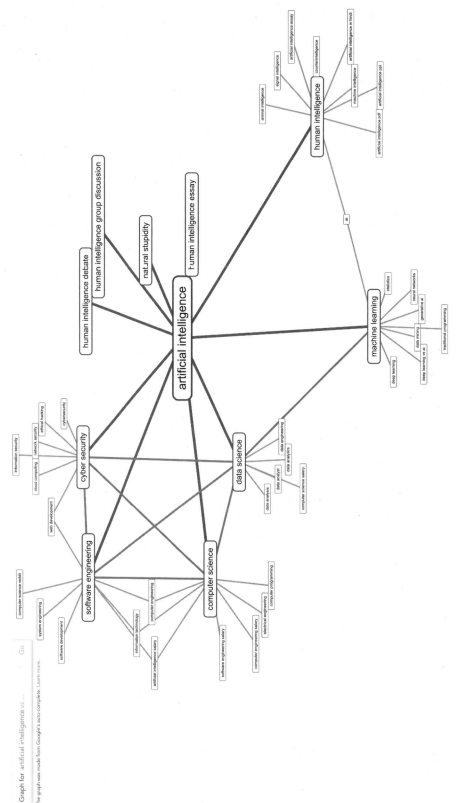

图 1-2　Anvaka 上把谷歌搜索关键词的关系可视化：Artificial Intelligence（2023 年）[9]

背景知识和基本概念（可以在网上搜索"AI 思维导图"），以及 AIGC、数字人、自动驾驶、机器人自动化等与工作相关的具体领域知识，以及它们的应用效果和发展趋势。有条件的还可以补充数学和编程的基础知识，有助于亲自动手来实操 AI 底层工具。

- 对 AI 应用工具的前沿发展保持高度关注，熟悉并能灵活运用这些工具，搭建特定的工作流，来完成任务、实现效果。2023 年开始，AI 应用工具开始井喷式出现，对工具的关注和掌握程度直接影响了设计者的眼界、思路和水平。

- 分析智能产品案例，动手进行智能产品设计实践。可以先从一些简单直接的智能科技应用开始，比如从基于图像识别、文本生成、语音合成的产品功能开始，通过实践来加深理解，提高技能和经验，并在这个过程中锻炼自己与 AI 协作的创造力和创新力。

就像曾经在互联网、移动互联网时代发生过的，智能产品代表了科技与社会发展的方向，将会创造巨大的价值，深刻地影响人类世界，提供大量改变人生的机会。无论你的工作是设计、产品管理、技术、运营、市场……都值得、也应该学习了解智能产品，掌握智能产品的使用与创造方法，最大化地发挥智能的力量，从而最大化地发挥自己的力量、实现自身的价值。

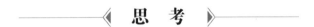

思　考

大众通常理解的 AI 与科技上实际的 AI 相比，大众通常理解的机器人与科技上实际的机器人相比，有什么区别？

在你的亲身体验中，AI 为各行各业带来了怎样的变化？其中的 AI 是怎样工作的？

如何高效地使用 ChatGPT 以及智谱清言这类大语言模型，有什么技巧？

1.2　从数据，算法到智能

数据是 AI 的基础，为算法提供了训练素材；算法是 AI 的核心，通过对数据进行分析和处理，实现智能化决策；智能是 AI 的目标，是 AI 能够理解和适应环境、自主学习和解决问题的能力。

AI 系统需要大量的数据来进行训练和学习。数据可以来自各种来源，包括互联网、传感器、物联网设备等，数据的质量和数量直接影响 AI 系统的性能。AI 系统通过算法对数据进行分析和处理，实现智能化决策。算法可以分为很多种，包括机器学习算法、自然语言处理算法、计算机视觉算法等，算法的选择需要根据 AI 系统的具体任务来决定。AI 系统通过学习和适应环境，实现智能化决策。智能可以分为很多层次，包括感知智能、认知智能、决策智能、行动智能等，AI 系统的智能程度越高，其能力也就越强。

智能是不依赖于外界干预而进行思考和决策的能力，它可以是自然的，也可以是人工的。智能可以从很多不同的维度来进行定义，比如从认知与心理的角度可以包含逻辑、自我意识、情感知识、同理心等，从信息处理的角度可以包含抽象、理解、学习、推理、计划、批判性思维等，从复合能力的角度可以包含创造力、解决问题的能力等。换而言之，智能是一类通过认知或者处理信息，形成经过预处理的知识，以便在今后的某种环境或背景下进行灵活运用的能力。

人们最常研究的是人类智能，但的确也能在非人类的动物和植物身上观察到智能现象；随着科技进步，智能现象也出现在越来越多的人类造物上。有些人并不认同非人类的智能现象，但是正如爱因斯坦所说"不能用创造问题时的思维，来解决这些问题"（We cannot solve our problems with the same thinking we used when we created them.），在目前人类还无法充分解释人类智能的情况下，不妨暂且不把智能作为人类的特权能力，而更多以科学实验的态度，通过现象总结原则，再由原则指导实践。鉴于目前人类的科技还不能创造出与人类智能比肩的通用 AI，人们对于智能相关的实践，除了发掘、运用人类自身的相对高水平智能，再主要就是利用和创造非人类动物、植物、机器等人类造物的相对低水平智能，以及如何把高水平智能和低水平智能合理组合，以发挥出更大的效果。这些都是广义上的智能。

要创造智能产品，可以先看看人类有哪些类型的智能，以便于在智能产品上模拟相关的智能现象，或者创造能被人类感知的智能现象。下列几个主流的经典理论可以作为了解的切入点。

- 查尔斯·斯皮尔曼的智能二因论（Charles Spearman, Two-factor theory of intelligence, 1904）[10]：斯皮尔曼做认知能力和人类智能的心理学测评时，在统计运算中发现，一个人在心理测试中的得分可以分为两个因素，其中一个在所有测试中总是相同的，称为 g 因素（一般因素，g factor，即 general factor）；而另一个在不同的测试中是不同的，称为 s 因素（特定因素，s factor，即 specific factor）。g 因素是一切智能活动的共同基础，人人都有、大小各不相同，对应比如逻辑思维的能力、视觉感知的能力；s 因素是个人完成各种任务所必须具备的智能，因事而异、并非人人都有，对应比如数字敏感的能力、造型色彩的能力。例如，一个人完成任务 x 用到 G+Sx 智能，完成任务 y 用到 G+Sy 智能。研究还表明，g 因素的现象在非人类动物中同样存在，在群体协作中还存在 c 因素（一般集体智力因素，c factor，即 general collective intelligence factor）。

- 乔伊·吉尔福德的智能三维结构模式理论（Joy Paul Guilford, Structure of Intellect theory, SOI，1967、1971、1988）[11]：按信息加工的操作、内容、产物（Operations, Contents, Products）三大维度，对智能进行细分。第一，智能的操作过程，包括认知、短时记忆、长时记忆、发散思维、聚合思维、评价 6 个因素；第二，智能加工的内容，包括视觉（具体事物的形象）、听觉、符号（由字母、数字和其他记号组成的事物）、语义（词、句的意义及概念）、行为（社会能力），共 5 个因素；第三，智能加工的产物，包括单元、类别、关系、系统、转换、蕴含，共 6 个因素。将上述三大维度的细分因素进行组合，就构成了智能的基本能力：6×5×6=180 种。

- 霍华德·加德纳，多元智能理论（Howard Gardner, Theory of Multiple Intelligences, MI Theory，1983、1995、1999）[12]：把智能细分为音乐韵律（musical-rhythmic and harmonic）、视觉空间（visual-spatial）、言语语言（linguistic-verbal）、数理逻辑（logical-mathematical）、身体运动（bodily-kinesthetic）、人际沟通（interpersonal）、自我认知（intrapersonal）、自然认知（naturalistic）、存在认知（Existential）9 项智能。

近年来，深度学习技术的突破让 AI 取得突飞猛进的发展，尤其在感知能力上，AI 可以稳定地在视觉识别（图 1-3）和语音识别（图 1-4）方面超过人类的平均水平，人们在生活中已经对人脸识别和语音识别习以为常。

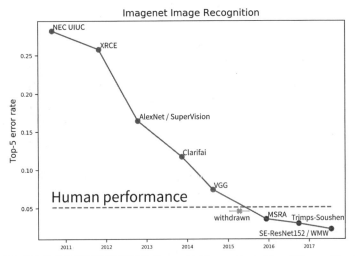

图 1-3　ImageNet 平台举办的大规模视觉识别竞赛（ImageNet Large-Scale Visual Recognition Challenge）中，AI 识别的错误率自 2015 年开始胜过人类平均水平 [13]

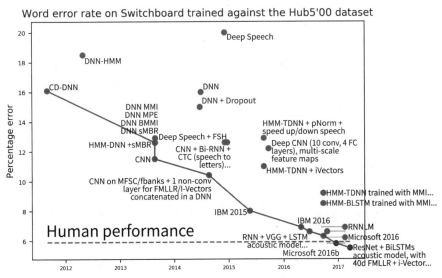

图 1-4　在作为行业标准的 Switchboard 语音识别任务中，AI 识别的错误率自 2017 年开始胜过人类平均水平 [14]

而 AI 的优势还不仅仅在于稳定的识别准确率，更在于可以规模化地提供服务。这不仅仅可以节省人力成本，更重要的是，让过去因为需要大量人力而根本不可能发生的事情变为可能。想象一下，如果抖音 /TikTok 的个性化内容需要通过在世界各地雇佣大量的编辑人员来实现，你觉得为了服务超过十亿的用户需要雇佣多少编辑人员？这种复杂度和成本会直接改变商业策略，也就不会出现抖音 /TikTok 这样的深度个性化视频内容产品。

AI 在感知方面的能力早已有目共睹，而在理解方面的能力也随着 ChatGPT 的横空出世而大幅提升，尤其是 GPT-4 的表现，在很多考试上都达到了人类前 20% 成绩的水平（图 1-5）。

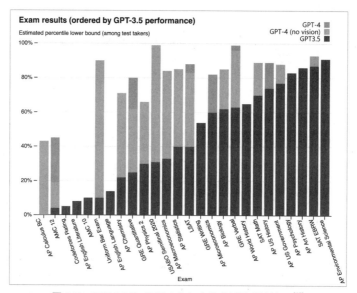

图 1-5　GPT 3.5 和 GPT-4 参加人类考试的成绩情况[15]

自 2021 年以来我在大学面向本科生、硕士研究生和 MBA 研究生开设"智能产品设计"课程，课上学生们列举并整理了身边具有智能特征的产品，并初步总结了它们的智能特点如下（图 1-6），供大家参考和激发思考。

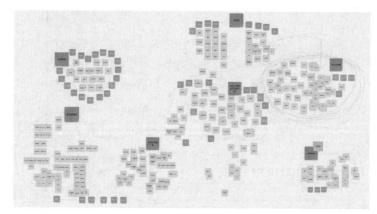

图 1-6　中国传媒大学动画与数字艺术学院本科生以头脑风暴和亲和图的方法，
列举分析智能产品及其智能特点，2022 年

智能产品的案例包括如下几类。

- 智能可穿戴：智能手环，智能手表，智能耳机，智能眼镜。
- 智能家居：扫地机器人，智能插座，智能灯，智能家具，智能马桶，智能门禁，智能垃圾桶，智能衣柜。
- 智能驾驶：自动驾驶，智能汽车，智能导航，AR 导航，无人机智能飞行，智能拖拉机，送货机器人，清洁机器人。
- 智能机器人：咖啡机器人，烹饪机器人，绘画机器人，音乐机器人，魔方机器人，摘草莓机器人，陪伴机器人，机器宠物。
- 智能场地：无人超市，智能停车场，数字孪生智能互动，智能监控、安防，人脸打卡、闸机，人物追踪。
- 智能服务：语音智能转文字，文字智能朗读，智能翻译，聊天机器人，智能语音助手，智能客服，智能教师，商品智能推荐。
- 智能娱乐：虚拟人，视频特效，智能转播，内容智能推荐。
- 智能创作：智能绘画生成，智能音乐生成，智能设计生成，智能文字内容生成（新闻、诗词、故事等）。
- 智能科研：蛋白质结构预测，气象预测。

智能产品的构成要素包括以下几种。

- 技术因素：能够使用 AI、机器学习、云计算等先进技术，创建能够执行复杂任务、适应用户偏好、随时间更新的产品。
- 人因因素：能够提供用户友好和直观的界面，让用户通过语音、触摸、手势等多种方式与产品交互，并根据用户反馈改进产品。
- 商业因素：能够为客户和利益相关者创造价值，提供满足他们需求和期望的产品，提供竞争优势，产生新的收入来源。
- 文化因素：能够考虑产品的社会和道德影响，以及它们对社会和环境的影响，如隐私、安全、可持续性、多样性等。

智能产品设计的原则包括以下几方面。

（1）以人为师

- 基础能力：能感知（看见、听见、接触到），能理解（物体识别、语义理解），能思考（采集信息进行分析），能反馈（视觉、语音、行动）；采用模仿人类或其他生物的设计。
- 学习性：自学习，持续学习，自我优化更新；个性化，定制化，随机性，变通性，多元性；场景化，多种条件判定，预测环境变化并应对。

（2）以人为本

- 人性化：情感化，善解人意，贴近人的认知逻辑，顺应人的使用习惯和思维方式，将产品结果翻译为符合人类认知的结果，服务人类、特定人群。

- 交互性：流畅的交互形式，即时反馈，操作简化，自然交互，操作学习成本低，和环境交互，实体交互。

（3）以人为伴

- 超越性：自动化，节省人工成本，解放人类劳动力，效率高；大规模批量化处理，数据分析能力强大，可稳定工作，可重复，可复制，高保真。
- 协作性：与人类各有所长、各有所短，可以、也需要共生共创。

◀ **思　考** ▶

你在身边的智能产品上观察到哪些智能现象？对应怎样的智能能力？

智能产品中所蕴含的智能是否也存在 g 因素和 s 因素？在目前的技术条件下，可以分别对应哪些智能能力？

在智能产品设计上，如何以人为师、以人为本、以人为伴？

1.3　每个产品都值得重做一遍

有一款食物的智能包装概念设计是这样的：包装本身方便易用，而且在包装上还有一处醒目的标签；随着时间的流逝，临近保质期时标签变为提示的颜色，超过保质期时标签变为警示的颜色。听起来这是个很棒的智能产品设计对不对？其实大自然在亿万年的发展过程中，就像用大数据训练形成 AI 一样，通过生命循环演化迭代出无数这样具有智能现象的生物，比如香蕉。首先香蕉这个产品自带包装，方便保护，也方便食用，扒开外皮就可以吃。在香蕉的外表面上，它会通过颜色跟图案告诉大家它的成熟程度，是否有可能已经出问题了。除了特别的青香蕉品种，通常的黄香蕉品种在青的时候不太好吃，黄的时候颜色黄得越正越好吃，告诉大家快来享用。随后外皮上会开始出现褐色的斑点，斑点越来越多、颜色越来越深，告诉大家不好吃啦，不能吃啦。这是不是也可以认为是一种智能的功能？正如前面所提到的智能包装，在大自然中早已存在，而且实现的手段成本低，还环保。

从某种意义上来说，整个地球的生命系统就是一个超级智能：用各种生物的基因记录着智能算法模型，以其生存概率作为代价函数，进行超大规模、高度并行、已经持续了几十亿年的运算，成果包含了大量具有智能现象的生物。人类在地球上存在的时间尚短，人类造物才刚刚摸到智能的门槛。但是在人类文明有历史记录的数千年间，存在着一条很清晰的规律：人类的生理、心理、社会需求其实是相对稳定的，而每次技术进步都会带来产品功能与形态的重新演绎。

以音乐这种"产品"为例，我们来看看它的发展脉络。

（1）在远古人类的时代，最早的音乐来自于个体和群体在劳作、祭祀、娱乐过程中的发声行为。音乐处于自娱自乐的时代。

（2）进入到奴隶时代和封建时代，占有更多资源的人可以动用资源和特权筛选出一部分有音乐特长的人，要求他们做现场表演；随着封建时代经济的发展，越来越多的人，甚至包括普通百姓，可以享受到音乐专业人士的现场表演。音乐进入观众欣赏专业人士现场表演的时代。

（3）古代的自动化科技进展缓慢。随着机械技术的发展，18 世纪出现了八音盒，19 世纪出现了自动钢琴。

（4）随着近现代科技的发展，1877 年托马斯·爱迪生（Thomas A. Edison）发明了留声机，1906 年雷金纳德·费森登（Reginald A. Fessenden）发出了首次有声音的无线电广播，但当时只能搭配李·德福雷斯特（Lee De Forest）发明的笨重的真空管收音机使用。音乐进入通过电气化进行存储和传播的时代，音乐产品走入千家万户。

（5）1954 年美国利金希（Regency）公司推出首款小巧便携的晶体管收音机；1963 年荷兰飞利浦公司推出放音录音一体化，但体型稍大的盒式磁带录音机；1979 年日本索尼公司推出小巧便携的随身听（Walkman），1982 年推出 CD 播放器，1984 年推出便携 CD 播放器。音乐进入便携的时代，音乐产品可以随时随地享用。

（6）1998 年韩国世韩（Saehan）公司推出首款 MP3 音乐播放器，2000 年韩国三星公司推出首款具备音乐功能的手机，2001 年美国苹果公司推出首款 iPod 把音乐播放器中能容纳的音乐从十几首、数十首提升到数千首。音乐进入数字时代，播放器小巧但音乐数量巨大。由于音乐能够以数字化存储和传输，苹果在 2003 年推出的可以下载音乐的 iTunes Store 彻底颠覆了音乐行业的销售和推广模式。2005 年推出的 iPod Shuffle 连屏幕都没有，竟然以软件上的随机播放为特色，成为大热畅销产品。

（7）2005 年正式发布的美国 Pandora.com 提供互联网流媒体音乐服务，2008 年成立的瑞典 Spotify.com 提供的音乐服务则具有更好的个性化推荐、社交功能。音乐进入流媒体时代，逐渐出现了个性化推荐、听声识曲、哼歌识曲等智能功能。

（8）2010 年以来，各种 AI 音乐创作工具逐渐从实验室走上市场，比如 2012 年成立的加拿大 LANDR.com，2014 年成立的美国 AmperMusic.com，2016 年成立的卢森堡 AIVA.ai，2018 年成立的美国 Boomy.com、中国灵动音科技 lazycomposer.com，2019 年推出的美国 OpenAI 的 MuseNet，2020 年成立的日本 Soundraw.io 等。音乐进入智能时代，这些工具不仅能帮助专业人士更高效的工作，也能让没有音乐天赋的普通人有机会和 AI 一起创作出尚可的音乐作品。

（9）2020 年 4 月 24 日，2770 万人在《堡垒之夜》游戏中，参加了美国说唱歌手 Travis Scott 的"沉浸式"大型演唱会"Astronomical"。8 月，小冰公司发布了 X Studio，让 AI 演唱歌曲。

（10）2022 年 12 月以来，Mubert、谷歌、Meta 分别发布了各种 AI 音乐生成模型，根据用户输入的提示语、风格要求等，生成音乐。还有人开发了"图生成音乐"的技术，输入图片，输出音乐。2023 年 5 月，"AI 孙燕姿"等一批 AI 歌手走红网络。它们是用 AI 技术模仿原歌手的音色和风格，去翻唱各种歌曲，让多年不发新歌的歌手应歌迷的要求，安排唱什么就能唱什么。2023 年 9 月，Stable Audio 把 AI 音乐生成提升到了被专业人士认可的水准；2023 年 11 月，Suno AI 的发布，更是把作曲、作词、演唱集大成，让普通人也能和 AI 一起创作高品质的音乐和歌曲。

......

通过这条脉络，可以很清晰地看到音乐产品的发展趋势：从自娱自乐到专业表演，从现场观看到存储传播，提升了品质、拓展了使用；从进入家庭到随身携带，从携带十几首到几千首，丰富了使用场景，但也带来了复杂的挑战；从通过互联网提供服务到提供一定程度的智能收听功能，从单纯消费的听众到人人可以成为生产内容的贡献者，数字化、网络化、智能化带来全新的可能。但是，千万不要觉得这就是音乐产品的终局——人对于音乐的各种各样的需求一直在那里，只是被当时的技术条件限制了想象力，而每次技术进步都会推动产生新的产品功能和形态。在新的智能技术环境下，可以怎样重新发掘以下需求、创造出新的智能音乐产品呢？

- 你究竟喜欢怎样的音乐？如何发现与你喜欢的音乐相似的音乐？如何发现与你喜欢的音乐不相似，但可能会喜欢的音乐？
- 如何让 AI 尽快了解你喜欢怎样的音乐？持续学习你的口味和需求，并给你带来有惊喜的音乐？
- 喜欢某个特征的音乐，比如一种节奏、一个声音、一个段落，如何找到与之类似的音乐？
- 在不同的情境下，比如学习、工作、就餐、运动、入睡、起床的时候，听什么音乐比较好？
- 在不同的心境下，比如情绪低落的时候，什么样的音乐适合你？
- 音乐在播放的时候，能否根据每曲音乐的特点，自动选取播放发声的模式？
- 音乐在播放的时候，能否根据现场的环境做出自动调整？比如同一曲音乐，在安静的室内和在行驶中的汽车内，自动选取播放发声的模式。
- 音乐在播放的时候，能否根据现场的事件做出自动调整？比如当主要听众开始谈话的时候，自动降低音量。
- 在多人在现场的情况下，能否根据与播放器发生互动人的不同，自动推荐不同的音乐内容？
- 如何为一张图片、一段视频、一个活动配上合适的音乐？在所有潜在适合的音乐中，如何选出融入你的想法的音乐？
- 配乐如何针对图片、视频、活动的内容自动做出调整？智能音乐能做到像真人乐队在现场氛围伴奏那样的效果吗？

- 如何为音乐自动配上合适的影像？从内容含义、氛围感受等不同层面考虑。

- 如何让普通人也能获得音乐编辑、创作的能力？五线谱、简谱都是在当时技术条件下的产物，在纸张上表现多维度的音乐信息，只有经过专业训练的人士才能进行阅读、演奏和编辑。然而有了音乐编辑软件以后，音乐信息可以用"一块一块"的音符、波形等直观的形式呈现和操作，没有经过任何训练的普通人也可以很方便地看懂和掌握使用方式，动动手指就能编辑音乐。通过这样的科技赋能，音乐的编辑、创作能力就扩展到了普通人身上。这会不会成为新的音乐标准？在新的智能技术的赋能下，普通人是不是也能获得用音乐表达自我的能力？

- 如果音乐会、演唱会发生在虚拟空间中或者虚拟与现实的融合空间中，又会带来哪些全新的可能？

- 数字虚拟人作为艺人为你做表演，会出现怎样全新的可能？

- 如何用文字描述对音乐的需求？

- 如何与 AI 互动，像伙伴一样共创音乐？

……

是的，人类的生理、心理、社会需求其实是相对稳定的，各种各样的需求一直在那里，只是被当时的技术条件限制了想象力，而每次技术进步都会带来产品功能与形态的重新演绎。作为产品的创造者，一方面需要对新技术发展保持高度的敏锐关注，另一方面需要仔细观察、理解、重新发掘人们的需求，两方面相结合就能带来源源不断的创新切入点。

以推荐系统为例，这是我们这个时代被应用得最广泛的智能之一，无论是在内容产品比如抖音 /TikTok、知乎，还是电商产品比如淘宝、拼多多，由推荐算法所构成的智能推荐系统无处不在。TikTok 能够成为第一个我们中国人做的成功的国际化互联网产品，甚至可能是迄今为止最成功的现代国际化产品，为什么？是全屏只显示一个视频的内容展示方式？划一下就能切换到下一个视频的交互体验？还是用视觉智能技术做到的滤镜、换脸、特效等或有趣或实用的功能？

TikTok 的用户界面、交互体验的确是做得不错，但是这个产品真正的核心是智能推荐算法。表面的用户界面和交互体验是一个壳、一个容器，在里面可以装任何东西、千人千面的东西，所以才可能做到把它放到哪个地方，就能充满那个地方的最受欢迎的内容，谁看它，就能充满这个人最喜欢的内容，这是特别了不起的事情。像 TikTok 这样的产品就是今天我们普通人在日常生活当中能够用到的最顶级的 AI，在过去的技术条件下是完全无法想象的。

推荐系统在过去的十几年里，经历了三个不同的阶段。推荐系统 1.0 阶段，是所有人看所有人的热点内容。这种产品形态一直到今天也还有，比如各种排行榜，每个人看到的内容都是一样的。但问题是每个人的兴趣爱好、关注点都不一样，而且每个时间段所出现的、能呈现的热点内容数量都是有限的，无法很好满足用户的需要。早些年信息匮乏的时候，看看热点还挺好的。但后来大家的要求越来越高了，并且真正是众口难调。比如像知乎最开始的时候是个小圈子，里面的用户相对比较相似。这时候由全体用户行为形成的热门，的确有很大的概率就是你所喜欢的。但是后来用户越来越多，各种类型、背景，不同年龄、喜好的人都有，这个时候形成的热点内容就成了大杂烩，不同的用户人群都觉得，热点内容中混入了太多自己不喜欢的东西。类似地，为什么有些人很抗拒快手、更喜欢抖音，或者更喜欢快手、抗拒抖音，就是因为两个产品的主体用户群基础很不一样，造成的内容差异和社区氛围大到连智能推荐算法也无法弥合。

为了解决集体的热点的内容相对少，并且无法让每个人看到的不一样的情况，新一代推荐系统应运而生。推荐系统 2.0 阶段，是用户看什么系统就给用户推荐什么。这样的推荐系统不只在内容消费领域，在电商里面也有。它表现好的情况是，如果用户最近关注（比如浏览、查看）某个东西，就会形成推荐，系统给用户推荐相似的东西，帮助用户更好地了解、筛选；但是也会出现表现不好的情况，比如用户买了牛肉干，然后系统就不停地给用户推荐牛肉干。这算是哪门子的智能？它的确使用了智能技术，但是这个行为一点都不智能对吧。推荐系统 2.0 已经开始使用机器学习，但是仍然没能很好地解决推荐质量的问题。一方面是冷启动的挑战，最开始的时候系统对用户的喜好一无所知，的确不知道应该给用户推荐什么，往往还是只能采用推荐系统 1.0 的模式来开始。另一方面，随着用户的使用，虽然理论上来说推荐系统不断学习用户的喜好，应该是能够做到越来越准的高质量推荐，但是实际上做不到，经常会出现这几种情况：如果完全按照用户已经发生的行为来严格推荐，以此作为推荐的"精准度高"，就会出现用户买了牛肉干之后系统还在不停地推荐牛肉干的情况，或者推荐的都是用户已经耳熟能详的狭小领域的内容，没有惊喜、没有拓展，是个问题；如果把这个精准度调低，希望以此带来推荐的惊喜、拓展，同时就有可能放进来一些让用户觉得不喜欢的东西，还是有问题。

随着社交网络的发展完善，推荐系统 3.0 的阶段到来了。相比推荐系统 2.0，一个最重要的变化是，系统除了把用户和被推荐物之间的关系作为考虑要素以外，又把用户与其他用户之间的关系也考虑进来了。简单来说就是系统会判断你和哪些用户的行为和喜好比较相似，跟你相似的用户喜欢什么；如果你还没有接触到相似用户喜欢的东西，那就把这些推荐给你。一个典型的例子是，拼多多能够在淘宝天猫这样貌似遮天蔽日的巨树之下成长起来，其中一个重要的因素就是采用了不同的推荐策略：当时淘宝主要围绕用户自己的行为来做推荐，于是出现用户买了牛肉干还不停被推荐牛肉干的情况；拼多多主要围绕相似用户的行为来做推荐，于是能够在用户买了牛肉干之后推荐其他能和牛肉干相匹配的商品，用户还没买过，但是看起来觉得还真可以买。内容类产品的推荐系统也是类似。

在现实中，通常三个不同的阶段的推荐系统模式会并行存在、混合使用，发挥各自的特点、扬长避短。而且一个产品的成功也不会仅仅只靠推荐系统，而是以产品功能、推广运营等综合表现来达成。这也是个很典型的例子，人类各种各样的需求一直在那里，随着技术进步，每解决一个层次的问题，一个新的层次的问题就会暴露出来，这样一层层地发现问题、解决问题，就越走越深、越走越远。

◆ 思　考 ▶

音乐产品还有哪些人类需求待发掘？智能技术可以带来怎样的新可能？

抖音的智能推荐系统有怎样的发展机会、面临怎样的问题？怎样做才能更好地为用户创造价值？

你最常用的产品是什么？如果向其中引入智能技术，可以怎样重塑这个产品？

1.4　小练习：自己最需要什么智能产品

在本章中，我们回顾了典型智能产品的发展，列举了生活中常见的智能产品，总结了其中智能的特点，分析了一种产品可以如何与时俱进地拥抱智能化。这里向大家推荐一些拓展的学习资料。

乔治·扎卡达基斯的《人类的终极命运：从旧石器时代到 AI 的未来》。这是一本 AI "历史书"，书中有很多有意思的故事能引发我们的思考。虽然 AI 是今天的热门话题，但是其实自古以来的几千年里，人类是一直在不停地追寻智能的造物。书中还详细列出了西方世界在此过程中的主要探索事件和人物，如果有兴趣做深入了解，可以作为很好的线索。

尤瓦尔·赫利拉的《未来简史：从智人到智神》。这是一本让我们换个视角看世界的书，书中有很多非常有意思的思辨，比如在日常生活当中大部分人吃肉，人们去屠宰动物的时候心里面没有任何障碍；可是仔细想想，为什么我们会认为人类就天然凌驾于其他的动物之上呢？究竟是什么样的区别，实质上让人类真正高级到凌驾于它们之上、可以主宰它们的生死？有人说因为人类有灵魂，但实际上人类有灵魂这件事情本身就是一个更偏于主观判断，但是尚未找到科学依据，甚至还没找到科学定义的东西。从而一个非常有意思、同时让人毛骨悚然的推论就会出现，这也是一些学者所担心的：通用 AI 以及在这个基础之上的超级 AI 出现之后，他们看待人类的态度会不会像人类看待这些动物的态度一样？会不会出现就像《三体》里所说的：毁灭你，与你何干。

佩德罗·多明戈斯的《终极算法：机器学习和 AI 如何重塑世界》。这本书讲的是算法，但是人人都能听得懂。作者通过有趣的案例、深入浅出的讲解，系统性地介绍了机器学习的基本原理、应用和伦理问题，可以帮助我们更好地了解机器学习和 AI 是如何改变世界的，它们的潜力和局限性是什么，如何利用这些技术来帮助工作、创造产品，意识到、并审慎对待机器学习和 AI 的应用与发展，更重要的是拓宽思维的边界。

当然，思辨也好，警惕也罢，都不应该成为自我封闭、自我束缚的枷锁，人类需要不停地挑战自我、发展科学技术与人文艺术，来更好地创造价值、实现价值，智能造物是其中必不可少的、精彩纷呈的一个阶段。

本章的小练习如下。

主题：自己最需要什么智能产品

本科：

- 全班一起，通过在线电子白板进行协作，以在线白板上贴便签的形式，每个人列出自己喜欢的至少 10 个智能产品。
- 以组为单位，每组选择小组成员最需要的一款智能产品进行研究。
- 这个产品的智能化解决了什么问题？与过去的产品相比，智能化带来了哪些变化？
- 把研究结果以在线文档的形式呈现，小组分工协作完成。

硕士：

- 全班一起，通过在线电子白板进行协作，以在线白板上贴便签的形式，每个人列出自己喜欢的至少 10 个智能产品。
- 以组为单位，每组选择一款小组成员最需要的智能产品进行研究。
- 这个产品的智能化解决了什么问题？与过去的产品相比，智能化带来了哪些变化？这个产品适合怎样的用户群体？
- 把研究结果以在线文档的形式呈现，小组分工协作完成。

注：如果你只有自己一个人，借用六项思考帽的方法，把自己"变成"一个团队。

第 2 章

面向未来的 AI 创造力

2.1　AI 会取代你的工作吗?

2013 年,牛津大学的卡尔·弗瑞（Carl B. Frey）和迈克尔·奥斯本（Michael A. Osborne）发表了一篇可能是这个领域最被广为引用的研究报告《就业的未来:计算机自动化对人类职业的影响》[16]。之后的很多研究都是以此为基础,比如 2016 年的《世界经合组织国家就业的自动化风险》[17]、2018 年亚洲开发银行的《技术如何影响就业》[18]、2023 年 OpenAI 的《大型语言模型对劳动力市场的影响潜力初步分析》[19]、2023 年城市数据团的《中国 1639 种职业的 GPT 替代风险分析——5 亿条招聘信息中的职业生涯密码》[20]。图 2-1 中所展示的两个例子,很难被自动化取代的电子游戏设计师、很容易被取代的电话营销人员,就是 willrobotstakemyjob.com 基于这个报告的成果,又补充融合了一些经过机器学习的新数据而得到的。在这个网站上输入职业名称,系统就会给出这个职业在不久的将来被自动化取代的预测概率。

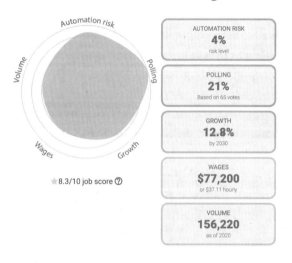

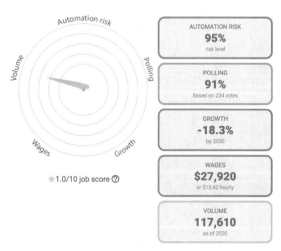

图 2-1　预测美国未来最容易和最不容易
被机器人取代的工作 [21]

这份报告的开创性在于，采用理性、定量的数据建模方法进行分析，而不是像过去的很多文章、报告一样更多采用定性描述的方式。报告研究了从各种职业对于细分能力的要求，到哪些职业发生了离岸外包及其原因，再追溯历史上技术发展对职业演变的影响，基于这些研究成果来改进前人的数学模型，形成更适合当代情况的新模型。研究者分析了 702 个职业 [22]，把每个职业所需要的各种人类技能进行拆解，分别评估每项技能被自动化所取代的概率。图 2-2 中每个点都代表了一个职业，横坐标是被自动化取代的概率，纵坐标分别是各种技能类型 [23]，比如"美术能力"（fine arts）对应的职业中能被自动化取代的较少，"手工熟练度"（mannual dexterity）对应的职业中有很多能被自动化取代，而且手工熟练程度越高的职业有越高的自动化取代。然后把所有数据代入数学模型，就得到了这个职业被自动化取代的概率。报告还以美国劳工部 2010 年的数据为基础，预测了美国市场上的职业发展的趋势：47% 的职业将在 10 ～ 20 年内被自动化取代。图 2-3 中横坐标是职业被自动化取代的概率 [24]，纵坐标是职业的从业者人数，不同颜色代表不同职业，比如办公行政、销售、服务业。虽然仍有小部分处于低概率被取代的区域，但是大量的相关职业就是处于高概率被取代的区域。

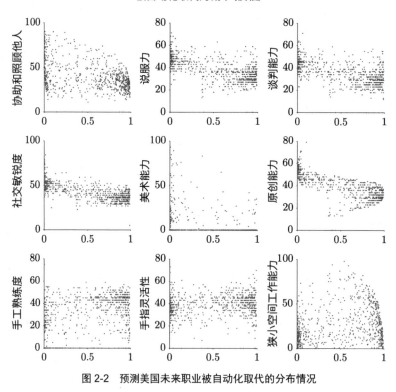

图 2-2　预测美国未来职业被自动化取代的分布情况

随着新一波 AI 技术突飞猛进，报告中所预测的 10 ～ 20 年内发生的事情，正在从"不久的将来"变成"今天"。回顾近 10 年的发展，不禁感慨良多。一方面，变化都是在日复一日中悄然发生的，比如在银行和电商网站上联系客服，第一时间获得真人服务的机会已经越来越少；在 2022 北京冬奥会的场馆和奥运村中，大量物流、餐饮机器人已经成为服务体系中司空见惯的一部分。另一方面，泡沫的确存在，只有技术真正达到了取代人类的效果、真正能够创造价值，改变才会真的发生，比如智能语音成功地在客服领域中占据了一席之地，但是智能语音的电话推销在疯狂推进了一段时间之后再度归于沉寂。2019 年 GPT-2、2020 年 GPT-3 出现，这种海量数据、海量参数的 AI "大模型" 的推出，让人们看到了前所未有的应用效果和前景，并且在随后不断升级、刷新着各种纪录。不过业界的主流观点还是认为，基于深度学习的 AI 技术面临着对数据依赖程度过高、不可解释、缺乏对于真实世界的语义理解能力等重大挑战，仍然任重道远，直到 2022 年 11 月底 GPT-3.5 的横空出世，此时它的名字叫"ChatGPT"。

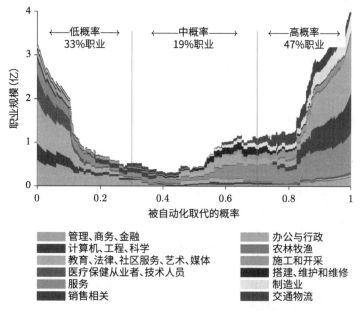

图 2-3 预测美国未来职业被自动化取代的概率

在 2023 年的研究报告《OpenAI：大语言模型对劳动力市场的影响潜力初步分析》[25] 中（图 2-4），OpenAI 的研究者采用类似的方法对美国劳动力市场受 GPT 的潜在影响进行了研究，根据大语言模型的能力对职业进行评估。研究表明，约 80% 的美国劳动力可能会因为大语言模型的引入而受到至少 10% 的工作任务的影响，而约 19% 的劳动力可能会有至少 50% 的工作任务受到影响。使用大语言模型，所有工作任务中的约 15% 可以在相同质量水平下显著提高速度；如果算上使用大语言模型的软件和工具，这一比例甚至可以高达 47% ～ 56%。并且由于大语言模型强大信息处理能力的特点，对各行各业中高收入工作更可能产生较大的影响。

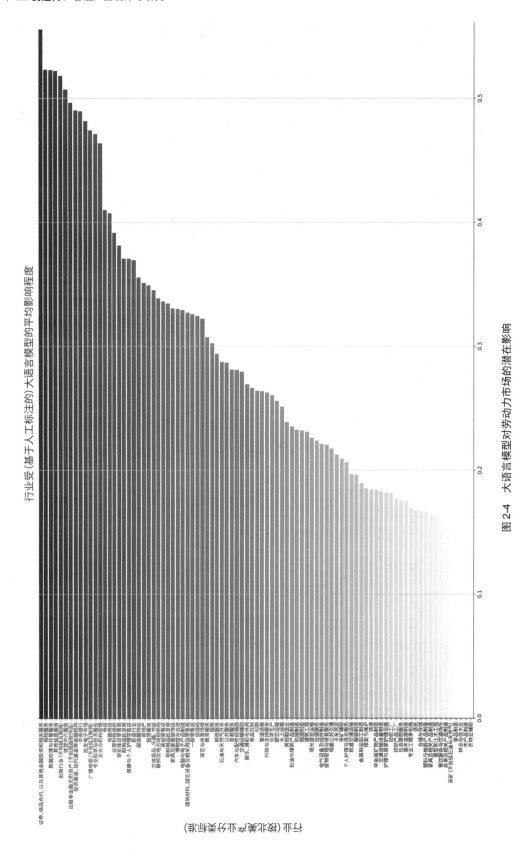

图 2-4　大语言模型对劳动力市场的潜在影响

回想 2016 年 AlphaGo 击败围棋世界冠军、职业九段棋手李世石，AI 技术时隔几十年重新回到大众媒体的聚光灯下，"AI 取代你的工作"一度成为各大媒体的头条热点；而到 2023 年 ChatGPT 爆火的时候，人们已不再热衷于讨论这样的话题，而是更关心自己可以怎样使用 ChatGPT 来帮自己工作。AI 并不能取代所有的人类职业，正如李开复老师在 2018 年 TED 演讲中所提出的"人与 AI 合作的蓝图"[26]（图 2-5），把各种职业列入一个坐标系，横坐标从左到右分别是"重复优化型""创意或决策型"，纵坐标从下到上分别是"无需同理心的""需要同理心的"，由此各种职业就被分布在四个象限中。

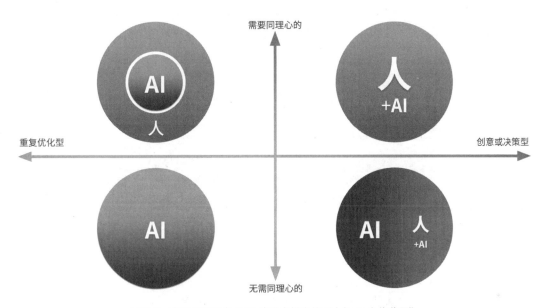

图 2-5　李开复老师在 TED 演讲中提出的"人与 AI 合作蓝图"

- 左下角象限的职业是重复优化型、无需同理心的，会被 AI 完全取代，比如工厂工人、洗盘工。
- 右下角象限的职业是无需同理心的，AI 与人类进行协作，越需要创意决策，就越需要人类为主。比如数据分析师可以以 AI 为主，而科学研究员则需要人类主导、AI 配合。
- 左上角象限的职业是重复优化型、但需要同理心，这里 AI 能够成为内在的核心，但是仍需人类作为外在的互动界面。比如在智能医疗与护理中，AI 可以产生精准、个性化的效果，但是通过人类的方式进行互动，更容易被人类受众接受。
- 右上角象限的职业是创意或决策型、需要同理心的，这里人类仍然是主导的核心、驱动 AI 进行工作，比如 CEO、产品设计师。

有人特别担心，甚至反感技术发展带来的人类职业被取代，但其实这就是在人类历史上一直不停发生的事情。人们不会取消炒股软件和互联网以重现股票交易员的辉煌，捣毁纺织机也不会重回纺织手工业者的时代；如果你进入生产线上工人日复一日的工作和生活，就会明白为什么今天很多年轻人更愿意去送快递外卖，也不愿在工厂上班。技术发展的确会对人类职业产生冲击，每个时代都是如此，但同时也带来了大量新机会、新可能。把人类从像机器一样的工作中解放出来，让人类真正去发挥人的创造力，真正去追求人的梦想、真正去实现人的价值。在这个过程中，不可避免地会对相当一批人产生冲击，的确需要各方努力来尽可能减少对他们的伤害，帮助他们顺利穿越过渡期。

2020 年，我发起了"CREO 世界 AI 创造力发展报告"[27] 的研究编撰工作，和世界各地的专家一起提出了"AI 创造力"的概念以及"AI 时代的人机共创模型"。当我们仔细比较 AI 与人的能力差异的时候，越分析越发现，那些被炒作为 AI 取代人类的理由，恰恰正是 AI 与人类互补的方面（图 2-6）！

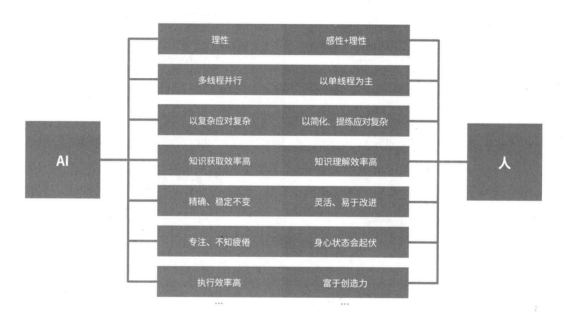

图 2-6　CREO 世界 AI 创造力发展报告中，AI 与人类的能力特点对比 [28]

- 人类单线程与 AI 多线程的互补：人类更适应单线程思考和行动，就是同时只想一件事或者只做一件事。即便女性在多线程能力上普遍比男性的表现更好（很可能是因为在数以万年的进化过程中，女性更多在家庭场景中行事，被训练成能够同时处理多件事，比如一边照看孩子一边做饭），但是总体来说人类的多线程能力是比较弱的，大脑能够同时处理的信息和线程非常有限。而 AI 则没有这样的结构性限制，只要给它足够的资源，它就能进行强大的多线程操作。这也是为什么 AI 可以在短时间内成为围棋大师，因为它在下棋的时候能同时进行海量的推演，在训练的时候能同时进行海量的对弈模拟。所以人类应该更多聚焦在单线程能产生突出价值的地方，比如创造力、判断力、推理能力、灵活性等；而 AI 可以承担更多的探索性工作，充分拥抱各种可能性、不确定性，通过模拟和预测，帮助人类找到最佳答案。

- 人类与 AI 在应对复杂的不同方式上的互补：因为人类的大脑无法处理太复杂的计算，人类在长期的进化过程中形成了以简化、提炼来应对复杂问题的机制。这是经过检验的有效方式，并且形成了像水平思维、审辩思维这些了不起的思维方式，但其缺点也是非常明显，就是无法进行高效的充分探索。今天的 AI 还无法完全模拟人类的思维方式，却拥有以复杂应对复杂的强大能力，比如以暴力穷举的方式推演围棋，走出了几千年来人类从未想到过的棋招；比如以文生图、图生图的方式生成图像，进行快速的高质量视觉探索。人类以简化、提炼来应对复杂，AI 以复杂来应对复杂，二者各有利弊，恰恰是很好的互补。
- 人类灵活、易于改进与 AI 精确、稳定的互补：人类不是机器，大工业生产把人类塑造得像机器一样工作，甚至直接影响到教育的体系，这并不是发挥人类价值最好的方式。人类再像机器也不是机器，无法真正做到机器一样的精确和稳定，也不会真正甘于像机器一样日复一日地重复工作；人类灵活、易于改进，能够发挥创造力，去创造更大的价值。AI 加持下的机器能够做到更精确、更稳定，还能具有一定的智能。这样一来，人类的灵活、创造力，和 AI 的精确、稳定，就能更好地相互结合。

人与 AI 互补的方式有多种。人可以使用 AI 作为工具，来辅助自己完成一些重复性、烦琐性或高难度的任务，从而提高效率和质量；人也可以使用 AI 作为伙伴，来协作、交流或娱乐，从而增加效果和乐趣；人还可以使用 AI 作为教练，来学习、提升或反思，从而拓展知识和能力……更重要的是人类可以、并且应该领导 AI，去各展所长、协作共创。

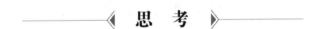

◆ 思 考 ▶

我们身边的职业，有什么是在 10 年前没有广泛出现的？

你最希望能与 AI 怎样的能力协作？做什么？

按照"人与 AI 的合作蓝图"，给每个象限至少举三个职业的例子，思考它们在 AI 时代将如何演变。

2.2 源于人类的 AI 创造力

2017 和 2018 年，在李开复老师带领下，我们对 AI 的发展做了一系列趋势研究，其中有一个有意思的成果就是 AI 时代的人类职业金字塔（图 2-7）。

第一层是从事服务型工作的人，这个人群规模将会达到最大。今天我们在银行或者电商网站 /App 上联系客服的时候，大多数情况下首先让 AI 来服务你，解决不了的再转给人工客服。但是在 AI 时代，服务型的工作还是需要大量的人类，这是因为人类有很多优势无法被机器人取代：人类有创造力、创新力和灵活性，能够在不同的情景中获取和运用知识，解决复杂的问题；人类有情感、同理心和沟通能力，能够与他人建立信任和合作，提供个性化和高质量的服务；人类有文化、价值观和道德观，能够适应不同的社会环境，维护公共规范和利益；AI 技术在软件层面的发展速度远高于在硬件方面的发展速度，直观反映在 AIGC 已经在虚拟空间中大量替代人类的工作，但是机器人还很难取代人类在现实空间中的工作。在 AI 时代，服务型的工作不仅不会消失，反而会更加重要和有价值。而且服务型的工作也需要与 AI 协作，提高效率、质量和安全性。

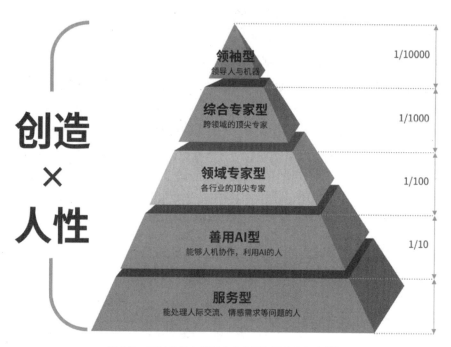

图 2-7　AI 时代的人类职业金字塔与核心竞争力 [29]

　　第二层是善用 AI 的人，人数就会少一些。在各行各业当中有大量 AI 的使用，可是 AI 本身还有各种各样的问题和局限，所以人类作为 AI 的操作者就必不可少。AI 的操作者可以有效地利用 AI 技术的优势，比如高效、精准、智能等，来提高工作的质量和效率，解决复杂和挑战性的问题，创造更多的价值；弥补 AI 技术的不足，比如缺乏创造力、情感、道德等，以及可能存在的偏差、漏洞、风险等，从而保证 AI 技术的可靠性和可信性；有效地与 AI 协同合作，发挥各自的优势，实现互补和共赢，从而提升整体的竞争力和创新力。

　　第三层是各领域的专家。人类专家仍然极其重要，是因为直到目前为止，AI 不论是在应用层面还是在理论层面都仍然存在着很多的问题，尽管可以做一些简单的工作，甚至可以在围棋这样规则清晰完备的项目上击败人类顶尖的世界冠军，但是在绝大部分专业领域还不足以达到人类专家的水平；就算是在今天表现突出的 AI 图像生成领域，AI 在速度和数量上远超人类设计师，但在质量上也只是部分达到人类优秀专家的水平，更不用说要超越。这既是因为训练数据缺乏的问题，更是因为 AI 还没能建立起对真实世界的语义理解的能力，以及相匹配的因果推理能力。事实上，还有大量的人类社会知识不存在数字化的版本可供 AI 去学习。比如说我现在跟大家眨眼睛，如果是两个眼睛不停地眨，代表什么意思？如果是一个眼睛眨一下，又是什么意思？人类社会中，这样的信息在不同文化里、在不同的情境下的含义就可能不一样，人类学习起来都不容易，更别说让 AI 去学习了。

第四层是跨领域专家，就更加稀缺了。AI 并不是万能的，它涉及不同的领域和行业，需要跨领域专家的理解和协调，以保证 AI 技术的适应性和可用性；它也有自己的局限性和挑战，需要跨领域专家的参与和监督；AI 的发展是动态的，需要不断地创新和改进，这些都需要跨领域专家的贡献和合作。在可以预见的将来，在没有产生更加实质性的巨大突破之前，AI 连领域专家都不容易达到，跨领域专家就更难了。同时，跨领域是大家最容易吃到行业发展红利的方法。要成为一个领域中前 10% 的人不容易，但毕竟还是有 10% 那么多；而如果同时在两个领域当中都成为前 10%，这个人群就非常稀少了。这就是顶尖的"π 型人才"。相比" T型人才""I 型人才"，横跨多个领域的 "π 型人才"更有机会以他山之石攻玉，或者通过融合碰撞来实现突破创新，从而创造更大的价值。

第五层是领导者，金字塔尖。不管是一个项目还是一个组织，都需要在关键时候、关键事件上能够判断决策的领导者。能够组织调动大量的资源，尤其是激发和调动人力资源，能够对纷繁的信息进行分析，对未来的可能性进行推演，能够面对压力或诱惑做出决策，并且承担责任，这些都是非常了不起的能力。对于一个领导者来说，这些能力往往比专业能力更重要。当然，并不是每个人都需要成为绝对意义上的领导者。作为团队的一员融入团队中与其他成员配合协作，而在有需要的场景下站出来进行领导和组织，是更普遍的情况。另外，与过去不同，在 AI 的时代，即便是只有自己一个人的时候，仍然可以，甚至是必须成为一位领导者，因为你将要领导 AI 去完成任务，提出目标、管理过程、评判结果。

在这样一个职业金字塔当中，我们发现，最重要的、AI 无法取代的人类核心竞争力就是两项：人性和创造力。哺乳动物有很多东西是刻在 DNA 里的，比如说天然就喜欢身体接触、能感受到别的个体的情绪等。人类更是如此，在长久的进化过程中，逐渐形成了一些共同的价值观、一些共情与同理的能力等，这些共同构成了人性，既是人类最大的弱点，又是人类最强的力量。另外一个极其重要的核心竞争力是创造力。如果说 AI 在获取和组织大量的知识的方面能胜过人类，比如一个普通人根本无法和搜索引擎比广泛的知识储备；那么真正的跨领域的、发散式的、跳跃式的思考，在这些跟顶级创造力相关的东西上，目前的 AI 还无法与人类相比。

在迄今为止的人类创造力研究中，创造力通常被定义为是个体产生新颖的、有价值的事物的能力。创造力区别于智能，主要影响因素包括智能、知识、个性、环境等。创造力覆盖各种创造性活动，包括科学、技术、艺术、设计、社会活动等。成果既可以是有形的，又可以是无形的。人类对创造力的研究有很多种不同的维度和成果，表 2-1 是一份关于创造力理论与模型的研究线索（请注意一定要做多信源的交叉验证，中英文版本的描述多有不同，且常常出现主流平台上的信息更新不及时的情况）。

表 2-1　创造力相关的各种理论与模型

创造力理论与模型	
心理学的视角	创造力的汇合理论：发散思维与创造性人格（Confluence Theories of Creativity: Divergent Thinking and the Creative Personality） 创造性思维与普通思维（Cognitive Perspective: Creative Thinking and Ordinary Thinking） 无意识思维形成创造力（Unconscious Thinking） 创造力中的顿悟（Leaps of Insight in Creativity: The Gestalt View） 大五人格理论（The Big Five Personality Traits） 创造力的社会心理学（The Social Psychology of Creativity）
认知科学的视角	创造力阶段模型（Stage Model of the Creative Process） 创造力三维模型理论（A Three-Facet Model of Creativity） 创造力投资理论（Investment Theory of Creativity） 创造力贡献的推进模型（Propulsion Model of Creative Contributions） 创造力 4P 模型（4 Ps of Creativity） 创造力 5A 模型（The Five A's Framework） 五步创造法（Five Steps of Creativity） 创造力成分理论（Componential Theory of Creativity） 创造力系统模型（The Systems Model of Creativity） 生成探索模型（Geneplore Model） 创意脑（The Creative Mind） 浅 - 显交互理论（The Explicit–Implicit Interaction (EII) Theory） 创造力打磨理论（The Honing Theory） 创造力的交互作用模型（An Interactionist Model of Creative Behavior） 创造力游乐场理论模型（Amusement Park Theoretical Model）
生物科学的视角	创造力的进化理论：随机变异和选择性保留（Evolutionary Theories of Creativity: Blind Variation and Selective Retention） 创造力的达尔文理论（The Darwinian Theory of Creativity） 脑科学的研究（Biotechnology Perspective: Brain Research） 创造性认知的神经生物科学框架（A Neuroeconomic Framework for Creative Cognition）
智能理论的视角	20 世纪中后期理论 单因素论（Uni-factor Theory of Intelligence） 二因素论（Two-factor Theory of Intelligence） 三因素论（Thorndike's Intelligence Theory） 群因素论（Group-factor Theory of Intelligence） 智力三维结构理论（Structure of Intellect Theory） 层次结构理论（Hierarchical Structure Theory of Intelligence） 智力形态理论（Fluid and Crystallized Intelligence）

续表

创造力理论与模型	
智能理论的视角	20 世纪末期及 21 世纪初理论 三元智力结构理论（Triarchic Theory of Intelligence） 成功智力理论（Theory of Successful Intelligence） 智力 PASS 理论（Plan Attention Simultaneous Successive Processing Model） 全脑模型（Whole Brain Model） 多元智能理论（Theory of Multiple Intelligences） 情绪智能理论（Emotional Intelligence Theory） 具身认知理论（Embodied Cognition Theory） 情绪智能理论（Emotional Intelligence Theory） 具身认知理论（Embodied Cognition Theory）

另外，还有很多关于创造力相关的研究、使用方法，请见第 3 章的 3.3 和 3.4 节内容。

无论我们充满期待还是顾虑，AI 都正在改变我们的生活和工作。想想我们自己和下一代，人类该如何做好准备？ AI 时代，是什么让人成为人？如何让 AI 成为人的伙伴而不是竞争对手？如何运用 AI 技术去解决更多真实世界的问题？如何去研发、训练更高效帮助人类的 AI ？如何面向未来，培养人类核心竞争力？……基于对这些问题的思考，聚焦于如何创造性地运用 AI，以及如何增强人类创造力，我提出了 AI 创造力这个概念，倡导人与 AI 各展所长、协作共创，这是一种面向未来的新理念、新力量、新策略（图 2-8）。

图 2-8　AI 创造力的概念 [30]

首先，AI 创造力是一种新理念。

当人与 AI 协作，真的只是人与眼前这个 AI 的协作吗？其实并不是。因为迄今为止，以及在可以预见的将来，所有的 AI 都是以人为师、用人类文明的积淀训练出来的，而并不是凭空出现的东西。人与 AI 的协作其实更像是 AI 成为一扇时空门，人类透过这个时空门与人类历史上的文明积淀去做共创。

2018 年 10 月 25 日，纽约洛克菲勒中心佳士得（Christie's）拍卖会上，一幅画作的拍卖吸引了众多人的目光。通常的画作都是由艺术家一笔笔画出，而这幅画是打印出来的；这幅画最终竟然在同场 363 件拍品中，拍出了和毕加索的作品 *Buste de femme d'après Cranach le Jeune* 一样的高价！这就是世界上第一幅在顶级拍卖行成功拍卖的 AI 艺术品——《埃德蒙·贝拉米肖像》（*Edmond de Belamy, from La Famille de Belamy*）（图 2-9），这幅肖像画在右下角通常是画家签名的地方却写着一个 AI 算法公式，与同场的一幅毕加索的画作并列拍价第二，仅次于同场拍价最高的安迪·沃霍尔（Andy Warhol）的一幅作品，拍价加上佣金一共 43.25 万美元，折合人民币大约 300 万元。此前也虽然有一些小交易，比如这个系列的第一幅画作就以 9000 英镑被人收购，但是这次拍卖还是创造了几项第一——第一幅在顶级拍卖行成功拍卖的 AI 画作、迄今价值最高的 AI 画作。虽然金钱不等于一件艺术品的真正价值，虽然这幅作品还充满了各种争议，比如这幅画值这么多钱吗？代码生成的画没有任何思想、能算艺术品吗？这幅画没有唯一性、能算艺术品吗？这不就是抄袭人类作品后的随机组合吗？AI 有创造力吗？ ……但是这些讨论都没有真正意识到这是一件多么了不起、划时代的事件：这个创作本身向大家展现了一种新的可能，人类可以通过 AI 去跨越时空的和人类文明的积淀去做共创的可能。

图 2-9　佳士得官网上的《埃德蒙·贝拉米肖像》[31]

这件作品是怎样产生的呢？一个来自法国，由艺术家和 AI 专家组成，叫"显而易见"（Obvious）的艺术团体，利用 AI 技术创造了它。Obvious 团体借助一位叫罗比·巴拉特（Robbie Barrat）的技术艺术爱好者在 GitHub 上开源的代码，用 15000 幅从 14 世纪到 20 世纪的肖像画作为训练素材，通过一种叫"GAN"（生成式对抗网络，Generative Adversarial Networks，一种深度学习模型，擅长生成式任务，比如生成图像、文字、音乐等）的技术，生成了一系列画作——贝拉米（Belamy）家族，《埃德蒙·贝拉米肖像》就是其中之一。有趣的是，之所以给这个家族取这个姓氏，是因为 Belamy 拆开来的"Bel Ami"，在法语里是"朋友"的意思；而 GAN 技术的发明人伊恩·古德费洛（Ian Goodfellow）的姓拆开来的"Good Fellow"也是好朋友的意思，Obvious 团体以这样的方式向 GAN 的发明人致敬。简而言之，就是一个法国艺术团体，基于一个美国人的发明和另一个美国人的开源代码，用一堆人类油画训练出一个 AI，生成了这幅作品。你能想象有机会跨越数百年的时间、跨越世界各地，和从未谋面甚至不可能见面的人一起协作，共同创造作品吗？AI 给了你这样的可能！AI 就像一扇时空门，让你得以与人类文明的历史积累进行共创。

第二，AI 创造力是一种新力量。

这种新力量能够帮助每一个人超越自我，让不擅长画画的人能够在 AI 的帮助下用美术的形式来表达自己的思想和情绪，让不擅长音乐的人能够在 AI 的帮助下为自己爱的人谱上一曲心中的音乐，让不擅长工程技术的人能够在 AI 的帮助下把自己的想法变为切实可行的解决方案，让不擅长体育运动的人能够在 AI 的帮助下分析改进自己的运动，甚至去为专业运动员提供辅助指导，让时间精力有限的科学家能够在 AI 的帮助下进行更大范围、更深层次的探索……我们研究了 2017—2022 年超过 45 个领域的约 2500 个 AI 创造力案例（图 2-10、图 2-11）发现，创造性地使用 AI，或者利用 AI 来激发人类创造力，这样的 AI 创造力的应用其实已经广泛存在。2023 年开始，AI 创造力的应用案例进入新一轮、更强烈的爆发期，新版的世界 AI 创造力发展报告计划于 2024 年发布。

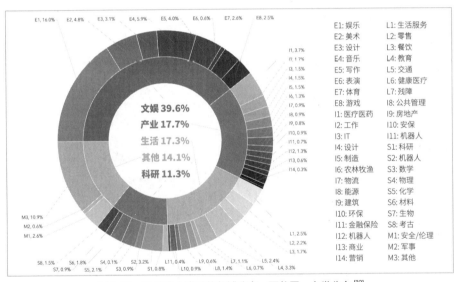

图 2-10　AI 创造力应用的领域分布。环状图：大类分布 [32]

图 2-11　AI 创造力应用的领域分布。字云图：小类分布

文娱、产业、生活、科研及其他，是截至 2022 年 AI 创造力最主要的应用领域大类，这本身也反映了 AI 创造力应用还处在比较早期的阶段。文娱领域的应用最多，是因为今天的 AI 在软件和数字媒体方面的应用要比在实体产品上的应用容易很多，一旦涉及硬件，各方面的难度和复杂度就会直线上升；产业和生活上的应用案例数量差不多，比文娱少很多。不过随着 AI 技术的发展，产业和生活上的应用案例将会大幅上升，毕竟这两个领域是真实世界中场景最丰富、最复杂的地方。科研应用案例占据显著的份额，也说明 AI 技术还远未成熟，还有大量的探索是用来寻求自身发展方向的。而在其他类中，则包含了很多接下来会逐渐成为独立领域的应用方向。

从 2022 年 2 月蹿红的 Disco Diffusion，到几个月后的 AIGC 图像生成工具 Midjourney、Stable Diffusion，再到 2022 年 11 月推出、在 2023 年 2 月掀起轩然大波的 ChatGPT，无不向我们展示了 AI 创造力所蕴含的巨大力量。

第三，AI 创造力是一种新策略。

基于对 AI 创造力应用案例的研究，以及对于人类创造力理论和方法的研究，我们提出了 AI 时代的人机共创模型（图 2-12）。

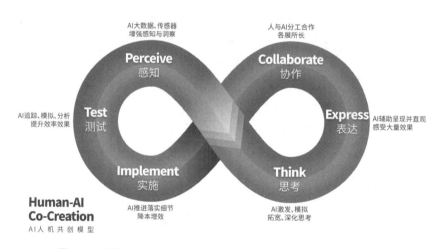

图 2-12　倡导人类与 AI 各展所长、协作共创的 CREO 人机共创模型 [33]

CREO 人机共创模型是类似设计思维、CPS 模型、双钻模型的创造过程模型。与之前的各种模型不同，这个模型有两个主要的区别特点。

- 在创造过程的每一个环节，都可以引入 AI。从"感知"环节开始，AI、大数据、智能传感器的应用，能够从定性与定量、感性与理性的角度，来增强人类的感知与洞察；在"思考"环节，AI 通过激发和模拟，能够拓宽和深化人类的思考；在"表达"环节，AI 可以辅助人类把想法更好展现出来去做沟通交流，并且可以高效地尝试大量可能性；在"协作"环节，人与 AI 可以根据各自擅长的不同，分工协作、各展所长；在"建造"环节，AI 可以高效地推进落实细节，降本增效；在"测试"环节，AI 可以通过追踪、模拟、分析，有效提升效率和效果。

- 把"协作"作为关键环节之一。在过去的创造力模型、方法、流程中，通常并不把"协作"作为一个关键环节，因为在以前的确可以一个人做创造；但在 AI 时代，即便你是自己一个人，都完全可以选择，并且应该选择和 AI 协作。就像前面所讨论的，这种协作将会给你带来超越自我的能力和意想不到的成果。这种协作的价值巨大，一定会成为 AI 时代的创造过程的关键环节之一。不过，虽说在这个模型中把协作列为一个关键环节，但其实在全流程的每个环节中，都存在着人与 AI 的协作。

不只是产品设计创造，CREO 人机共创模型事实上兼容各种类型的创造，从艺术设计、文化创作、科技研发、商业服务、体育运动到创意生活……都能以 AI 赋能创造、使创造过程更高效、获得更优质的创造成果。在接下来的一节中，我们会结合实际的 AI 创造力案例来介绍 CREO 人机共创模型。

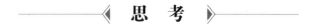

◄ 思 考 ►

你使用过哪些创造方法？尝试还没用过的方法。

你熟悉的案例中，哪个使用 AI 进行创造？使用了什么技术，达到了什么效果？

你最近做过的一个创造任务，如果引入 AI，会与之前的做法和结果有什么不同？

2.3　AI 时代的人机共创

AI 创造力聚焦于创造性地运用 AI 技术，以及如何用 AI 技术去激发人类的创造力，倡导人类与 AI 各展所长、协作共创。

AI 对人类社会的经济正在发生重要的影响。据普华永道的预测，2030 年全球经济中的 AI 贡献值为 15.7 万亿美元，其中的前两名中国占 7 万亿美元、北美占 3.7 万亿美元，而各国中由 AI 推动的经济可高达 26%[34]。根据塔塔咨询的调研，全球受访企业的 34% ～ 44% 主要将 AI 技术应用于四大领域：信息技术、市场营销、财务与会计、客户服务，监控海量的机器活动数据[35]。根据埃森哲的预测，2035 年全球 12 个主要经济体的 16 个行业中，AI 对 GVA（增加值总额）的年增长的贡献比例可达 29% ～ 62%，增加金额可达 14 万亿美元[36]。

同时，AI 也正在触发人类职业的结构性变化。根据麦肯锡全球研究院的分析，当前全球经济活动所花费的时间中，理论上来说，用现有技术即可把其中 50% 的时间消耗进行自动化替代[37]。根据世界经济论坛的《2023 年未来就业报告》，由于人工智能、数字化以及绿色能源转型和供应链回流等其他经济发展，全球近 1/4 的工作岗位将发生变化[38]。根据亚洲开发银行的预测，各种职业中会被自动化取代的工作时间低至 9%，高至 78%。重复型、认知型、体力型工作最容易被 AI 取代[39]。

当然，从现实来说，目前 AI 在有些领域做得好一些，在有些领域则是差得还远。比如 AI 技术对人脸的研究积累比较深，人脸识别、人脸生成的应用就很成熟。对比美术与设计，AI 能够做出表现力比较强的美术作品，高效得复刻某种特定的视觉风格，成果的品质不仅远超普通人能做到的，也在美术从业者，尤其是商业美术从业者的平均水准之上，更不用说在速度和数量上的巨大优势。然而在设计方面，目前在训练素材充足的领域、偏形式的设计上虽已经可以做到不错的效果，比如角色、场景、日常物品等，但同时却无法做出真正有意蕴的高质量 logo 设计，更不用说需要考量结构逻辑的设计任务，因为设计所需要掌控的语义信息、逻辑关系要比美术更多。对比音乐与美术，生成能够让人欣赏的音乐作品要比生成美术作品相对容易一些，也是类似的原因，因为在美术中需要掌控的语义信息要比在音乐中更多。对比财经类新闻与文学性故事，前者更容易由 AI 生成符合人类标准的成果，因为前者的信息结构性更强，语义信息更容易把握。沿着 CREO 人机共创模型，我们可以直观地体会和实践人与 AI 的协作共创过程。

第一个环节"感知"，AI、大数据、智能传感器的应用，能够从定性与定量、感性与理性的角度，来增强人类的感知与洞察，带来超越感官的可能。除了人类通常用来感知世界的感官之外，AI 还可以使用各种传感器和网络将大数据转变为有意义的信息和知识，从而在感性与理性层面上都能扩展人类的视野。同时，正如所有仿生的结果其实都不是原封不动的复刻，就像对鸟的仿生得到了飞机、对蜻蜓的仿生得到了直升机，AI 的感知一方面无法达到像人类一样，但是同时也带来了一些超越人类感知的可能。比如：

- 人们在开车的时候，特别危险的一种情况是在夜间驾驶时，看不见稍远一点的路边行人、自行车，等到能看见的时候已经离得特别近，就很容易出现危险。自动驾驶汽车上通过 AI 软件系统整合摄像头、激光雷达与毫米波雷达等传感器所获取的信息，不仅可以帮助人类获得全方位、全天候的视野，并可以基于物体检测和分析为人类提供智能建议。如果进一步能够实现车辆之间、车辆与道路之间的信息互联，还能实现更智能的效果。每年全球将可以因此而减少数以百万计的交通事故引发的伤亡。

- 在新冠疫情期间，检测成了一个很大的挑战，尤其是经常需要平衡检测的覆盖度、频度、精准度和成本。除了现在主流的生物采样检测以外，2020 年麻省理工的研究者还探索了一种新手段，通过手机录下咳嗽声，就能用于检测新冠，尤其是无症状感染[40]。这仿佛是中医的"闻"，但在真实世界中几乎不可能高效地培训出这样的诊断医生，也不可能在全球范围内培训足够多这样的医生，但是 AI 就可以做到。这个案例虽然最终没能成熟投入使用，但是的确展示了 AI 辅助诊断的巨大潜力。2023 年 8 月，岐黄问道中医大模型[41]、Med-PaLM 系列医疗大模型[42,43]相继问世。

- 你知道除了人脸识别以外，还有什么生物的脸识别做得比较成熟吗？猪脸识别！其实是对猪的综合体征识别，而不只是靠脸。我们国家是世界上最大的养猪国和猪肉消费市场，科学养猪也就应运而生。通过猪脸识别，可以全流程地智能监控、个性化地制定培育计划。把设备、物体、动物、人类联结起来，构成越来越全面的物联网，从而获得全场景、全流程的详细视角，使人们能够更好地理解和掌控世界。

- 让房屋环境变得智能是人们多年以来的夙愿，李飞飞博士团队在医院环境中进行的智能化探索实践更是具有特别重要的意义[44]。迄今为止，医院中大量的工作是需要护士去做的，比如测体温。一个护士要照顾很多病人，每隔一段时间就要去测一遍体温。这样的事情，其实挺适合机器干；而且如果能交给机器干，还可以更频繁、更好地采集和监控，而人类就可以解放出来去做更人性化的工作，比如给病患带来更多情绪关怀。环境智能使实体空间变得具有感知能力，能对身处其中的人类活动做出反应。这有助于实现更高效的临床工作，并改善医院中患者的安全情况。它还可以延伸出医院，帮到慢性病老人在家庭环境中的日常生活。

第二个环节"思考"，AI 通过激发和模拟，能够拓宽和深化人类的思考，带来新的启发和探索。这将打破资源的限制，帮助人们以更深入、更广泛、更透彻、更有效的方式思考，并有可能获得意想不到的成果。想象一下，你可以高效地查阅、调动全世界连接在网络上的信息，你的想法可以跨越时间空间去追寻过去、预知未来……这会带来怎样新的可能！比如：

- 以复杂应对复杂，除了下围棋的 AlphaGo，还有别的典型案例吗？2020 年 11 月 30 日，DeepMind 宣布 AlphaFold 成功解开了一个困扰人类长达 50 年之久的生物学难题——蛋白质折叠问题[45]。通过预测蛋白质结构，AlphaFold 解锁了对其功能和作用的更深入的了解。到 2022 年，AlphaFold 2 更是实现破解了超过 100 万个物种、2.14 亿个蛋白质结构[46]，而此前人类历史上总共破解的蛋白质结构数也不过 19 万个。从 AlphaGo，AlphaStar 到 AlphaFold，AI 展示了新方法和巨大潜力，可通过大规模的探索有效并高效地学习和解决复杂问题。另外，有一款网络游戏 Foldit，玩家在游戏中的操作其实就是在解谜、创造蛋白质结构，比如创造一种对抗新冠病毒的蛋白质结构[47]。Foldit 也展现了一种思考模式，通过游戏，把全世界有兴趣的人组合起来形成集体智能，并且完全可以叠加 AI。想象一下，如果把人与人之间、人与 AI 之间的协作融合起来，将会是怎样的效果。

- 今天的人机之间的信息交流，除了几种鼠标和触控模式以外，主要通过文字进行；但是并不是所有的思考都适合以文字的方式进行，比如颜色、形状等视觉信息，音色、节奏等声音信息。多通道人机交互允许人类以自然的方式与 AI 进行交流，比如在谷歌 Arts & Culture 中就支持用户用颜色来检索艺术作品[48]。当然，以 ChatGPT 为代表的新一代 AI，让人以自然语言的方式与 AI 交互，而不是像之前那样需要更多去学习适应机器的交流方式，从而显著降低了普通人使用的门槛，在一些任务和场景下还能提升交互效率，这也是 ChatGPT 能成为历史上达到一亿用户最快的产品的重要原因。让 AI 适应人类的交流方式，不仅更舒适自然，而且更便捷高效。当然，在此基础上有一些提高与 AI 沟通效率的技巧，比如吴恩达老师的"提示语工程课"[49]，还是值得学习。

- AI 辅助可以反映、模拟、怎样的人类思考呢？OpenAI 的"捉迷藏"研究项目可能是目前最知名的一个案例[50]。通过模拟简单的捉迷藏游戏，AI 建立了一系列不同的策略和对策，而其中一些甚至是出人意料的，OpenAI 还把这些都通过一个动画呈现了出来，非常直观有趣。小红人找、小蓝人躲，开始的画风还正常，比如小蓝人发现躲进房间里，可以拿箱子把门给堵上；随即小红人发现了可以踩着小坡道具翻墙。神奇的是，后来小红人发现了这个世界中的规则漏洞，小红人可以踩箱子上像踩滑板一样移动，再翻墙。小红人和小蓝人在博弈过程中还发现、学会了很多其他行为，比如小蓝人用墙保护自己，小红人就去拆墙，后来小蓝人则是直接用墙去把小红人封闭起来……这些都表明，AI 可以生成、模拟复杂的智能行为。当大规模进行这样的模拟，就能对真实世界进行更精准的预测。

- 网络上的信息，通常只能采用浏览或者关键词搜索的方式获得，这也限制了我们的思考。能否让全世界的信息更结构化、更智能地呈现在我们面前呢？https://anvaka.github.io/vs/ 的谷歌搜索关键词知识图谱就展示了其中一种可能（图 2-13、图 2-14）。基于网络搜索关键词所构建的知识图谱，能启发人们去更好地了解所研究的对象，并引发更多的想法。借助 AI，尤其是配合像 ChatGPT 这样的自然语言交互界面，世界上的知识比以往任何时候都更有序、更易得，并能进一步发展为新知识。

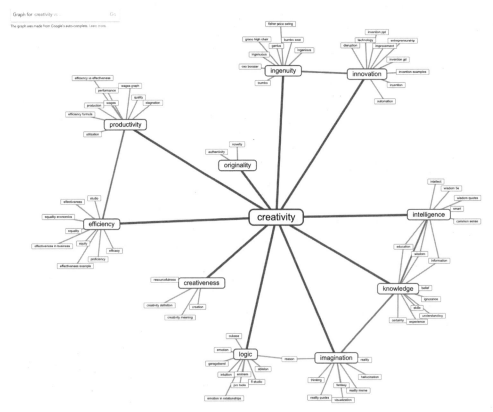

图 2-13　Anvaka 上把谷歌搜索关键词的关系可视化：creativity（2021 年）[51]

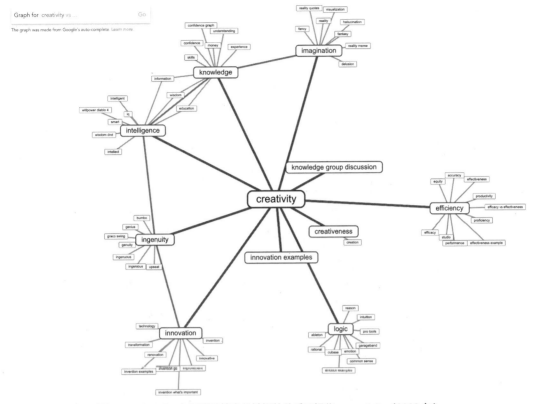

图 2-14　Anvaka 上把谷歌搜索关键词的关系可视化：creativity（2023 年）

　　第三个环节"表达"，AI 可以辅助人类把想法更好地展现出来去做沟通交流，并且可以高效地尝试大量可能性。每个人的每个想法都可以找到最佳的呈现方式，例如绘画、设计、作曲、写作、表演、编程、原型制作……借助 AI 工具，即使没有相关的才能或训练也没有关系，也能把创意以合适的方式呈现出来，把创造力充分发挥出来，而不至于被表达形式卡住。比如：

- "神笔马良"是小时候人人都羡慕的超能力。涂鸦可以变成精美的图像？这已不再是梦想。在 Nvidia 研发的 GauGAN（网页版，2019 年发布第一版，2021 年发布第二版）[52][53]、Canvas（Windows 桌面版，2021 年发布）[54] 软件中，AI 可以将你粗略的想法——无论是简笔画、还是语言文字描述——变成逼真的照片或富于风格的画作，就像是由经验丰富的艺术家或设计师完成的。有了 AI 帮助，人类就能专注于产生和测试创意，而不用担心呈现技巧。2021 年 OpenAI 的"DALL·E"[55] 和智源研究院的"CogView"[56] 先后发布，让 AI 可以根据文字输入，生成创意图片，比如输入"牛油果形状的扶手椅"，就可以得到 AI 设计的成果（图 2-15）。而进入 2022 年，随着多模态大模型和扩散模型技术的进一步发展，DALL·E 2[57]、Disco Diffusion[58]、Midjourney[59]、Stable Diffusion[60] 等一批新型 AI 内容生成（AIGC）工具纷纷涌现，人人可及、成果品质达到可用水平的 AI 内容生成时代正式到来，我们会在后续章节详细论述。

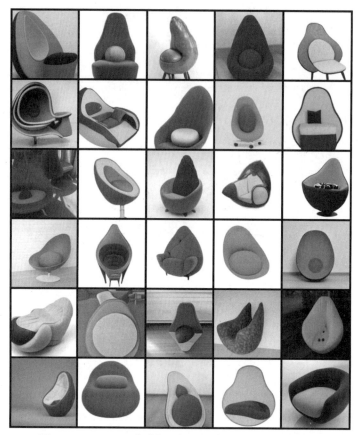

图 2-15　DALL·E 2 生成的"牛油果形状的扶手椅"（2021）

- 可能大家都见过 AI 作诗词，不过那样比较没有参与感，也很难对内容的生成进行控制。想象一下，同一个朋友坐在一起，你们分享想法，互相启发，一个引人入胜的故事逐渐形成……2019 年发布的《AI 地下城》（AI Dungeon）[61] 这款游戏就让人们可以像玩网游一样，体验这样的人机互动写作。2020 年创新工场邀请了 11 位科幻作家，参与首次 AI 人机共创的写作实验 [62]。2021 年彩云科技发布了"彩云小梦"[63]，让人们可以和 AI 一起编故事；2022 年底 OpenAI 推出的 ChatGPT[64]，更是以近乎全能的表现把 AI 互动问答与写作推向一个全新的高度，展现了这样的 AI 技术一旦成为人们的通用助手，能给人们的工作与生活带来怎样的变化。

- 你是怎么使用快手、抖音的变脸功能的？我发明了一种角色扮演的趣新方式——用变脸功能创造"手指宝宝"，就是在手指上画出眉毛、眼睛、鼻子、嘴，AI 会把这张"人脸"识别出来，进行变脸变身变装（图 2-16）。带小朋友们一起玩的时候，他们觉得非常神奇，很快就学会用自己的手指进行角色扮演的表演。直观地展示一个事物是如何运作的，往往是让人们理解或相信一个想法的最直接、最有力的方式。在 AI 的帮助下，你可以通过身体和面部动作捕获，去控制、扮演不同场景下的不同角色，动画和演示的制作由此变得更容易。

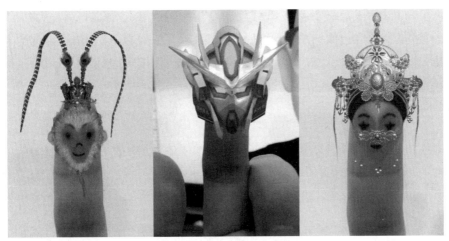

图 2-16　在手指上画出眉眼，快手的"魔法"功能就把手指变成各种角色的"手指宝宝"[65]

- 你会编程吗？并不是人人都需要学会编程，真正精通编程的人其实即便在职业程序员中也是少数。但是编程真的能为很多事情带来新的可能，比如定制化创造互动产品或体验，以及更高效地完成一些重复性或者规则性很强的工作。编程的发展史就是一部不断简化编程的历史，而 AI 会加速这个过程。尽管高质量软件的制作仍需要有经验的工程师，但如果人人都能通过说话、写作、绘图、拖拽等自然交互的方式来创造自己的软件，世界就会因此改变。在今天，像 GitHub CodePilot[66] 这样的 AI 编程助手已经在路上，以 ChatGPT 为代表的大语言模型也普遍具有了一定的编程能力，并还在持续提升。普通人动动嘴就能让 AI 进行编程，完成特定任务，这一天也正在到来。

第四个环节"协作"，人与 AI 可以根据各自擅长的不同，分工协作、各展所长；无论你是独自，还是与他人一起工作，你都可以与 AI 协作。充分理解人类与 AI 各自的优势与局限，协作共创，才能充分发挥各自的巨大潜力。比如本书的封面图片《AI 创造力》就是这样创作的。不仅于此，我在这份作品中还尝试融合了美术、文学、书法和音乐，每个方面都是和 AI 一起协作完成的。

- 美术：我构思的主题是，一个融合的大脑，一半代表人类的智慧，一半代表机器的智慧。我用绘制和素材拼贴的方式做出最初的构图，然后交给 Deep Dream Generator[67] 去进行各种艺术风格化的尝试，得到大量不同艺术风格的结果，然后从中挑选最值得发展的结果，进行深入的创作。各种绘画艺术风格是人类文明了不起的成就。人类无法学会每一种风格，但这对 AI 来说却不难。只要给 AI 足够多的学习样本，它就能模仿任意一种艺术风格。AI 根据我的输入生成各种结果，然后我就可以从中挑选最佳部分进行深入制作，得到最终的成果（图 2-17）。
- 诗词：对于我们今天的人来说，写古体诗词比理解要难得多。不过对 AI 来说，只要有足够的训练语料，学习古诗词和现代白话文的差别不大。于是就有了这样的作诗 AI，比如清华九歌[68]、诗三百[69]。AI 创作虽然并不完美，"没有灵魂"，但的确能给人带来很多启发。我让 AI 以"AI 创造力"为主题生成了很多诗词，从中挑选了可取的语句，结合自己的想法进行再创作。然后利用一些诗词工具，比如搜韵网[70]上的诗词格律校验功能，对诗词做进一步的完善。最后再用书法软件，比如 Zen Brush[71]，把诗写出来，得到诗配画的成果（图 2-18）。

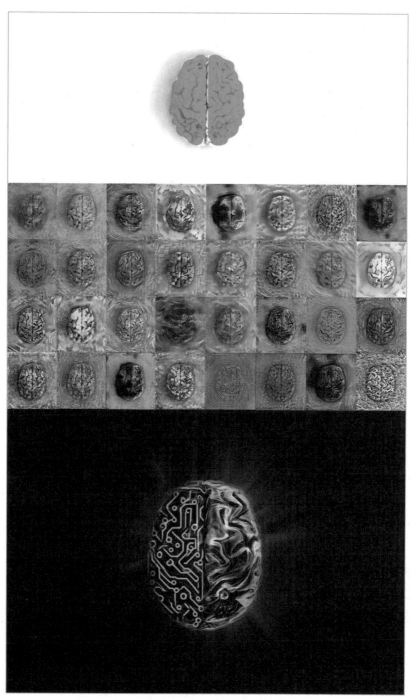

图 2-17　《AI 创造力》，作者与 AI 协作的美术创作

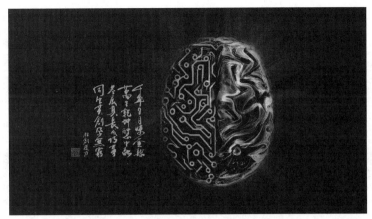

图 2-18　《AI 创造力》，为画题诗，作者与 AI 的协作的诗词与书法创作

- 翻译：这首诗能被翻译成英文吗？ AI 在生活中和工作中对于功能性内容的翻译已经处于实用阶段，足够帮助普通人打破语言的障碍，不过对于文学性比较强的内容，目前的 AI 还很难做出好的翻译，甚至无法正确翻译。在这个例子中，我尝试了各种翻译软件，比如谷歌、苹果、微软的翻译 App，还有当时新兴的翻译工具 DeepL Translator[72]，试着直接翻译古体诗，但是效果很差。于是我把这首古体诗先翻译为现代文，然后由 AI 翻译为英文，再由人最终润色，得到英文诗配画的成果（图 2-19）。如果是在今天，像 OpenAI 的 GPT-4、谷歌的 Gemini 这样的大语言模型，都能做到很好的翻译效果。

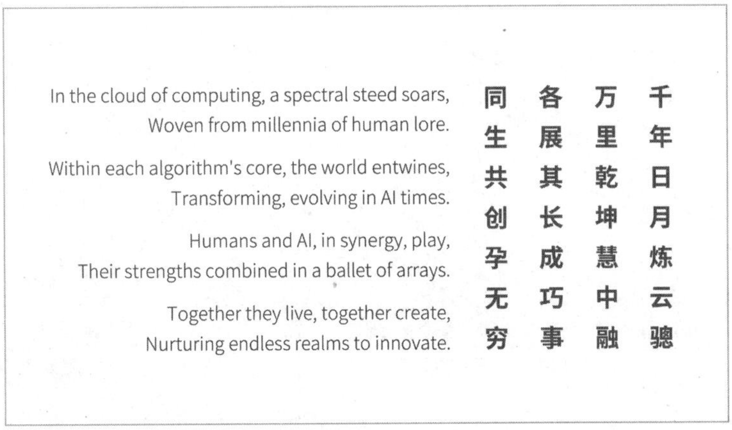

In the cloud of computing, a spectral steed soars,
Woven from millennia of human lore.

Within each algorithm's core, the world entwines,
Transforming, evolving in AI times.

Humans and AI, in synergy, play,
Their strengths combined in a ballet of arrays.

Together they live, together create,
Nurturing endless realms to innovate.

同生共创孕无穷
各展其长成巧事
万里乾坤慧中融
千年日月炼云聪

图 2-19　《AI 创造力》，把诗翻译为英文，作者与 AI 的协作的翻译创作

- 音乐：能为这个书画作品配上一段音乐吗？音乐是世界通用的语言，不过不是谁都能作曲。但有了 AI 的帮助，让它按照你的要求来生成各种乐曲的探索成果，只要你能听出来自己喜欢什么，就能在 AI 的帮助下做出属于自己的音乐。在这个例子中我使用了灵动音的 LazyComposer[73]，只要弹奏几下作为初始输入，AI 就能基于这个引子进行作曲得到一段完整的音乐（图 2-20）。

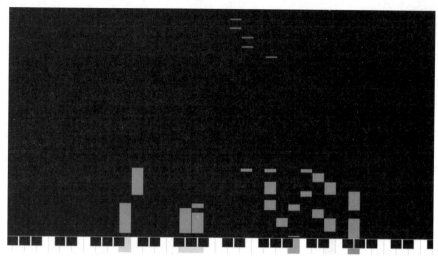

图 2-20　《AI 创造力》，为诗画作曲，作者与 AI 的协作的音乐创作

　　经过这几步和 AI 一起的协作共创，这份融合了美术、中英文学、书法和音乐的"音诗画"小尝试《AI 创造力》就呈现在大家面前了（图 2-21）。这件作品创作于 2020 年，即便是当时的 AI 技术和产品在很多方面都还不完全尽如人意，但是如果能创造性地把各种 AI 技术组合使用起来，和人类一起各展所长、协作共创，还是能够产生出不错的成果。在后面的章节，我们还会结合各种最新的 AI 生成工具，进行创作工作流的探索。

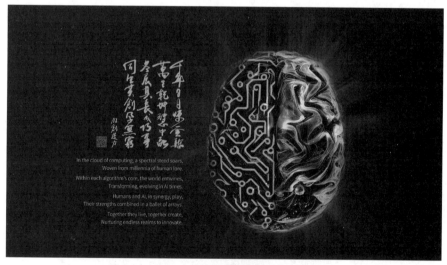

图 2-21　人与 AI 共创的音诗画作品《AI 创造力》
小彩蛋：图中的"印章"是个二维码哦

　　第五个环节"建造"，AI 可以高效地推进落实细节，降本增效；第六个环节"测试"，AI 可以通过追踪、模拟、分析等方式，有效提升效率和效果。AI 带来智能化的沙盘推演，让我们有机会想象事情会如何发展，并为现实世界的事件做好准备。借助 AI 的详细模拟和计算，"建造"和"测试"环节的过程和结果，都能得以更加有效和高效的处理，比如下面的例子。

- "宛若天成"是我们对人工造物的最高评价之一。而这也将成为一个绝佳的词汇，来描述 AI 如何帮助设计和制造产品：设计师和工程师输入设计目标，以及材料、制造方法和成本限制等参数，然后 AI 通过对各种可能性的充分探索、测试和迭代，来得到最优解。2018 年张周捷的"100 把椅子"[74]，2018 年菲利普·施密特（Philipp Schmitt）与斯蒂芬·魏斯（Steffen Weiss）的"chAIr 项目"[75]，2019 年菲利普·斯塔克（Philippe Starck）与 Autodesk 和 Kartell 的"第一把 AI 生成的椅子"[76]，就是这方面典型的例子。在建筑设计领域，还有更多、更早的生成式设计的案例。

- 于 2020 年 1 月发布的世界上第一个"生化机器人"Xenobot[77]的创造过程则向人们展示了加速进化的可能（图 2-22）。生物进化在现实世界中是需要很多代发展的过程，然而却可以在虚拟世界中以更高的速度进行模拟。在 Xenobot 的设计和制作中，生物学和计算机科学家携手合作，首先通过细胞组合制作了几个实验样本，对样本进行运动参数的采集，然后通过计算机程序进行模拟，找到符合期待的细胞组合方式；再回到实验室中，把几种最有希望的细胞组合方式实际制作出来，通过测试最终找到最佳方案。这样一来不仅大大加快了试错的过程，而且避免了实验研究经常遇到的一个问题：因为实验复杂度，成果久拖不决，耗尽资金，只好终止。2021 年 11 月，最新的研究成果显示，Xenobot 已经能实现自我繁殖[78]。

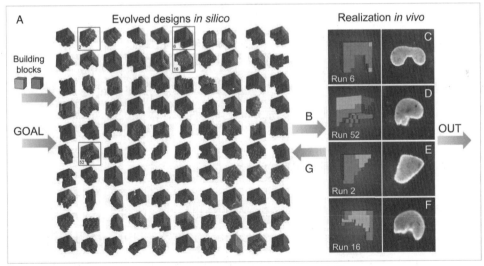

图 2-22　Xenobot 用 AI 设计生物体结构[79]

- 当虚拟世界与真实世界能更好地相互融合，"数字孪生"在某种意义上来说，就使平行宇宙成为了可能。在虚拟世界中进行建造和测试，选择最佳解决方案在现实世界中实施；同时，现实世界中的变化也会再反映到虚拟世界里，进行进一步的分析和管理。2022 北京冬奥会就是当今数字孪生技术应用的集中体现，第一次实现奥运会组织运行设计三维化，并通过数字孪生的方式打通真实世界和虚拟世界，通过云化方案实现跨操作系统、跨硬件平台的互联互通。以鸟巢体育馆的数字孪生 [80] 为例，鸟巢加装了近 8000 个 IoT 传感器、控制器，能够让运行团队实时掌握场馆内人、车、设备、能源、环境的客观情况，通过 AI 算法来实现实时识别异常行为、快速寻找走失人员，通过对大型机电设备的实时监测与分析来挖掘和规避故障隐患，以及进行能源设备调控。

- 当量变足够大时，就可能发生质变，比如大规模个性化产品或内容就会成为现实。电商平台的 AI 设计引擎已经展现了真正的个性化是多么强大，短视频平台的推荐引擎也是如此，而 AI 是高效、低成本实现大规模个性化设计与实施的关键。比如目前产业应用规模最大、最成熟的鹿班，从 2016 年开始投入使用，到 2019 年已经能够为双十一生成超过 10 亿幅广告图片 [81]、给消费者看千人千面的广告，目前已经作为一项服务开放给淘宝商家使用。大家可能都认同给每个消费者看个性化的广告，一定能带来更好的商业转化效率，可是在依靠人类设计师设计广告图片的时代，因为潜在的高昂成本，没有谁真的会去做 10 亿幅个性化广告图片（想想这要多少钱，投入产出比实在太低）；而当有了 AI 高效、低成本、大规模地生成这样的个性化广告图片的时候，一切又变得如此水到渠成。

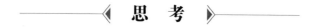

思　考

在你的创造过程中，每个环节可以引入怎样的 AI 应用？

试试案例中提及的各种 AI 工具，你知道平时可以在哪里找到这样的各种 AI 工具吗？

目前的绝大部分可以用于创造性任务的 AI，往往只是实现了某个环节的功能。但是创造是由多个环节组成的完整过程，怎样搭建智能设计的工作流？

2.4　小练习：为自己最需要的智能产品找参考

在本章中，我们分析了人与 AI 各自的优缺点，引出了"AI 创造力"这一概念，倡导人与 AI 各展所长、协作共创，聚焦于如何创造性地使用 AI，以及如何用 AI 增强人类的创造力。通过对 AI 时代的人机共创模型，以及各种应用案例的介绍，相信大家对于如何与 AI 协作共创有了直观的认识。今天的 AI 领域学习有一点特别好，是资讯交流便捷，全球发生的重要进展都能迅速获知，英文的报道也会在短短几天，甚至 24 小时内出现中文的版本。其实今天完全可以让 AI 第一时间发现相关内容，并自动翻译成中文。

自从 2017 年以来，我从"AI 创造力"的角度研究人类如何创造性地运用 AI，以及 AI 如何激发人类更多的创造力，积累的资料汇总成"AI 创造力案例"资料库中，其中包含数千个相关的案例，覆盖了各个技术领域以及几乎全部行业领域，可以方便地通过关键词、发布日期、技术类型、应用领域等维度进行检索。除此之外，还有值得关注的公众号、相关图书、AI工具导航网站等。

本章的小练习如下。

主题： 为自己的智能产品找参考

本科：

- 将自己需要的这个智能产品所做的事情进行拆解。
- 根据这些事情来寻找对应的已经存在的智能产品，看看这些智能产品是怎么做的、能够实现怎样的效果。
- 已经存在的智能产品能满足自己的需求吗？为什么？
- 把研究结果以在线文档的形式呈现，小组分工协作完成。

硕士：

- 将自己需要的这个智能产品所做的事情进行拆解。
- 根据这些事情来寻找对应的已经存在的智能产品，看看这些智能产品是怎么做的、能够实现怎样的效果。
- 借鉴已经存在的智能产品功能，可以怎样组合出一个满足自己需求的智能产品？
- 把研究结果以在线文档的形式呈现，小组分工协作完成。

第二篇
智能产品设计分析

软件带来了前所未有的大规模信息组织与处理能力；

互联网不仅把大规模信息组织与处理推向一个新高度，更带来了前所未有的大规模人力组织能力；

在此基础上，AI进一步带来了前所未有的对真实世界的模拟与预测，以及个体与集体智慧超级高效的双向互动。

第 3 章

智能时代的产品设计

3.1 诗和远方背后的现实

在上一章中，我们一起看过了很多大开脑洞、激动人心的 AI 创造力案例，展现了一个美好的诗和远方。然而在这背后，有一些问题无法回避。比如可能有人会好奇：AI 绘画这么厉害，也能生成栩栩如生又充满创意的人物、场景、建筑等影像，但是为什么却无法做好抽象的品牌 logo 设计？

AI 绘画基于对全网大量图像与对应文字的学习，可以生成各种风格和主题的图像，可以根据用户的输入或选择调整图像的内容、颜色、明暗、细节等，可以根据用户的素材图片进行转换、合成、优化等，更主要是可以做大量的生成，帮助我们探索各种可能性，得到很多意外的启发甚至惊喜。 但是，AI 绘画也有一些局限性，比如不能保证生成的图像的质量、准确性和原创性，可能存在失真、重复等问题；不能理解用户的需求和意图，只能根据预设的模型和算法进行生成；不能满足专业性和个性化的需求，只能生成一般性的图像等等。

而抽象的品牌 logo 设计是一种高级别的创意设计，它需要考虑以下几方面：一、品牌定位，logo 要能够反映品牌的核心价值、特色和理念，与品牌的目标市场和受众相匹配；二、设计元素，logo 要选择合适的图形、字体、颜色等元素，使之能够表达品牌的含义和情感，并且产生目标性的联想；三、设计原则，logo 要遵循一些基本的设计原则，比如简洁、易识别、易记忆、易传播等；四、设计过程，logo 要通过用户和专家的反馈和建议，进行测试和优化，直到达到最佳效果。这样的过程中包含了大量的人类情绪感知、语义理解、抽象思维、形象表达，这样的能力是无法通过学习图像与对应文字的组合关系概率获得的。这比把人脸、手指画对要难得多，事实上就连相当一部分人类都不具备这样的能力，AI 目前还无法达到这样的高度。

当然，这也为人类保留了工作的价值和机会。事实上，人与 AI 各展所长、协作共创，的确能带来更好的效果。另外，在一些特定的领域中，也可以基于目前的技术水平搭建出有效的解决方案，比如鹿班 AI 设计平台为电商设计数以十亿计的千人千面的广告图片，就巧妙地绕过了"解决设计问题"，而去直接"解决商业问题"。以点击率、转化率来评估商业效率，评估的是哪一个广告图片能够带来更高的商业效益，而不是去评估哪个设计水平高，哪个创意好。这些广告图片的设计品质本身，主要是靠输入的由人类设计师所设计的原始素材，以及由人类设计师所参与的训练过程来决定的。AI 从中学习到素材的组合规则，从而根据商业目标去生成各种各样的排列组合，形成了数以十亿计的千人千面的广告图片。本质上来说，这是一个以设计为载体的商业效率优化工具，而不是一个以设计为目的的设计工具。这种解决问题的方式，以及实现的效果，在目前 AI 技术还不完全成熟的情况下，的确可以成为 AI 技术应用的范例。以 AI 创造力为关键突破口，聚焦于如何创造性地使用 AI，以及 AI 如何增强人类的创造力，很多时候会比单纯地死磕 AI 技术收获更多。这也是产品设计的艺术。

当有人满怀激情地加入了一家做 AI 产品的公司，比如一家智能汽车公司，准备要大干一场，设计最棒的智能产品，可能会发现自己主要的工作还是画图标、画界面，大为失望。其实这正是大家在工作中经常会面对的。一方面，即便是智能产品，在与人的交互过程中还是在使用人类的感知通道，而视觉感知是其中很重要的一环（视觉是信息量最大、传输和处理速度最快的交互通道），所以在大多数情况下屏幕仍然是一个主要的交互载体，屏幕上的视觉界面仍然是主要的设计对象；另一方面，在智能时代，快速发展的各种智能技术正在不断带来各种新可能，如果我们不能充分理解和创造性地运用智能技术，就会被卡在以视觉为主的交互设计之中。

产品设计者是用户与科技之间的一座桥。智能产品的设计者需要一手牵着今天的用户，一手牵着最新的 AI 科技，寻找科技应用的场景，解决用户实际的问题，只有这样才能真正做好智能产品设计。

我们来进行一个产品设计小练习：如何提高汽车后排乘客的安全带使用率？

有人说用宣教的方法，比如在前排座椅背后放上屏幕，播放视频内容引导后排乘客系安全带，或者陈述一些安全数据，甚至介绍一些惨剧案例；有人说用车内摄像头识别后排乘客是否系安全带，然后给予提醒；有人说用道路上的摄像头拍照，识别到后排乘客没有系安全带，就扣分罚钱；有人说像前排一样，如果检测到后座有人并且安全带没有系上，就不停地发出提示音；有人说设计一款能自动系上的后排安全带，省得乘客自己系比较麻烦……

滴滴的一个实验 [82] 很有意思：一方面，滴滴要求司机师傅在开始驾驶前，提醒乘客系好安全带；另一方面，滴滴其实也会通过实时开着录音功能的司机端手机 App，监测车内的声音，用 AI 来判断是否听到了扣上安全带的"咔哒"一声。如果 AI 认为乘客没有系上安全带，就会触发下一步——由 AI 打电话给你，用一个女性声音，提醒你要系好安全带，稍后 AI 还会发一条短信给你致歉打扰并解释缘由（图 3-1）。

虽然滴滴这个提醒系安全带的功能在实际应用中还是有不少问题，但不失为一个富有创意的 AI 应用尝试。创造性地运用 AI 和研发更好的 AI 技术同样重要，因为如果不能把技术有效地转化为可以为用户创造价值的产品，技术本身就无法产生价值。如果产品经理和设计师不能在如何创造性地运用 AI 上有所建树，就无法真正发挥 AI 技术的价值和潜力，而且很容易出现"身在前沿的 AI 公司，只能做传统的技术产品开发"的情况。乔布斯在 1997 年的苹果开发者大会上说："你必须要从用户体验开始，然后再倒推用什么技术，而不是反过来，先从技术出发。"[83] 这个说法在 AI 的时代同样适用。毕竟在绝大多数情况下，技术本身并不会告诉人们应该如何去使用。产品的创造者需要深挖用户的痛点和期待，然后创造性地使用 AI 去打造新型的产品功能。

图 3-1　滴滴通过 AI，以多种方式提醒乘客系好安全带

我们在前面的课程里，做过智能产品、智能特征的头脑风暴和分析整理，把智能产品的设计原则总结为以人为师、以人为本、以人为伴。

"以人为师"强调的是 AI 的基础能力和学习性。尽管现在的 AI 对真实世界的语义理解、因果推断能力都还比较弱，尽管 AI 实现这些基础能力和学习效果的方式和人类很不同，尽管今天并没有一个清晰统一的标准去定义什么是智能产品，但这些都并不妨碍人们在一些产品上清晰地感觉到智能——以人类行为为标准的智能，从而认同这是一个智能产品。就像图灵测试一样，如果你感觉这个屋子里面是一个人，那他就是个人，不管这里面究竟是一个人还是一个 AI。AI 基于人类的数据去训练、生成，并不断学习人类的数据，形成类人的效果，甚至连人类的问题，比如言语中的歧视，也被学习和继承。无论 AI 在外观上看起来是不是人形，它的思维方式、伦理、价值观等，都是，或者应该按人类的标准去打造。而从另一个角度来说，相比人类，AI 又有很多独特的优势，比如大规模的信息收集处理能力、大规模的复制能力、稳定的持续能力等，从而使 AI 可以在一些领域中实现从"以人为师"到"超越人师"的效果。

"以人为本"强调的是 AI 的人性化和交互性。人类创造出的各种各样的 AI 产品，从一开始的目的就是为人服务的。有的机器人被做成各种不同的形态，以获得更好的运行效果，比如工厂里的机械臂、餐厅里的上菜机器人、家庭里的扫地机器人；有的机器人被做成人形，甚至是刻意对人类形态进行模仿，比如酒店和银行中的迎宾机器人、像索菲亚[84]这样以各种噱头吸引眼球的机器人；还有像 Jibo[85] 和 Vector[86] 这样的拟人机器人，虽然身体形态更偏向于机器的形态，但是通过表情和动作来更好的实现与人的情感交流，仿佛从动画片中走出来的可爱小精灵。以人为本的人性化和交互性的确是 AI 为人所接受、与人有效互动的关键，但是"人形"其实并非必选项，而且在目前的技术条件下，刻意模拟人形却又存在显著的差距，这本身就是最大的问题——即便不会掉入"恐怖谷效应"，也会引发人类过高的期待，反而因为期待与现实的落差而导致负面的评价；而且要达到相对好的拟人效果，成本就会居高不下，进一步直接影响购买意愿，以及购买后更高的期待。在人性化和交互性上看起来做得更好的 Jibo 和 Vector，发展却远不及外表普通，只能满足单一需求的智能音箱、扫地机器人，就是这些原因的综合结果。

"以人为伴"强调的是 AI 的超越性和协作性。虽然很多人对高科技有憧憬，也有很多文学和影视作品向人们描绘了未来世界中 AI 无处不在的场景，但是在真实的世界中，AI 的应用也需要符合经济学的原理。什么情况下工厂会用自动化机器装置取代工人？一定是因为机器的综合投入产出比超越了工人。尽管买一套机器在大多数情况下要比雇一个工人的初始投入要高得多，但是因为机器可以持续、稳定地工作，也不愁招工，不要求涨工资，经过一段时间之后，投入产出比就会超过工人。另外，在自动化生产中还可以针对机器的特点进一步做优化设计，比如逐渐流行开的"熄灯工厂"，几百名员工减为几十人，并且因为工人平时无需进入生产车间、无需照明，因而得名"熄灯工厂"；比如特斯拉的一体成型压铸，把 70 多个零件化为一个，让 Model Y 车架的制造时间从 1 ～ 2 小时缩短至不到 2 分钟，占地面积节省了 30%，生产工人减少了 200 多个，节省了约 20% 的制造成本。不过，目前的 AI、机器人还有很多做不到或者做不好的地方，只有和人类协作才能取得更好的效果，比如因为机器无法拥有人类一样灵敏的触觉，大量的生产环节还无法把人解放出来；比如在音乐、美术、文学、设计的创造过程中，AI 还需要和人类深入协作，各自发挥自身的优势，才能完成高质量的创造。

在 AI 应用上，的确还有很多挑战，技术上的精确与可靠性，商业上的投入产出比，以及随之而来的对人类社会的冲击，尤为突出。

技术问题是首要问题。比如今天的汽车生产线上可以大量地使用机械臂，而手机生产线上仍然是以人类工人为主，主要就是如果不能解决触感问题，机械臂就无法自动进行精细的操作；达·芬奇手术机器人[87]尽管能够做到精细的操作，但是那是依赖于人与机器的配合，并且整体设备的成本非常高。比如今天的 AI 可以生成让人赞叹的美术作品，但是在需要更多逻辑性、情感性的各种设计领域，AI 的表现还差强人意；更重要的是，因为目前 AI 对真实世界的语义理解能力偏弱，人类对于 AI 工作过程的控制偏弱，人们很难真正顺心如意地运用 AI 进行创造。

商业问题是现实问题。正如前面工厂的例子所述，企业主究竟选择用人还是用机械臂，主要还是看哪个的综合性价比更高。只有当 AI 及机器的性价比超过人的时候，才有可能大规模地铺开来。但是在相对通用的 AI 出现之前，每个具体的 AI 应用都意味着大量的先期投入成本，这个门槛就让绝大多数企业与之无缘；无论是训练 AI 所需的大量数据，昂贵的 GPU 算力，还是薪酬不菲的科学家、工程师，都使得 AI 应用在过去这些年成为了一场主要由巨头参与和推动的游戏；随着 GPT 为代表的接近通用型的 AI 的出现，人们可以在此基础上以更小的成本来实现 AI 在具体领域中的应用，2023 年正在成为 AI 应用爆发的元年，未来可期。

社会问题也正在酝酿。相比于有些人担心 AI 的应用让很多人类失业，我更愿意把这看作是伴有阵痛的解放，毕竟让人类在生产线上像机器一样工作也并不是人类最好的存在方式。人类的价值和潜力完全可以，也应该在更广泛的空间里释放，但是在过渡期，真的会出现"时代的一粒沙落在一个人的头上就是一座山"的情况。另外，由于 AI 本身就是学习人类社会所积累的数据而形成的，人类社会中原本就存在的问题，比如各种类型的歧视，也会被继承；并且因为 AI 更容易形成规模化，会出现好的更好、差的更差的放大效果。回望人类历史，我们会发现总有一些转折点，当新科技带来的好处超过了带来的问题时，比如汽车、飞机都有事故的问题，但是带来的快速移动的好处更多，新科技就会迅速被社会采纳。

让人担心的问题很多，让人兴奋的进展也很多。不过如果让我们放眼更广阔的时间范围，看看设计在历史的不同阶段中面临的挑战，我们的心态就会变得更平和一些，也就能更好地去推动在智能产品领域的设计。

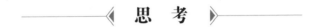

◀ 思　考 ▶

哪些 AI 产品可以用来做品牌 logo 设计？

这些 AI 做出的品牌 logo 设计有什么特点？

人与 AI 进行怎样的互动协作会有助于设计出一个高质量的品牌 logo？

3.2　设计与技术的螺旋上升

在很长一段时间里，人类创造器物是由工匠一件一件来做，设计与制造几乎无法分离；随着技术的进步，手工式的规模化量产出现，比如秦朝制式兵器，才有了部分设计与制造分离的情况；不过直到 18 世纪末至 19 世纪初的工业化时代到来，之前的设计者主要还是作为手工作坊主或工匠进行创作，集设计者、制造者甚至销售者的工作于一身。工业化大生产所带来的劳动分工的精细化和生产过程的复杂化，使得设计者无法、也无需同时兼顾设计和制造，而是专门从事设计工作，并与制造者进行合作。于是设计就从制造业中分离出来，成为独立的设计业。设计成为独立的存在，也就获得了更多专业化发展，以及更多资源投入的可能。让我们沿着"界面设计"这个领域，回顾一下那些影响至今的设计与技术互动发展的典型过程。

1. 印刷品上的界面设计

在印刷时代，印刷媒介就是人与信息之间的界面。印刷起源于中国唐代的雕版印刷术和宋代的活字印刷术，后来传播到欧洲，由约翰内斯·古腾堡（Johannes Gutenberg）发明了印刷机，对知识、文化、艺术和宗教的传播产生了深远的影响。这个时代的界面设计，就是通过各种方法，用墨水将文字和图像转移到纸张或其他媒介上，主要解决信息的呈现与传播（图3-2～图3-5）。

图 3-2　世界上最早有明确时间（公元 868 年）的印刷品——唐朝咸通年间的
雕版印刷制品《金刚般若波罗蜜经》

图 3-3　宋代（公元 960—1279 年）的商标与印刷广告"济南刘家功夫针铺"：
"认门前白兔儿为记"（中国发现的最早商标，可能是世界上最早的印刷广告）[88]

图 3-4 西方世界第一本活字印刷的书籍（公元 1450 年代）——古腾堡《圣经》

图 3-5 约翰内斯·古腾堡（公元 1398—1468 年）和他发明的印刷机

（使用 AI 工具 Midjourney "复原" 的历史场景，prompt: Johannes Gutenberg and his printing press）

- 雕版印刷和活字印刷让大规模复制信息成为可能，但是人们很快发现，如果按照之前流行的书法体进行雕刻，费时费力，也更容易出错。于是新的字体被创造了出来，比如中文的宋体[89]、西文的哥特体[90]，体现了文化风格，但更重要的是雕刻起来更加高效。人们又创造了更多不同类型的字体，来营造不同的文字风格。字母文字字形简单，还创造了斜体、粗体等形式，来营造文字的对比、强调。字体受到不同地区和文化的语言和文字的影响，形成了丰富多彩的设计特点。

- 雕版印刷不仅可以刻字，还可以刻图，这比抄写更容易复制图画。于是人们开始大规模使用插图、装饰来增强印刷书籍的视觉吸引力和意义。插图可以是木刻、雕刻、蚀刻等，可以单独印刷或与文字结合。装饰可以是图形化的文字、外框图案等，给页面增加美感和多样性。后期出现的多色套印让色彩融入插图和装饰中，使内容和表现变得更加丰富。

- 当内容可以通过印刷大规模复制时，内容的版式就被更加重视起来，因为这直接影响到阅读效果以及印刷成本。人们使用版面布局、构图和对齐来组织印刷页面或书籍的元素。版面布局控制页面上文字和图像的排列，如页边距、栏目、段落、标题等；构图控制页面上元素的平衡、和谐和比例；对齐控制页面上元素的水平和垂直位置，如对齐、缩进、居中等。18 世纪末发明的平版印刷使得印刷设计可以使用彩色和更大的表面，这为艺术家和设计师提供了更多的创造可能性。

当印刷术最初出现的时候，一定有很多让人不满意的地方：雕版印刷不如纯手工的创作来得自由多变，为提升文字雕刻效率而创造的字体不如手写来得有神韵；雕版一旦刻错一处就要推倒重来；木制雕版随着使用而损毁，可印刷的次数不够多；活字印刷术在应对庞大字库的中文时优势不明显，反而是在欧洲应对字母文字而产生了更大的影响力……印刷术所遇到的挑战被逐一解决，有些是通过技术革新，有些是通过设计改进。信息存储、传播的效率大幅提升，人类不可阻挡地进入了印刷时代。

2. 屏幕里的界面设计

当软件时代拉开序幕的时候，内容的载体变为了屏幕。屏幕里的界面设计自然而然地承接了印刷时代的设计遗产，从图形设计和平面设计开始，逐渐发展出为屏幕设计的方法和规范，并与心理学、软件工程学相结合，孕育出界面设计、交互设计、用户体验设计等新的设计领域。最初，屏幕里的界面被称为"图形用户界面"（Graphical User Interface，GUI）[91]，这是一种允许用户通过图形图标和音频指示器来控制电子设备的用户界面，而不是通过文本界面、键入命令或文本导航。GUI 的出现是为了解决命令行界面（Command Line Interface，CLI）的学习曲线过陡的问题，而屏幕则为内容的动态显示提供了基础载体。

最初的图形用户界面，是由斯坦福研究院（SRI International）的道格拉斯·恩格尔巴特（Douglas Engelbart）在 1960 年代开发的在线系统（oN-Line System，NLS），这个系统使用了一个鼠标驱动的光标（cursor）和多个窗口来处理超文本（就是今天大家习以为常的内容跳转链接）。恩格尔巴特的工作直接影响了施乐公司帕洛阿尔托研究中心（Xerox PARC）的研究。在 20 世纪 60 年代末，施乐公司是复印机行业的领导者，但面临着来自日本的廉价品牌的竞争。为了保持领先地位，他们在加利福尼亚州帕洛阿尔托创建了研究中心，请了世界上最优秀、最有创意的计算机科学家来做创新创造。施乐于 1973 年开发了第一台拥有图形化人机界面的个人电脑"奥托"（Alto）电脑[92]，又在 1981 年发布了第一台商用图形用户界面电脑"施乐之星"（Xerox Star）。从此，这种具有窗口、图标、菜单和指针设备（Window-Icon-Menu-Pointer，WIMP）的范式，影响了后来的许多图形用户界面系统，比如苹果公司的丽莎（Lisa）和麦金塔（Macintosh）电脑系统，微软公司的视窗（Windows）系统等。然而施乐公司的管理层对这些发明不感兴趣，因为他们不明白如何从中赚钱。他们只关心他们的复印机业务，并忽视或拒绝了帕洛阿尔托研究中心提出的将技术推向市场的建议，也没有很好地为这些发明申请专利保护。1979 年，当苹果公司（那时还是一间小而有前途、制造个人电脑的初创公司）的联合创始人史蒂夫·乔布斯参观帕洛阿尔托研究中心时，他看到奥托电脑的演示，被深深地震惊了。乔布斯意识到图形用户界面是计算机的未来，他说服施乐公司让他看到更多帕洛阿尔托研究中心的工作；作为交换，他给施乐公司一些苹果公司即将上市前的股份。乔布斯用从施乐帕洛阿尔托研究中心学到的东西来打造了苹果丽莎电脑和后来的苹果麦金塔电脑，成为了第一批商业上成功的带有图形用户界面的个人电脑。他还引入了其他创新，例如字体、菜单和垃圾桶图标。从此，苹果产品带上了创新设计、用户友好的烙印，在全球引领风潮至今，取得了巨大的成功。苹果的乔布斯、微软的盖茨与施乐公司之间风起云涌、充满戏剧化的故事[93]，正是那个时代科技创新的缩影。电影《硅谷传奇》（*Pirates of Silicon Valley*）[94] 就是基于这段历史。

最初的软件界面设计师，往往有视觉设计相关的背景。我就是在 1998 年大学的时候被计算机系的同学邀请去帮他们"画界面"，而走上用户体验设计这条道路的；这几乎和设计师苏珊·卡雷（Susan Kare）的故事一样。世界上最早将图形化用户界面带给大众的是苹果电脑麦金塔（Macintosh），而正是她设计了最初的图形化用户界面（图 3-6）。麦金塔开发小组的核心成员安迪·赫茨菲尔德（Andy Hertzfeld）为了研发出真正能让普通人容易使用的图形化人机界面，找来他的高中同学苏珊帮忙，苏珊当时刚从纽约大学毕业，主修美术。在最初设计图形化界面的时候，因为图形设计软件还没有开发出来，苏珊就在网格纸上开始了她的设计，苹果电脑以设计著称的用户界面就由此起步[95]。这样的图形化用户界面直观明了，普通人也很容易上手；相比之前的命令行操作式的用户界面，"个人电脑"终于能够走出专业人士的小圈子，走入千家万户，真正成为每个人都能使用的工具。

从印刷品的平面设计到软件的用户界面设计当然也不会一帆风顺。设计师在刚开始的时候经常遇到很多问题，比如最典型的分辨率问题。印刷品在打印的时候，通常每英寸可打印的点数（Dots Per Inch，DPI）可以达到 300～600，这个分辨率是比较高的，可以印制很精细的细节、微妙的颜色。然而直到 2011 年发布的 iPhone 4、2012 年发布的 MacBook Pro，才搭载着"视网膜屏幕"（Retina Display），显示分辨率通常在 250 DPI 以上，让人们在屏幕上也能获得类似印刷品的精细感受。在此之前，主流显示器都是 72 DPI，相比印刷品的显示要粗糙很多，而且屏幕像素尺寸也不大，比如最初的图形化界面的苹果电脑使用了一块 9 英寸的屏幕，能显示 512（宽）×342（高）像素。这也是为什么界面中的图标都设计得非常"像素化"，毕竟每个图标只能占用 32×32 像素。在这种情况下，被显示的物体就不能太小，否则用像素来呈现的时候就会出现破损。比如中文字体的显示，在用单色像素构成的情况下，表现比较好的是 12×12 像素或 14×14 像素，少于 10×10 像素就会出现较严重的破损。后来在"抗锯齿"（anti-aliasing）技术、高分辨率屏幕的帮助下，字体终于可以在屏幕上以光滑边缘的形式呈现，也可以显示很小的字号，但是分辨率相关的问题仍然是做屏幕内容设计时特别需要注意的事项。另外，屏幕显示还存在色差的问题，比如不同显示器常常有不同的色彩显示偏差，而且显示器本身也可以调节亮度、对比度、饱和度、色彩设置等，所以用户看到的，往往并不完全是你在设计时所指定的。这就需要有意识地主动规避一些可能出现的问题。比如很多设计师在做平面设计时喜欢用浅浅的银灰色，显得高级，但是在屏幕上显示出来的时候，可能在有的显示器上面看起来很像什么都没有的白色，而在有的显示器上则被显示成脏脏的灰色。所以设计师需要检查在各种情况下、各种设备上显示的效果，并针对性地调整设计或者研发实现的方式。当然屏幕带来的好处也远比问题多，比如动态显示与交互操作。

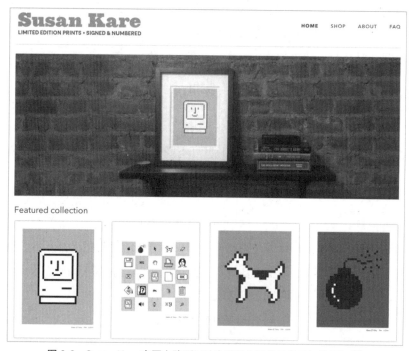

图 3-6 Susan Kare 官网上陈列了她为苹果电脑设计的最初的图标 [96]

3. 交互设计与拟物化

软件产品的设计不是简单的在屏幕里做平面设计，而是把软件使用过程中的人机互动作为设计对象，形成了全新的设计领域"交互设计"，从人机交互（Human-Computer Interaction，HCI）、图形用户界面（GUI）、用户界面（User Interface，UI），最后到综合性的用户体验

（User Experience，UX 或 UE），形成了一个融合了设计学、心理学、软件工程学的交叉学科体系，成为了近三十年来设计领域中发展最快、最受重视、职业回报最高的细分领域之一，并且目前还在 AI 与虚拟现实的推动下持续演进中。在为电脑屏＋鼠标＋键盘这套信息交互系统进行设计的过程中，交互设计、用户体验设计的各种原则与经验逐渐被建立起来。为了让用户能更好地与屏幕里的虚拟世界交互，早期的软件界面设计大量采用"拟物化"，通过在虚拟世界中使用人们熟悉的现实世界中的物品，让用户将现实世界中的经验迁移到虚拟世界中，从而更好地识别、理解、操作、记忆虚拟世界中的功能与内容。在这段时间的设计中，按钮通常看起来就像是一个实物按钮，在用户用鼠标点击的时候，按钮"真的"会被按凹下去，或者点亮按钮里的灯光效果。有时设计师还会利用虚拟空间中可以任意构建内容的特点，来做一些逻辑合理、在实体世界中比较难实现的效果，比如图 3-7 所示，在同一个按钮位置上竟然叠加了 8 种状态（图中框选的图标）："耳机"按钮的正常、鼠标悬停、鼠标点击、暂不可用（disabled），"耳机禁用"按钮的正常、鼠标悬停、鼠标点击、暂不可用。在之后的互联网、移动互联网时代，几乎再也不会见到这么复杂的按钮状态。不过有意思的是，虽然在电脑上，拟物化的设计风格逐渐被更适合互联网的扁平化所取代，但当移动互联网时代来临的时候，为了让大量从未使用过智能手机，甚至从未使用过电脑的用户能更好地上手，拟物化到扁平化的故事又再次上演，并且这两次拟物化的风潮都是由苹果公司引领的。这向我们清晰展示着，拟物化其实从来不只是一种视觉设计风格，同时也是交互设计的重要手段；在即将到来的虚拟世界与现实世界相融合的新一代信息产品中，拟物化的设计也一定会再次获得旺盛的生命力，直到完成用户教育，再逐步转向效率更高的其他界面形态。

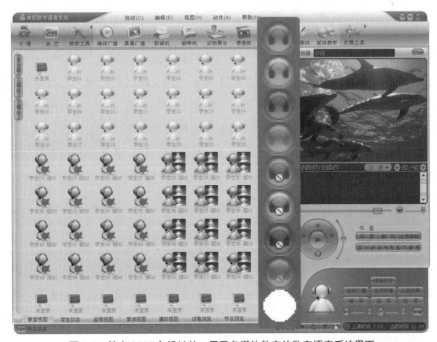

图 3-7　笔者 2005 年设计的，用于多媒体教室的数字语音系统界面

在软件时代，也经常见到界面上堆满了各种操作控件的设计，仿佛只有这样才显得软件功能强大、物有所值。这背后的原因里，很重要的一个就是当时的软件产品为了满足越来越复杂的用户人群的需求，功能越积累越多、越做越复杂，但又缺乏有效的方法来针对不同的用户进行智能的优化。一个典型的例子是，微软研究发现 Office 办公软件中大量的功能被埋藏在层层叠叠的菜单栏中，只被少数人使用过。于是他们在 2007 年发布的产品中推出了"功能区界面"（Ribbon UI）并沿用至今，让用户在使用产品时，选择编辑模式，对应的各种功能就会以图标的形式平铺在扩大了的工具栏上，以此相对智能、非常直观地向用户提供相关功能。这个领域中也有一些超前的探索者，比如 1994 年就被正式提出、并逐步应用于 3D 建模软件玛雅（Maya）的"标记菜单"（Marking Menu）[97] 功能，通过鼠标的点击，然后在不同方向上的滑动，结合所处的操作模式，为用户提供了一种极其高效的操作方式。移动互联网时代的一些手势操作，也都受此启发。在软件时代，交互设计的基础被逐步建立起来。

- 用户研究方法：人物角色、行为流程分析、用户旅程分析、问卷、访谈、焦点小组、故事板、情绪板、快速原型、用户测试等。

- 设计对象：包括文字、物体 / 空间、视觉风格、时间、行为，并进一步形成具体的内容，比如文本、图像、图标、按钮、菜单、手势、声音、动画、过渡、反馈等。

- 设计原则：比如一致性、反馈、可供性、可见性、可学习性、可用性、以用户为中心等。

- 工作流程：比如定义用户目标和场景、用草图和原型表现想法、测试和迭代设计、搭建信息架构等。

- 设计工具：比如线框图和原型工具、平面设计工具、编码工具、测试工具。

4. 网络产品简洁背后的复杂

互联网时代刚开始的时候，典型的产品样式是像报纸一样罗列信息的门户网站，就是把信息内容简单地变为网上内容。网络产品当然不是连上网这么简单，因为互联网带来的海量信息、海量用户，以及后期出现的海量存储与算力之间的互联互通，带来了前所未有的挑战和机会。对当今网络产品设计产生最大影响的，首推以谷歌搜索引擎为代表的设计，在理性与感性之间寻求平衡、设计风格简洁、崇尚基于数据的快速迭代。我喜欢把谷歌搜索首页称为"最简单却又最复杂的界面"（图 3-8）。当年我在谷歌工作的时候，就和研发团队一起花了大量的时间在这个看起来简洁到甚至被认为简陋的界面上——这个界面之所以能够看起来如此简洁，就是因为背后大量的、复杂的、持续的工作——因为它必须在简单性、功能性和适应性之间取得平衡。

- 简单性：用户来谷歌是为了获取信息的，谷歌一直秉承着让用户即来即走的理念，认为只有用户很快完成任务离开才是搜索产品实力的体现。谷歌搜索界面设计得极简，主页和结果页上只有少数几个元素。主要的焦点是搜索框，用户可以在其中输入查询并获得相关结果。界面没有任何不必要的干扰或杂乱，使用了清晰和一致的字体、颜色和图标。界面也遵循了渐进式披露的原则，这意味着它只显示用户在给定时刻需要的信息和功能，并隐藏其余的内容，直到用户请求。

- 功能性：谷歌搜索界面设计得功能强大，有各种特性和选项供用户访问和定制。界面可以处理不同类型的查询，例如文本、语音、图像、视频等，并提供不同类型的结果，例如文本、富文本、图像、视频、探索等。界面还允许用户使用各种工具和过滤器来筛选、排序、细化和扩展他们的结果，例如标签、类别、设置、高级搜索等。界面还与其他谷歌产品和服务集成，例如地图、新闻、购物等，以提供更相关和有用的信息。

- 适应性：谷歌搜索界面设计得适应性强，具有灵活的布局和设计，可以适应不同的设备、屏幕尺寸、语言、地区、偏好和情境。界面可以检测用户的设备类型和屏幕尺寸，并相应地调整元素，以优化用户体验。界面还可以检测用户的语言和地区，并提供适合用户文化和需求的本地化内容和功能。界面还可以从用户的行为和偏好中学习，并根据用户的历史和兴趣个性化结果和功能。

图 3-8 谷歌搜索首页的设计（2023 年 8 月）

谷歌搜索界面也不是一蹴而就的。当我们仔细观察其首页设计从 1997 年以来的演变[98]，再去思考这些变化的底层原因，就能给我们带来更多的收获。产品网络化，究竟带来了哪些方面的主要变化？

- 应对网络延迟：网络产品无法像本地产品一样获得信息传输与交互速度，但是人机交互过程中的等待会明显地损害用户体验，甚至零点几秒的延迟也会让用户感觉到卡顿。为了尽可能减弱网络延迟效应，一方面网络产品通常采用更高效的导航设计和页面布局设计，帮助用户少走弯路，通过更简洁的视觉设计来减少需要传输的文件大小，从而减少网页的加载时间，简而言之就是越简洁高效越好；另一方面也基于心理学，研究出了各种让用户"感觉更快"的手段，比如在产品页面载入的时候显示进度条，并且并不是匀速进展而是先慢后快，在页面还没有完成载入的时候先放一张界面截图或者暗示内容的画面，在用户等待过程中展示一些吸引用户的内容，转移他们的注意力；当然还有很多基础的优化工作也必不可少，比如压缩图片和视频、在浏览器中缓存文件等。设计师从做印刷品的平面设计、做软件产品设计转为做网络产品设计，往往最先遇到的就是这方面的挑战，照搬之前的经验往往会陷入这样的窘境：设计很美观，但是网页需要很长的时间才能完成载入，失去耐心的用户就认为这个产品的用户体验很差。

- 支持复杂内容：为了应对网络延迟，网络产品往往选择更聚焦而简洁的功能与设计，但是其背后是可以联通全网的复杂内容，并且是持续变化的复杂内容，最典型的例子莫过于搜索引擎首页的设计。为什么以谷歌为代表的搜索引擎选择极简的设计风格？根本原因在于，其背后的信息内容太多太复杂，即便想像之前流行的门户网站那样罗列出来也根本做不到，只能通过技术突破，把复杂的内容隐藏在简洁的产品界面之下，而提供一种简单、高效的方式让用户进行交互。在当时，搜索引擎这种让用户以接近自然语言的方式与全网信息进行交互的能力，的确是应对复杂内容的好办法。而随着 AI 技术的进步，以抖音 /TikTok 为代表的内容推荐引擎，以亚马逊、拼多多为代表的商品推荐引擎，以 ChatGPT 为代表的 AI 助手，已经显示出未来产品整合运用复杂内容的强大实力和潜力。亚马逊电商网站的导航栏设计演变[99]（图 3-9），就非常直观而戏剧化地展现了他们的产品设计团队在面对不同复杂度的情况下所做出的选择与演进。

- 快速迭代：互联网产品能在短短三十年间对我们的世界产生如此广泛而深入的影响，很重要的原因就是基于数据的决策效率大幅提升，产品得以快速迭代，方向正确就快速发展、不正确就快速纠正；并且因为网络产品是在网络上实时更新的，迭代改进的成果马上就来到用户手中，进入到新一轮迭代改进的循环。和人类历史上之前的产品都不同，网络产品能够几乎实时地获得大量、真实的用户使用产品的数据，作为产品改进的依据；由此更可以主动出击，通过大量的测试获取数据。这不是普通人理解的一次一个、缓慢的测试，而是可以同时有几百个测试在同一个产品中进行，通过复杂的数学建模与分析得到结果的大规模工程化测试。如果我们把网络产品看作一个不断成长的生物，那么通过基于数据的大规模测试与迭代改进，等于是把这个生物的进化做了加速。过去的产品，即便是到了软件时代，迭代过程都是比较缓慢的，比如软件时代的产品经常以年份命名，因为产品从开始销售，几个月到半年后开始做用户反馈的研究，经过几个月到半年的研究形成报告，然后根据报告制定产品的改进计划，再多部门讨论确定、进入研发。等研发成果出来，开始新一轮销售，花费的时间已经是以年记。

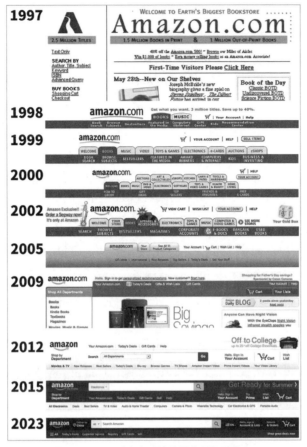

图 3-9　亚马逊电商网站的导航栏设计演变

5. 小屏幕的触控大文章

从互联网到移动互联网，你会发现在屏幕上面罗列堆砌功能的日子彻底到头了。如果说从软件到互联网，好歹还是在电脑上，还是比较大的一个屏幕，但是到手机上，屏幕一下就变小了，手机上一屏当中能够容纳的信息是非常有限的；如果强行把一个电脑网页缩小了显示在手机上，也完全无法操作。通常大家认同的是，在设计一个移动互联网产品的时候，一页尽量只做一件事，并且主要操作都必须在最多三次点击内完成。这种情况就逼着产品的创造者做更深入的思考，更好的聚焦，更干脆的取舍；所以在做产品设计的时候，先做移动端的设计，在小屏幕上把事情想清楚，再做电脑端大屏幕上的设计就容易很多。

在移动互联网时代，人机交互的主要方式也从电脑屏＋鼠标＋键盘，变为手机屏＋手势＋物理按键＋语音＋摄像头＋其他传感器（陀螺仪传感器、加速度传感器等）＋其他反馈器（振动马达、闪光灯等）。当然从 2007 年 iPhone 手机发布开启大规模的移动互联网时代至今（iPhone 之前的黑莓手机等具有上网功能的手机并未像 iPhone 一样形成如此大的影响力），人与智能手机的交互主要还是通过触控；语音、摄像头的交互正在随着 AI 技术的发展而不断增加，也必将占据越来越重要的地位。手势交互带来的最大突破是，人类向着自然人机交互的方式又近了一步。凭借日常熟悉的经验，用户双指捏紧、张开，就能控制图片的缩小、放大，在电脑上可是需要找到放大、缩小的按钮，不断点击才能实现；用户手指按住屏幕向下拖曳，就能拉着屏幕向下滑动，以前在电脑上可是需要找到操作窗口右侧边缘的滑动条，向下拖动滑动条就是让页面向上滑动；用户把页面拉到底的时候，页面会出现弹力的效果，并开始自动载入新的内容，并且新增的内容和前面的内容连在一起，可以方便地上下滑动查看，以前在电脑上可是需要找到"下一页"的按钮或链接、点击翻页才行的……手势操作本身让人机交互更自然，同时也有更多辅助功能让手势操作更准确、更顺畅，比如苹果在屏幕键盘上基于机器学习，智能地动态调整每个按键在当前情况下的响应区域大小和位置（Dynamic Hot Zones）[100]，从而让手指在小小屏幕上打字的时候实现更符合用户预期的结果。

另外，世界上从智能手机开始接触智能信息设备的人其实比从电脑开始的人要多很多，这又是一次更大规模的用户教育，为了让用户能更好地与屏幕里的虚拟世界交互，产品设计从拟物化到扁平化的过程又一次重演。iPhone 解锁界面的设计演变就是一个典型的例子[101]（图3-10）。在 2007 年初代 iPhone 发布的时候，解锁不仅被设计得看起来是一个实体按钮，而且在旁边还配上操作的文字说明，更用动画光效来进一步引导用户做滑动操作进行解锁；用户用手指按住解锁按钮滑动的时候，按钮也会像实体一样随着手指滑动。到了 2013 年，经过多年的用户教育以后，iPhone 首次去除了实体按钮的效果，仅保留了文字，不过仍用动画效果来引导，拍照图标也转为了平面化的风格。在之后的版本中，随着手机的 Home 物理按键取消，解锁也变为在屏幕上自下而上滑动的手势，并且屏幕上叠加了各类信息，"手电"功能也和拍照一样被添加为解锁界面上的快捷入口。

图 3-10　iPhone 解锁界面从拟物化到平面化的演变

6. 生活方式驱动的产品创新

随着移动互联网产品设计模式的逐渐成熟，智能手机和 App 的各种交互样式、界面元素视觉样式也逐渐稳定下来，2011 年推出的社交 App Path 2.0 几乎是最后一个因为界面交互创新而获得整个行业热议的产品[102]。但是移动互联网时代的产品与设计创新，的确更加广泛而深入地影响了更多的人。正如互联网跟软件相比并非简简单单地加上联网，互联网到移动互联网也不只是简简单单的屏幕变小。中国的网络产品创新大约从 2010 年开始出现井喷，从之前被人诟病的"C2C"（Copy to China）模式，即把美国的东西照搬复制到中国，转变为在中国产生大量、新的、原创的产品出现，甚至开始向全球反向输出，"CFC"（Copy from China）。这背后最重要的原因就是，手机是一个被更多人使用、可以带着走的东西，产品的用户复杂度和使用环境复杂度大幅增加，产品与用户生活方式的融合更加紧密，用户的生活方式为产品创新提供了源源不断的驱动力；换而言之，这些产品与设计的创新，并不是由天才拍脑袋想出来的，也不是技术进步就会自然而然带来的，而是产品的创造者在洞察用户痛点与期待、解决用户问题、满足用户需要的过程中产生的。

如图 3-11 所示，按互联网主要领域进行划分，每个领域里列出中国和美国具有代表性的产品 / 公司，上方是中国的、下方是美国的。在 2020 年的图中，看起来每个领域当中，中国和美国的产品旗鼓相当、但差异明显。而在 2010 年的图中，所有被遮住的，都是在当时并不存在的产品。感受一下这十年里面发生的事情，既有原有领域中新产品的出现，又有新的领域出现。有一些领域是中国明显占优的，比如短视频、直播，还有东亚群体特征性的教育；有一些领域是美国发展更早，但中国发展更好的，比如在线支付；有一些领域是双方都从零开始，但走出了各自不同的发展路线的，比如新一代的视频会议和在线协作。如果从时间线上来看，在"Copy to China"的年代，哪怕你有一个原创的想法，去跟投资人谈的时候，投资人都会问你美国有没有、美国怎么做的，你怎么借鉴，当时美国在很多方面的确是走在前面。另一方面，无论世界上哪里的人使用互联网，主要使用场景都是室内、电脑前，这样就在很大程度上抹平了各地生活方式的差异性，一个中国人在上网行为上与一个美国人的差异相对较小，于是也让复制美国的产品成为一种有效的方式。所以在那个年代的产品设计与开发，往往是经历一个复制加微创新的过程。但是发展到 2014 年前后，中国自己原创的创新开始大面积地出现，很重要的原因就是移动互联网时代到来。2007 年，苹果发布 iPhone 开启了移动互联网时代，但是在中国，大众普遍地开始换用智能手机的换机潮从 2011 年到 2012 年才真正开始。随着用户大规模跑步进入移动互联网时代，智能手机上的产品就成了必须要占领的阵地。这时候大家发现，像过去一样抄美国的不灵了。因为中国和美国的生活方式差异非常大，产品创新归根到底是跟着人走，中美生活方式差异决定了创新的最大的变数。在图 3-11 最下方的图中，用粗虚线圈出的中国产品是由中美之间有较大区别的生活方式驱动而产生的，用细线圈出的中国产品是由中美之间有一定区别、但不算很大的生活方式驱动而产生的。这样就可以清晰地看到，在今天市场上任何一个领域成功的代表型产品，都是跟我们中国的生活方式高度相关的，而且和美国的生活方式有所区别，不再像早些年那样直接把美国的产品复制过来就行。十年间中美的网络产品虽然仍有相互借鉴，但真正走出了各自的发展道路。

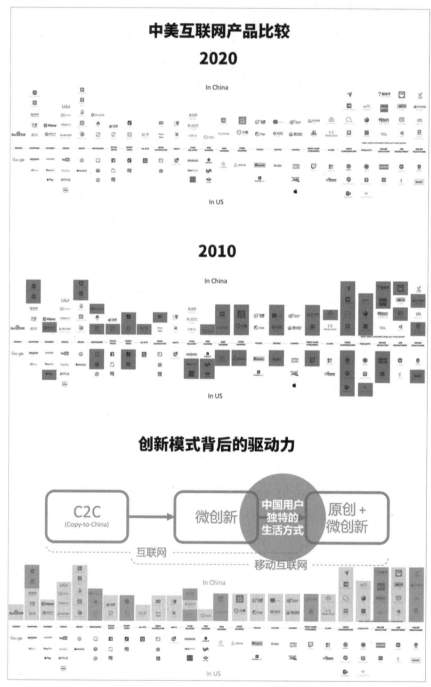

图 3-11　2010 年与 2020 年，中美热门网络产品对比

　　在这组图中，中间图片里被深灰色遮住的，是在 2010 年时尚不存在的产品；下方图片里，橙色覆盖了全部的中国热门网络产品，橙色越重代表越由中国用户独特的生活方式驱动。

7. 自然而然的智能化

智能化并非突然出现，而是随着网络产品的发展逐渐产生的。当人类经过几十年在网络上累积了大量数据，而网络产品在发展过程中积累了越来越强大的计算能力，而且之前科学家已经提出了深度学习、神经网络的理论与算法构想，这时新一代 AI 发展的三大要素，数据、算力、算法齐聚，智能化随之水到渠成，开始进入快速发展期。在前面的讨论中，我提出了智能产品的特点，以人为师、以人为本、以人为伴。"以人为师"强调的是 AI 的基础能力和学习性，"以人为本"强调的是 AI 的人性化和交互性，"以人为伴"强调的是 AI 的超越性和协作性。我们今天所接触到智能产品主要都是围绕着人来展开服务，所以用户往往自然而然地接受了智能化的服务，只是感觉产品似乎聪明、贴心了一些，甚至不会主动意识到有变化。比如苹果设备的屏幕键盘的动态区域功能，根据用户打字的情况智能地改变一个键位的响应区域，提高小屏幕上的打字准确率；当今智能手机普遍具有的相机智能景深功能，让手机的镜头也能拍出专业相机的景深效果；抖音 /TikTok、知乎等内容平台，拼多多、淘宝、京东、亚马逊等电商平台，根据某个用户以及其各种相关用户群体的综合使用情况，进行内容和商品的推荐；甚至于 2022 年底一经推出就火爆网络的 AI 助手 ChatGPT，也是用户上手就来，仿佛是早就彼此熟悉的老搭档，即便去不断尝试发掘 ChatGPT 还有什么使用方式，也是就像同一个人聊天一样 [103]……之前出现了很多"人工智障"的产品，根本问题还是在于技术不够强，无法达到人对互动的期待，这是无法用设计来弥补的。在今天，无论是在单一细分任务场景中，智能技术足够应对，还是在相对宽泛的任务场景中，智能技术足够强大，越是智能化做得好的产品，越是让产品去智能地适应人，用户只需要像平时接人待物一样自然而然地行事就好。

在 ChatGPT 之前，AI 产品通常只能执行某个或某类专门任务，比如强大到能打败人类冠军的 AlphaGo 只会下围棋，目标是作为人类小助手的 Siri 等 AI 助手也只能做一些简单的查询；用户通常需要使用更适合机器理解的方式来与之沟通，比如在搜索的时候使用"关键词"要比使用平时说话的口语更容易得到好结果；或者用户其实无法和 AI 有效沟通，只能通过间接的方式与之互动，比如抖音、电商产品强大的推荐系统是基于用户的行为和平台整体的算法，这对用户来说就是个黑箱，用户也没有办法对此做任何主动的调整；而最先进的 AI 往往只有精通技术的专家才有能力、条件，通过部署相应的技术环境、使用高级的编程方式才能用起来。ChatGPT 的出现改变了这一切。它以任何一个普通人都可以轻松掌握的聊天对话的交互方式，提供着可以执行广泛多样任务的智能行为能力，这就仿佛在用户对面的是真实的人类，但不是一个，而是无数个在各个领域各具专长的人类。这让人不由得想起谷歌开创性的搜索引擎界面，最简单的也是最复杂的界面。ChatGPT 的产品设计作为新一代智能产品的风向标，也深刻体现了智能产品设计的要点：以人为师，能力源于对于人类网络信息的学习；以人为本，交互方式基于适应人类而不是相反；以人为伴，把人类知识与能力整合重新提供出来成为服务，帮助每个人超越原本的自己。

在近年来另一个特别热门的智能产品领域，AI 图像生成产品的发展也是如此。在此之前，图像设计工具主要是类似 Photoshop 这样的产品，Figma 的也是基于这套范式来做的创新。1990 年发布的 Photoshop 的交互设计从软件时代一路走来基本没有大的改变，主要基于菜单、工具栏、面板和对话框，用户通过鼠标或键盘来选择和操作各种功能和选项。2021 年10 月初横空出世、并于 2022 年 2 月开始爆火的 Disco Diffusion 则展现了完全不同的交互范式，更像是编程，以命令行操作为主，加上初期的版本需要配置运行环境，虽然其实并不复杂，但是足以让绝大多数普通人望而却步。2022 年 7 月、8 月相继发布的 Midjourney 和 Stable Diffusion 进一步提升了 AI 生成图像的品质、控制力，并以图形界面与提示语命令（prompt）相结合的方式大幅降低了对普通人的交互操作门槛。相比之下，闭源的 Midjourney 能让用户以简单的提示语命令进行操作，无需太多控制就能生成高质量的图像；而开源的 Stable Diffusion 则在全球开源社区的努力下，为用户提供了丰富而强大的控制性，虽然更复杂，但能产生更高质量的成果。这也代表着智能产品发展的不同方向，要更简单还是要更专业，都能获得相应用户群体的青睐。

上面我们主要回顾了软件、互联网、移动互联网，设计如何随着技术载体的变化，去更好地服务用户，在此过程中解决问题、产生创新。而正在快速发展的智能产品，也绝对不仅仅是把现有的产品简单地加上一点智能功能，而是会通过以人为师、以人为本、以人为伴的方式，彻底改变各个领域中产品的底层基础，从而生发出新一代的产品，就像今天的数字化、网络无处不在，将来也会是智能无处不在。换而言之，今天市场上所有的产品都值得、也可以用智能化的思路全部重新做一遍。

8. 设计与技术的周期性发展关系

设计的目的不是自我表达，而是创造要出有用的东西让人使用，去解决问题或者达成期待。为了实现这一目的，产品设计者一手牵着用户，一手牵着科技，它与技术之间的关系非常非常紧密。一个技术从创意到研发到推广到淘汰，会经历从技术萌芽、技术成熟、技术高速发展、技术发展放缓，到新一轮技术萌芽、旧技术被淘汰的过程，形成一个完整的技术发展周期。设计是伴随技术发展的一个重要领域，涉及对技术的功能、形式、交互、美学等方面的规划和创造。设计可以帮助技术满足用户的需求和期望，提高技术的可用性、可靠性和吸引力，增加技术的竞争力和价值。设计也受到技术发展周期的影响，它需要根据技术的特性、条件和变化来调整和优化。设计需要考虑技术的可行性、可行性和成本效益，以及技术对社会、环境和伦理的影响。设计也需要利用技术的优势和潜力，以及避免或解决技术的问题和风险。设计需要与技术保持适当的同步和协调，以实现最佳的效果和效率。技术发展周期与设计发展周期之间存在着动态的互动和反馈，可以相互启发和激励：技术可以为设计提供新的思路、工具和资源，扩展设计的范围和可能性；设计可以为技术提供新的需求、挑战和机遇，推动技术的创新和改进。技术与设计之间的互动和反馈可以促进双方的发展和进步。当我们从设计与技术的发展细节中跳脱出来，能清晰地看到二者之间存在周期性的循环规律（图 3-12）。设计在一些情况下的确会起到对技术引领的作用，不过在这里我们暂时仅讨论设计辅助技术转化为产品来创造价值的情况。

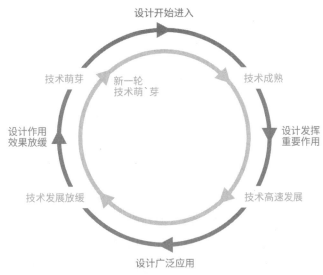

图 3-12 设计与技术发展的周期性规律

当一个技术从萌芽开始逐步走向成熟时，设计就会逐渐开始获得发挥的空间。不过这个阶段比的主要是有没有技术、或者技术差异化，谁有技术、谁的技术好，就能够获得市场的青睐、发展的机会。如果设计进入得太早，技术还在逐步发展完善，设计就只能是空中楼阁，很难发挥出价值。

当技术从成熟走向高速发展的时候，各家的技术差异化也会越来越小，产品设计就能成为重要的差异化竞争点，甚至成为产品制胜的关键。用户体验作为一个专业领域，就是在这样的背景下，伴随着软件、互联网、移动互联网的大潮，一路发展起来的。甚至有一段时间，"用户体验"这个词本身都仿佛成为了高大上的灵丹妙药，科技公司言必称用户体验；用户体验设计师、研究员的工资待遇也水涨船高，从低于工程师到与之相当，有时甚至会高出一些；创业公司和投资人也愿意相信，公司联合创始人中要有一位设计师，这样会显著提升创业成功率。当然，设计师们既不要妄自菲薄，也不能被冲昏头脑，因为好的产品和创业一定是各种角色精诚合作，再加上天时地利的结果。客观地来说，在各行各业的设计中，只有身处互联网行业的用户体验设计才获得了最大的重视、最多的回报（在本书第四篇"智能设计职业之路"中还会有更多讨论）；这既是互联网行业设计师的幸运，又是各行各业设计师需要努力改变的现状。

当技术从高速发展直到逐步开始放缓，通常公司在当前技术上的投入会缩减，并转移更多的资源用于新一轮技术发展中。而设计在这个时候才开始进入到更广泛的应用阶段，并且会一直延续，保持比技术发展慢半拍的情况。技术即便放缓，设计因为和业务的绑定关系，还能够进一步持续发展，甚至随着业务收获而得到更大的发展，它的放缓也会比技术的放缓来得更慢。就像近几年的互联网行业，正在经历技术放缓，并向下一波技术发展过渡，但是因为业务还在发展，甚至因为竞争日趋激烈，互联网公司提供的设计就业的岗位稳步增长，尤其是在偏运营的设计方面投入越来越多的设计资源。（2022 年以来因为国内外大形势的变化，互联网公司纷纷开始过紧日子，这并非行业周期性发展的原因，至少不完全是；也希望情况能尽快能好转起来，重回科技引领、快速发展的轨道。）

2016 年，"互联网下半场"[104] 的概念被提出，认为随着网民数量的饱和，互联网行业需要从单纯的连接需求，转向深入产业、提升效率、创造价值的阶段。如果说在互联网公司中，最初是设计师在产品研发的架构下主要做产品设计的相关工作，这也是所谓的"互联网上半场"的常见情况，主要重产品研发；而进入"互联网下半场"，同样、甚至主要重运营，大量的设计师是在做运营设计相关的工作。所以在这样一个阶段相互嵌套、设计与技术的发展周期性变化的关系中，我们可以以竞争之名把整个过程拆分成三大阶段：技术竞争、设计竞争和运营竞争。每个周期开始的时候，技术首先进入核心竞争，谁能先把技术搞出来，走通从 0 到 1 的过程，谁就能从竞争中脱颖而出。哪怕这个产品初期设计得很烂，但因为能解决问题，用户就会先用；而有人使用的产品，就有改进、持续往前走的机会。而当各家技术都差不多的时候，设计就开始进入核心竞争，谁的产品设计好，用户体验好，就能够从竞争中脱颖而出。可是，产品的技术发展在一定阶段内会逐渐趋同，产品的设计也一样，发展到一定程度，产品的主体形态就稳定下来，在行业中看来就是产品设计也开始趋同。在这种情况下，运营就开始进入核心竞争，各家比各种各样的运营手段，比如内容、活动、用户运营。近年来，从之前的巨头的夹缝中崛起的几家公司，比如美团、拼多多、抖音，都是运营极其强悍，而且他们提升运营效率的方法往往都是通过产品、技术赋能，从而获得了远超传统运营拼人力的效果。

这就是在设计与技术周期性发展规律下的竞争阶段特点（图 3-13）。从另一个角度来说，这也是设计师在职业发展规划中值得重点考虑的：我想要加入的公司，设计在其中处于什么阶段，受重视程度如何，有多少发挥空间，有怎样的未来潜力。

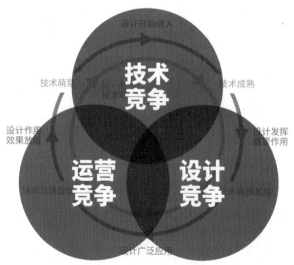

图 3-13　技术、设计、运营的核心竞争阶段，竞争凸显价值

◀ 思 考 ▶

历史上有哪些技术推动设计进步的例子？

技术不断变化，设计能抓住哪些相对稳定的东西来作为创造的基础？

你的第一份工作希望进入一个处于什么发展阶段的团队？

3.3 设计分析方法的变与不变

历史上，每个时代都有属于自己时代特征的产品，也会最终建立起适应这个时代产品的设计方式。从设计的形式载体来说，以平面图为主的设计对应的是印刷设计的时代，以多维平面图加实体原型为主的设计对应的是工业设计时代，以平面图加交互原型为主的设计对应的是软件和互联网设计时代，而进入到 AI 设计时代，越来越多智能设计与分析工具也进入了设计领域。相比设计的形式载体，设计分析方法的变化更丰富、更能体现出时代的进步。在我们所经历的时代，如果一定要选一个案例，来呈现经典方法与新兴方法之间的挑战、冲突与演进，我会选择"41 种蓝"实验。

1."41 种蓝"实验

2009 年 3 月，谷歌的视觉设计负责人道格·鲍曼（Doug Bowman）在个人网站上发表了一篇言辞激烈、批评谷歌的文章[105]，愤然辞职（后来加入推特公司，担任设计副总裁）。这在整个互联网科技界引起了轩然大波（图 3-14），因为引发他辞职的直接导火索是"谷歌只看数据、不听设计"，这是当时世界上最好的互联网公司对整个行业都关心的问题，做出的一个饱受争议的选择：谷歌为了决定搜索结果页的链接使用怎样的蓝色，没有像传统那样完全由设计师做决定，而是选出了 41 种蓝色，全部进行线上实验，然后根据用户操作的数据来决定最终使用的蓝色。

看数据，还是听设计？简直就像今天很多人在问："AI 绘画会让画师失业吗？"这是一个非常容易形成对立的话题，但当我们深入剖析其背后的成因，会发现问题远不止表面看起来这么简单。首先，谷歌对于数据的重视，甚至说执着，是众所周知的，但是这并不妨碍谷歌也重视产品设计，并拥有当时世界上最好的用户体验设计与研究团队。不过，谷歌所重视的设计，是综合了功能、交互与视觉的用户体验设计；谷歌所面对的用户以及使用场景，也是当时世界上规模最大、情况最复杂的；并且更重要的是，当时广告业务在谷歌的收入中占比 96.6%[106]，这意味着搜索结果页的表现直接决定了谷歌绝大部分的收入，所以这里的任何变化必然会经过极其谨慎的决策。我们一起来看一看当时的情况：2009 年是第一代 iPhone 发布后的第三年、安卓第一款手机发布后的第二年，移动互联网时代已经正式开启。越来越多用户的上网使用场景，不再是在光线相对稳定的室内，而是在室内室外各种环境光不断变化的情况下；而且当时的智能手机的屏幕显示也不够好，比如亮度普遍不足，也没有根据环境光自动调整屏幕亮度的能力。换而言之，设计师无法控制用户在真实情况下看到的屏幕上的颜色，而且这种情况在移动互联网时代要比在互联网时代严重得多。如果缺乏有效的方法，让每个用户在各种情况下都能看到产品创造者希望他们看到的界面效果，那么能否让尽可能多的用户在尽可能多的使用场景下获得较好的效果呢？这里所说的"较好的效果"并不是指视觉效果，而是产品使用的综合效果，也就是说，即便看起来并不是设计所指定的颜色，但是功能运转良好，用户任务顺利完成。这样一来，问题就可以被简化为，通过用户的群体选择，什么设计方案在关键任务上的数据表现比较好。这不就是谷歌当时的选择吗？谷歌所做的，通过大规模测试来决定产品设计的方法，正是面对当时的复杂情况，并且无法进行大规模智能个性化的时候，所做出的一种理性的选择。作为道格的朋友，我非常清楚他对设计的热爱与追求，但是在这种情况下，从数据中获得帮助来进行设计决策，的确是设计师必须面对的情况。并且在之后的十几年间，数据与设计相互影响的情况越来越常见，也越来越重要。智能技术将会实现更好的个性化，给予设计师更大的发挥空间，而无须根据群体选择来做妥协；不过，智能化本身也是基于数据的结果，是数据为设计提供了更好的支持。

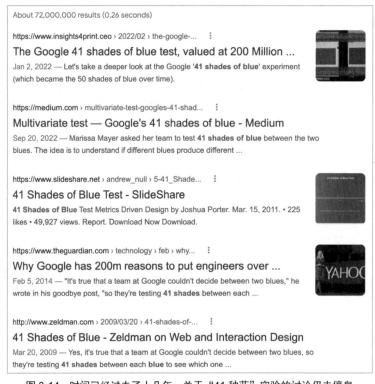

图 3-14　时间已经过去了十几年，关于"41 种蓝"实验的讨论仍未停息

　　"41 种蓝"实验，反映出来的正是曾经在人类社会中运行了几千年的经典设计方法与互联网时代以来的新兴设计方法之间的巨大冲突。我们不妨把它们做个简单的对比（表 3-1）。

表 3-1　不同产品设计方法的对比

	经典产品设计方法	互联网产品设计方法	智能产品设计方法
设计对象	主要设计实体产品	主要设计虚拟产品	设计虚实结合的产品
决策依据	定性经验决策	定量数据决策 + 定性经验决策	海量数据智能决策 + 定性经验决策
需求满足	一个产品给所有人用	有限个性化	千人千面
产品迭代	一次设计使用很久	快速迭代	充分预演与自身进化

- 设计对象：经典产品设计方法主要是基于设计实体产品而形成的，设计对象包括家具、汽车、建筑等。互联网产品设计方法主要是基于设计虚拟产品而形成的，设计对象包括网站、软件、App、电子游戏等。智能产品设计方法是在前面二者的基础上，虚实结合、软硬结合，设计对象包括 AI 软件、智能硬件、AI 训练系统等。

- 决策依据：经典产品的设计方法更重定性的、感性的经验与分析，决策主要依赖于设计师的个人能力。互联网产品的设计方法不仅可以使用经典方法，而且能够获得大量、真实、有效的用户数据，以此为依据进行定量的决策。智能产品的设计方法，所能依据的数据不论从类型还是规模上，都有大幅提升，既包含群体的海量数据，形成预训练模型，还可以包含用户个体的大量数据，基于预训练模型就能很快形成个性化的模型，从而形成智能决策。

- 需求满足：因为实体产品的生产复杂度、与用户的匹配复杂度往往都比较高，经典产品设计方法的成果通常是一个标准化的产品对应较大数量的用户，如果实在不合适，就再创造另一个产品。互联网产品以信息产品为主，生产与传播环节都简单，相对容易进行个性化，于是出现了一些提供个性化功能的产品。不过这些产品都会遇到一个问题，就是只有极少数用户会主动对产品进行个性化设置（除了那些以个性化为主要娱乐方式的产品，比如 QQ 秀）。真正个性化的希望还是在智能产品上，在智能技术的推动下，产品做到千人千面，用户无须主动设置就可以得到个性化的产品内容与服务，比如抖音。而且这种大规模的个性化也会由量变引发质变，这也是为什么抖音能够成为现代中国最成功的国际化产品。

- 产品迭代：无论是因为实体的特点，还是因为更换的成本，实体产品的生命周期往往会比较长，事实上也无法做到快速更新，所以以与实体产品相匹配的经典产品设计方法就需要为一次设计使用很久来做好准备。互联网产品主要是更新代码、数据和媒体内容，只需在线发布，就可以让用户使用到新的产品，从而做到多则几个月、少则几天甚至几小时都可以迭代更新，这样的快速响应给产品创造带来了更快的进化速度和更强的进化能力，互联网产品设计方法需要充分利用数据决策、快速迭代带来的优势。智能产品在互联网高效数据决策迭代的基础上，一方面能够基于海量数据，对产品可能遇到的情况做充分的预演，另一方面在产品使用的过程中充分利用数据，实现产品自身进化的效果。智能产品设计方法需要从一开始就搭建这样的框架能力。

接下来就让我们看一看，已经经过时间检验的经典产品设计方法、互联网设计方法，可以如何融合应用，而智能产品设计方法又能如何从中继承与发展。这些方法本身，在网络或者书籍中都能找到详细的体系化教程。在这里我主要针对在实际使用中需要注意的点进行阐述，尤其是如何融合定性的方法（以经典产品设计方法为主）与定量的方法（以互联网、智能产品设计方法为主）。

2. 用户研究多少人才算"够"

进入互联网时代以后，很多人会觉得，产品设计必须要有扎实的数据支撑。如果没有动辄几十万、几百万的用户数据作为支撑，就不算有数据支撑。像经典产品设计那样主要靠设计师的个人经验，或者通过做访谈、实地调查这样的定性研究，是不足以支撑产品设计的。

从实际工作的情况来说，上面这样的观点其实有失偏颇。有足够大规模的数据支撑肯定是好事，但是在很多情况下很难做到，比如互联网产品还没上线的时候就没有数据，实体产品的使用过程往往缺乏数据采集的能力，或者数据采集成本过高，或者研发方缺乏经验，没能搭建有效的数据采集与分析框架。可以期待在智能产品设计中，通过基于海量数据训练得到的预训练模型，更高效的数据利用，以及更智能的算法，可以在产品设计阶段就预演各种用户的各种使用情况。但是相信即便到那一天，基于定性研究的设计仍然会是一种直接快速、行之有效的设计方法。

我们完全可以把小样本量的定性研究与大样本量的定量研究充分结合起来，根据实际的任务情况来灵活选用合适的方法。既可以做定性研究，比如用户测试（User Test）、用户访谈（User Interview）、实地调查（Field Study，也译作"田野调查"），也可以做定量研究，比如 A/B 测试（A/B Testing）、用户问卷（User Survey）以及产品数据分析。定量研究有直观的门槛，需要一定程度的数学、统计学、数据库操作基础，但人们往往忽视了定性研究的门槛——虽然似乎人人都能做定性研究，但是要做好定性研究，还是需要坚实的心理学与数据分析基础。如何根据产品目标来策划一个有效的定性研究，筛选目标用户，如何规划用户测试任务，如何设计访谈提纲，如何设计数据记录与分析方法，如何避免研究过程中的噪声与偏差影响，如何协调研究团队……这些并非只靠工作经验的积累，更需要相关专业科学的指导。

以用户测试为例，如图 3-15 所示，横坐标是被测用户的数量，纵坐标是在测试过程中发现的可用性问题。随着被测用户数量的增加，能够发现的可用性问题也逐渐增加，但是新问题出现的速率变缓，曲线上出现了明显的拐点。换而言之，做用户测试时，并不需要人数特别多；在达到拐点之后，增加被测用户数量能够获得的收益是递减的。这个经验曲线最初由人机交互、用户研究领域的知名专家雅克布·尼尔森（Jakob Nielsen）于 2000 年提出 [107]。它最大的价值，一方面是告诉大家不用无穷无尽地去做测试，而是可以用定性的方法，小样本量也可以得到很好的结果；另一方面是这个"小样本量"可以小到多小呢？在尼尔森2000年提出的版本中，曲线的拐点在3～6位用户之间出现，他认为只要5位用户即可实现测试目标，然后可以多做一些这样的小测试，综合起来就能获得很好的测试效果。不过因为此后的互联网产品越来越复杂，用户群体也越来越复杂，在我和朋友的实际工作的经验来说，如果能够精准地找到目标用户，并且产品不是特别复杂，通常测试10到20个用户左右，可以发现大部分能发现的问题，性价比最高。这是个特别好的消息，意味着我们可以进行低成本、小样本量的实验，就能得到有意义的实验结果。而在实际工作中，很多人不愿意做小样本量用户测试的主要原因，就是他们不相信这样的测试会有效果和意义；而如果以大样本量进行这样的用户测试，费用和时间成本都不是一般公司能承受得起的。

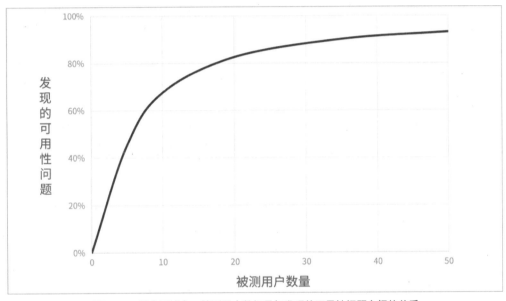

图 3-15　用户测试中，被测用户数据量与发现的可用性问题之间的关系

　　用户测试能带来的反馈远远不止于发现产品的可用性问题这么简单。我们会仔细观察用户使用产品的过程，而且通常会全程录像以便在之后进行更详细的分析，比如多机位录像（记录用户的动作以及屏幕内容的变化）、甚至使用眼动仪记录用户在过程中眼睛对屏幕内容的聚焦情况。用户在操作过程中的每一个动作、停顿，视觉的焦点、变化，完成任务的时间、顺序、成功率，用户的表情、语言……都有意义，都是可以分析解读的。产品上的用户数据清晰、直观、理性，并且尤其适合进行大规模的整合分析。但是光看数据，常常会有知其然不知其所以然的感觉，遇到无法解读数据的情况；而用户测试中观察到的各种用户使用细节，恰好能够成为重要的补充信息，用来帮助有效的解读数据。比如我们曾经在做搜索引擎优化的时候，会遇到一些看似乱码的搜索关键词，怎么分析都抓不住线索。后来在用户研究的时候，观察到一些用户在使用拼音输入中文时，会采用只输入拼音首字母的方式来输入一个词甚至一段话，而他们在输入的同时又在阅读屏幕上的内容，甚至低头看键盘，有时就会出现选词失败、只把拼音

首字母输入进去的情况，于是就出现了乱码一样的搜索关键词。有了这样的发现，我们就能有效的定位问题，并做出相应的产品改进。

在进入互联网时代后，大样本量的定量研究的确更流行，毕竟这是人类第一次有机会能基于大量、真实、实时的用户数据来辅助进行分析决策，而且在互联网产品的研发、运营、广告投放等方面都取得了前所未有的好结果。其中最具有代表性的，就是"A/B 测试"，通过按照一定规则的网络分发，让不同的用户使用产品的不同版本，然后对比所产生的数据，来判断哪个版本效果更好，就把这个版本作为产品的正式迭代升级结果发布出去，让全体用户使用。因为 A/B 测试需要一定的使用门槛，比如首先得有自己的网络产品，然后部署自己研发的，或者购买自第三方的数据采集、分析工具，通常只有在一定规模的公司里工作的时候，才有机会能真正用上，不像是那些定性研究的方法，可以自行模拟。具体需要多少用户进行测试，通常是能达到实验效果的最小值。和 A/B 测试本身的使用一样，这个值也需要 / 可以通过专业的方法计算出来，网上还有一些专门的计算工具 [108]，而并非拍脑袋、凭经验的产物。在这里我们先简单讨论一下 A/B 测试的基本特征。

1）A/B 测试的优点

- 测试产品的想法。如果你对现有的产品有什么创新的想法，但是又不确定是否比之前的产品版本更好，就可以用 A/B 测试来获得直接的证据。这样既通过具体的用户使用获得了数据，又因为只是让一小部分用户使用而不会影响到产品整体，万一出问题也不会产生过大的影响。

- 回答具体的问题。A/B 测试不是开放式问题，而是针对具体的产品设计，让用户通过实际使用来给予反馈。比如，绿色按钮是否比红色按钮效果更好、用按钮还是链接的效果更好、放在位置 A 还是位置 B 效果更好、界面如何布局效果更好。虽说在测试过程中什么都有可能发生，有时的确也会有意外的收获，但是 A/B 测试这个方法本身就是为了检验产品设计的想法，需要提前明确测试目标、评估方法。

- 获得明确的证据。通过 A/B 测试获得的，是真实的用户使用数据，反映的是真实的用户行为，而不是凭借经验的猜测或者基于小样本量研究的定性结论。而且有一点不能忽视：不同专业背景的人对于同一件事的理解、关注的重点不同，只有找到各方都认可的"普通话"，才能有效的进行沟通。如果一个设计师感觉别的部门的同事总是不足够重视设计，那么不妨试试让工程师来讲讲他是怎么写代码的、代码写得有多好，看看作为设计师的你能听懂多少，会给予多少实际的重视。而用户数据就是公司中最有效的"普通话"之一，可能仅次于营收数据。

- 推进逐步的优化。好产品不是一蹴而就的，都需要不断优化改进。A/B 测试帮助我们从各种"小"事开始，以点带面，逐步实现对产品整体的优化升级。这既是网络产品相比之前不能联网的软件产品的得天独厚的优势，也是网络产品各种血泪教训的总结：哪怕是成功的大公司，如果花很长时间闷头做研发，憋大招发布大幅更新的产品，都是件极其危险的事情。不仅因为可能判断失误，研发的成果无法得到用户的认可，即便是产品的改进都对，但是人类是习惯性的动物，当面对太多新内容的时候，会本能地产生心理上的抗拒。比如前文中所提到的微软办公软件 Office 在 2007年推出"功能区界面"的时候，就因为如此，这个新版本的用户采用率比之前的产品升级慢了很多。对于即时交易的产品，比如电商，如果新推出的版本不能马上被用户接受，同时又是面向大量甚至是全量用户开启的话，那么造成的直接损失将会是巨大的。

2）A/B 测试的缺点

- 时间和资源的消耗。相比经典的定性研究方法，A/B 测试并不是像变魔术一样一下子就能得到结果的。除了做好测试规划之外，首先是要搭建测试的基础框架，和开发工程师配合在产品中部署数据采集点，或者采用第三方的产品和服务，这个框架如果做得好是可以在以后的其他测试中重复使用的；然后需要让测试运转一段时间，这不仅是为了积累足够的数据，在有的测试中，时间本身就是一个重要的影响因素，比如一天之中的不同时段、一周之中的周几、一月之中的不同日期等。另外还有一个很重要的因素，用户面对新内容的过渡期问题。

- 必须跨越过渡期。前面提到过，人类是习惯性的动物，当用户接触到新方案的时候，无论产品设计的效果最终是更好、不变还是更差，首先会有或多或少的心理抗拒，然后经过了解学习，逐步适应新方案。在这个过程中，很可能会导致产品数据变差，跨越过渡期才能得到稳定的数据；这个过渡期的时间长短也是视情况而定，改变越大，过渡期的时间就可能越长。如果测试没有跨越过渡期，而是半途终止，那么我们所得到的数据就会是因为过渡期而变差的数据，不能反映新方案最终能达到的效果，从而影响测试结果的评估。

- 只反馈被测方案的情况。A/B 测试只反映用户在两个被测方案上的表现。如果这两个方案都是基于一个有问题的基础，测试并不会发现这个底层的问题；如果我们希望探索究竟有什么方案效果更好，A/B 测试也无法给予我们这两个被测方案以外的反馈。

- 直接的数据却只能间接地反映用户行为。A/B 测试的流行，很大程度上因为数据不撒谎。这些直接的数据能直观地反映用户行为的结果，但是却无法完全还原出用户行为的过程。有时我们只要结果就好，而有时我们也需要从用户行为过程中发现更多的线索来改进产品，于是就会把定量与定性的研究结合使用。

3. 从定性到定量的用户体验分析

正因为定性研究与定量研究各有利弊，在实际工作中我们常常需要把二者结合起来进行全面和准确的用户分析，作为产品设计的基础。

定性用户体验分析的方法主要包括：通过对用户的文字反馈，如评论、问题和投诉，来了解用户的需求、偏好和体验；使用观察、访谈和问卷调查，来收集用户的意见和反馈；通过语言分析和主题分析来识别用户的情绪和潜在需求。

定量用户体验分析的方法主要包括：通过分析用户在网站上的行为数据，如点击次数、访问页面、购买频率等，来确定用户的行为趋势和模式；应用统计学的方法，如回归分析、聚类分析和关联规则学习，来识别用户的兴趣和行为模式；使用数据可视化技术，如图表、直方图和散点图来帮助理解用户行为数据。

比如一家电商公司想了解其用户体验，可以进行如下的定性分析。

- 文字反馈分析：可以通过对用户在此电商网站上的评论、投诉信息和在网上的评论等进行阅读分析，以了解用户对网站的具体问题和需求。
- 观察分析：可以以实验室研究，或者实地调查的方式，观察用户的使用行为，以了解用户在网站上的操作模式和偏好。
- 问卷调查：可以在网站上设置问卷调查，或者通过邮件向用户发送问卷调查，询问用户对网站的使用体验和建议。

还可以进行如下的定量分析。

- 数据分析：可以通过分析用户行为数据，例如网站流量、页面访问量、点击率、跳出率等，了解用户的使用情况。
- A/B 测试：可以在网站上进行 A/B 测试，对比不同的设计和功能，了解用户对各种方案的偏好。
- 流向追踪：可以对用户群体在网站上的行为流程进行追踪，以了解用户对网站内容和功能的兴趣，以及在各部分之间的流向关系。

这样的定性与定量分析，不仅像在"用户研究多少人才算'够'"里所讨论的，定量分析能够呈现出群体的直观数据趋势，定性分析能够补充细节帮助理解用户的真实行为，而且很多定性与定量的分析之间本身也是相互连通的，比如问卷调研的数量足够大的时候，本身就形成了定量分析的基础，如果问卷内容的信息结构化很好，就可以直接进行定量分析。而随着 AI 技术的发展，我们对非结构化的信息，比如开放式的问卷反馈、用户评论，也可以利用自然语言处理技术，进行语义分析（semantic analysis）、情感分析（sentiment analysis），自动打标签、作总结，比如在 2018 年 AI Challenger 全球 AI 挑战赛上，美团给出的赛题就是基于 95000 条对餐厅的用户评论的文字内容进行情感分析，按照 6 大类、20 个细分类进行分类，也就是说，让 AI 读取用户评论，然后为每条用户评论自动打上相应的标签。今天这个方向的成果已经应用在大众点评上，便于用户按照评论的细分类进行查看（图 3-16）[109]。

是的，在 AI 的帮助下，像餐厅这样，传统意义上因为缺乏数字化而无法进行定量分析的场景，也能获得定性与定量分析相结合的力量。通常来说，餐厅可以对其用户体验进行的定性分析包括以下几点。

图 3-16   大众点评上 AI 给用户评论打标签做分类

- 顾客观察：可以对顾客用餐时及其前后的全过程进行观察，以了解顾客对服务、菜品、环境等的感受。

- 顾客调查：可以对顾客进行调查，通过访谈、小样本问卷等方式，了解顾客的喜好，对餐厅各方面的意见。

- 顾客口碑：可以阅读、分析顾客的口碑，包括现场访谈、网上评论等，顾客对其他人的推荐意愿、到店顾客是从哪里得到的推荐等，了解顾客的满意程度。

- 菜品试吃：可以请员工和顾客试吃新研发的菜品，获得快速的反馈；类似地，对服务的改进也可以使用这样的小测试来获取反馈。

- 员工反馈：可以向员工询问他们所获知、观察到的顾客需求和反馈，了解顾客的偏好。

还可以进行如下的定量分析。

- 顾客调查问卷：可以制定问卷，通过线上或线下的形式收集顾客对餐厅各方面的评价，以数字形式记录结果，积累到一定数量进行分析。

- 销售数据分析：可以分析销售数据，了解顾客对菜品的喜好，以及销售额和客流量、菜品价格等各方面的变化以及相关关系。

- 网络评价分析：可以通过网络评价分析，统计顾客的评分和评论，了解顾客的关注点以及满意程度。

- 视频及传感器分析：可以利用 AI 对监控视频、各种传感器所采集的数据进行分析，了解餐厅中的实际运行情况。

- A/B 测试：可以通过 A/B 测试，对不同的菜品、服务、环境等进行比较，以数字形式记录结果，积累到一定数量进行分析。

从上面的几个例子可以看出，定性与定量分析本身并不是孤立，甚至对立的，很多时候只区别于研究样本数量的区别。在过去，因为难以采集大量的数据，或者即便有大量的数据也无法有效进行分析，只能做到小样本量的定性研究；但是在今天，有了数字化、网络化、AI的帮助，就可以做到大样本量的定量研究。那如果自身没有技术能力，也找不到现成的工具来做定量的数据采集与分析呢，是不是就毫无办法了？当然不是。2016、2017 年，在我的用户体验设计课上，中国传媒大学数字媒体专业的本科生做过"兰州拉面店用户体验研究"的定性与定量研究。同学们的定性研究采用了经典的实地调研法，去现场体验和访谈，而定量研究则是采用了对网络上用户评论进行分析的方式：每个小组根据自己的标准，选择 100 家店，查看用户评论，并建立自己的分析体系，一方面对用户评论以打标签的形式（图 3-17）找到相关用户体验的关键维度、量化呈现各维度中的用户体验情况（图 3-18），另一方面把典型用户评论对应到体验全流程中、量化呈现各环节中的用户体验情况（图 3-19）。有的小组技术能力好一些，写程序做用户评论的爬取、语义分析，速度很快，不过因为当时自然语言处理技术还不够好，最终的分析结果还是有一些问题；不具备技术能力的小组，采取人工处理的方式，虽然辛苦一些、慢很多，但是分析结果的品质要高不少。其实即便是今天的语义分析技术也还是不能完全达到人类的水平，不过胜在能够快速处理大规模数据，就像上面大众点评的例子。面对这些线下场景，在过去没有数字化、没有 AI 帮助的时候，专业人士常常采用人工的方法，比如在零售店、购物中心、路口，数来往和进店消费人数、记录进出的时间，虽然低效，但只要下功夫，还是能够取得比较好的效果。但低效、过度依赖人的用心程度和经验，的确严重限制了定量分析方法的广泛使用，所以在互联网的数据化驱动方法流行以前，大家一说到大数据思维，往往只会想到经典的"尿布与啤酒"例子，不仅仅因为它足够有名，而且因为在之前的时代中，这样的例子实在是太少了。换个角度来说，如果不能构建出完整的数据分析体系，只是在某个或者某几个环节进行数据采集和分析，也无法得到有意义的成果。

通过到店体验的定性研究中，我们可以获得直观的感受、丰富的细节；而通过对网络用户评论的分析，就像是在游戏中开了上帝视角，能够发现一些很难在定性研究中获得的线索（对，请注意我用"线索"一词，因为所有的研究成果都是表象，还需要更深入的研究分析，才能更趋近于获得表象背后的真相），比如对比高端店（相对高客单价的店）与中低端店的用户评论，我们可以发现，二者在一些维度上有着较大的差异（图 3-18）。

- 在高端店的用户评论中有很多人讨论拉面的"正宗程度"，而在中低端店中很少用户提及这一点。除了对"味道"二者都有兴趣提及，其他的比如"汤头""牛肉""面的味道"，也都是高端店的用户更愿意提及。在高端店各维度的用户评论中，正宗程度相关的内容也明显高于其他维度的内容。

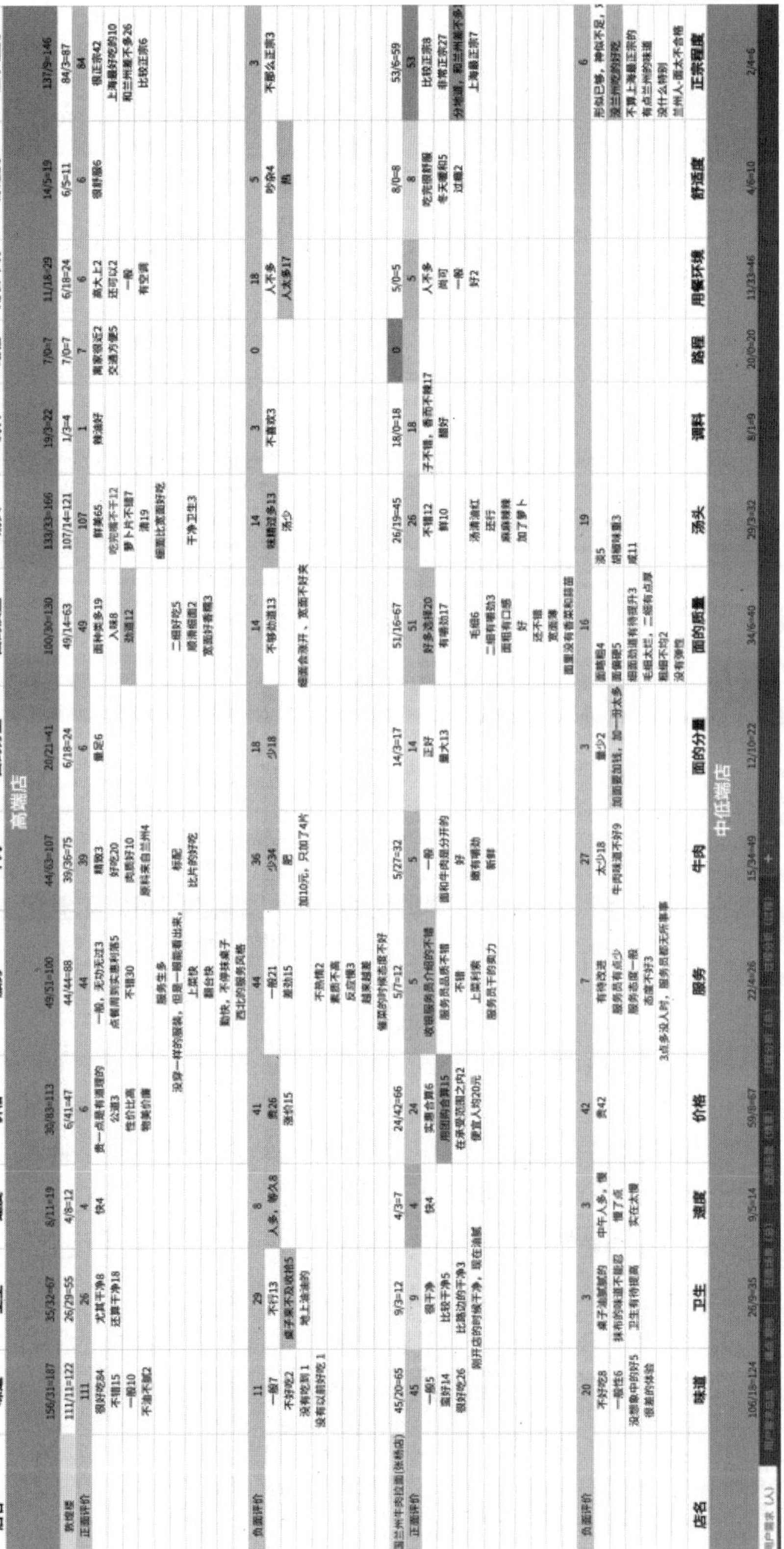

店名	味道	卫生	速度	价格	服务	牛肉	面的分量	面的质量	汤头	调料	路程	用餐环境	舒适度	正宗程度
高端店														
欧阳君	156/31-187	35/32-67	8/11-19	30/83-113	49/51-100	44/63-107	20/21-41	100/30-130	133/33-166	19/3-22	7/0-7	11/18-29	14/5-19	137/9-146
正面评价	111/11-122 / 111	26/29-55 / 26	4/8-12 / 4	6/41-47 / 6	44/44-88 / 44	39/36-75 / 39	6/18-24 / 6	49/14-63 / 49	107/14-121 / 107	1/3-4 / 1	7/0-7 / 7	6/18-24 / 6	6/5-11 / 6	84/3-87 / 84
负面评价	11	29	8	41	44	36	18	14	14	3	0	18	5	3
东方宫中国兰州牛肉拉面(张掖店)	45/20-65	9/3-12	4/3-7	24/42-66	5/7-12	5/27-32	14/3-17	51/16-67	26/19-45	18/0-18	0	5/0-5	8/0-8	53/6-59
正面评价	45	9	4	24	5	5	14	51	26	18		5	8	53
中低端店														
店名	味道	卫生	速度	价格	服务	牛肉	面的分量	面的质量	汤头	调料	路程	用餐环境	舒适度	正宗程度
用户数(人)	106/18-124	26/9-35	9.5-14	59/8-67	22/4-26	15/34-49	12/10-22	34/6-40	29/3-32	8/1-9	20.0-20	11/33-46	4.6-10	2/4-6

图 3-17　网络用户评论内容的分类打标签

79

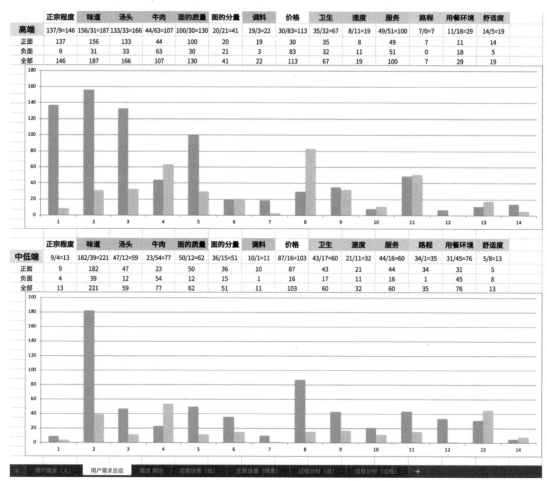

高端	正宗程度	味道	汤头	牛肉	面的质量	面的分量	调料	价格	卫生	速度	服务	路程	用餐环境	舒适度
	137/9=146	156/31=187	133/33=166	44/63=107	100/30=130	20/21=41	19/3=22	30/83=113	35/32=67	8/11=19	49/51=100	7/0=7	11/18=29	14/5=19
正面	137	156	133	44	100	20	19	30	35	8	49	7	11	14
负面	9	31	33	63	30	21	3	83	32	11	51	0	18	5
全部	146	187	166	107	130	41	22	113	67	19	100	7	29	19

中低端	正宗程度	味道	汤头	牛肉	面的质量	面的分量	调料	价格	卫生	速度	服务	路程	用餐环境	舒适度
	9/4=13	182/39=221	47/12=59	23/54=77	50/12=62	36/15=51	10/1=11	87/16=103	43/17=60	21/11=32	44/16=60	34/1=35	31/45=76	5/8=13
正面	9	182	47	23	50	36	10	87	43	21	44	34	31	5
负面	4	39	12	54	12	15	1	16	17	11	16	1	45	8
全部	13	221	59	77	62	51	11	103	60	32	60	35	76	13

用户需求（人） | 用户需求总结 | 痛点 期待 | 还原场景（总） | 还原场景（情景） | 过程分析（总） | 过程分析（过程） | +

图 3-18 "高端店"与"中低端店"的用户体验对比分析

- 而在"价格"方面，高端店的好评率（正面评论占全部相关评论的比例）仅有 26.55%，而中低端店的好评率有 84.47%；在"卫生"方面，高端店的好评率 52.24% 竟然显著低于中低端店的 71.67%；在"服务"方面也是如此，高端店的好评率 49% 对比中低端店的 73.33%；在"用餐环境"方面，高端店的好评率 37.93% 也略低于中低端店的 40.79%……如果只看数据，不知道这是高端店与中低端店的对比，我们甚至会以为前者就是比后者的服务做得差很多。但是实地调研中，我们又直观地感受到，高端店在服务上其实是比中低端店做得更好的。这就涉及了"用户群体"以及"用户期待"的问题：高端店的用户与中低端店的用户不是同一个群体，高端店的用户的关注点与中低端店的用户不同，他们的期待值也通常比中低端店的用户更高，于是就出现了明明做得好一些，但是网络用户评论反而差一些的情况。

而类似的方法也可以运用在过程分析上。通过把网络用户评论对应到用户体验全流程的各个环节，可以量化地感受到各环节用户体验的品质，比如"点餐""找位""取餐/送餐"就成为显著的需要提升的方面（图 3-19）。

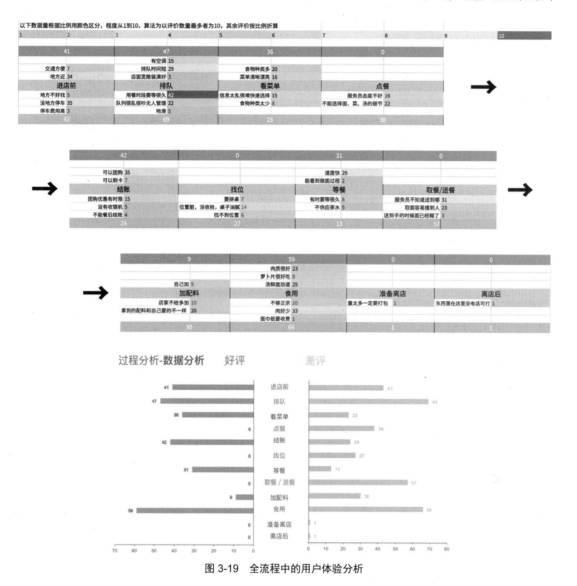

图 3-19 全流程中的用户体验分析

这样一来，结合定性与定量的研究，我们就可以对兰州拉面店产品与服务的用户体验有了一个更综合、立体、清晰的了解，针对用户群体的关注与期待，找到需要进一步提升的点，来构建改进方案。

4. 从"二维"到"三维"的用户行为流程分析

软件产品和硬件产品相比，从使用方式上来说，经常有一点显著的不同：大量的硬件产品是比较简单的，少量的硬件产品是比较复杂的；软件虽然也有简单和复杂之分，但是整体比硬件的使用复杂度要高很多。一方面，软件产品尽管给定了产品功能，甚至给出了建议的使用流程，但是用户还是会随心所欲地去使用；另一方面，相比硬件产品，软件产品往往用户群体要大很多，经常会有数以亿计，甚至数以十亿计用户的产品，因而有更加丰富多样的用户，需求、习惯、偏好、使用场景、使用流程等。这样一来，两项叠加，遇到五花八门的问题就在所难免。所以需要用户画像分析、用户行为流程分析这些方法，提前把各种可能的情况都预演出来，预演得越充分、发现的问题越全面，就越能提前优化产品设计、为各种情况做好准备，这有点像具有了穿梭多元宇宙的能力。今天我们使用的产品，为什么有些用起来很舒服，有些用起来很别扭，甚至有些用起来会卡死在某个环节，其中一个最主要的区别就是对于用户行为流程的梳理和应对差异巨大。如果我们不能在产品发布前把分析和应对做好，等于是把一个不完善的产品直接扔给用户，让他们来帮我们测试各种可能的情况。虽说互联网产品是要快速迭代，甚至有些人信奉"快速失败、经常失败"（Fail Fast. Fail Often）[110]，但是作为产品的创造者，还是希望能尽可能提前做好准备，避免不必要的问题，毕竟问题引发的后果谁也无法预料。

用户行为流程分析的作用主要包括以下几点。

- 了解用户的使用情况。通过追踪和分析用户在产品或服务中的行为轨迹，了解用户对产品或服务的使用情况、行为特征，甚至需求与偏好。

- 优化产品或服务：基于识别和评估用户对产品的使用情况，发现问题、发掘机会，进行产品或服务的优化改进。

- 提升商业效果。用户行为流程分析的终点并不只是优化产品，而是商业效果，所以在分析过程中需要注意，尤其重视那些对商业效果影响大的点，而不是胡子眉毛一把抓、对所有的点平均用力。通过优化产品或服务的用户体验，提高用户的满意度、留存率、转化率、付费率、传播率、忠诚度等各项指标，就能提升企业的商业效果和市场竞争力。

最早的流程图出现于 1921 年工程师夫妇弗兰克·吉尔布雷思（Frank Gilbreth）和莉莲·吉尔布雷思（Lillian Gilbreth）在美国机械工程师协会发表的论文《流程图：寻找最佳工作方式的第一步》[111]。常见的用户行为流程分析方法就源于这样的工程流程图（图 3-20），其在形式上有三个基础要素：第一是矩形块，在里面写事件内容；第二是菱形块，在里面写判断条件；第三是带箭头的连线，用来连接矩形块和菱形块，描述用户行为或任务的流线。这是个经过各领域充分检验的好方法，不过在用于用户行为流程分析的时候，直接使用经典的流程图往往会出现一个问题——太复杂、不易读。系统越复杂，相应的流程图越复杂。而软件 / 互联网 / 移动互联网产品因为脱离了硬件的限制，常常就做成复杂系统，画成流程图就会很复杂，往往一个产品的完整流程图，打印出来能贴满一整面墙。图形本身复杂倒也正常，关键是会影响可读性，常常是自己看自己画的复杂流程图都要沉浸一阵子才能读进去，更不要说看别人画的复杂流程图。而且整幅图中，的确并不是所有内容都同样重要。那么有什么办法能提高可读性，甚至增强功能性呢？在我的实践过程中，逐渐摸索出一些改进的措施，主要是"有减有增""二维升三维"这两方面。题外话，这是"设计的设计"，在设计的过程中尤其要注意：选择合适的方法和工具，借用前人的经典成果，或者针对任务来设计制作自己专用的方法和工具。

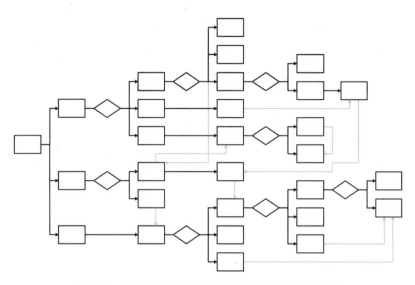

图 3-20 采用经典流程图方法绘制的用户行为流程分析图

新方法中的"减":在作为工程上使用的流程图中,判断模块很重要,决定着研发怎样的功能,要不要、怎么做某个工作。但是对用户行为流程分析来说,不管判断结果是"是"还是"否",只意味着用户行为流线的变化。这样一来,菱形判断模块在图中的作用就大幅降低,但却又往往在画面中频繁出现,浪费空间。所以我对经典的流程图做了改动(图 3-21),把三要素精简成了两要素,只留下矩形框放事件内容,以及带箭头的连线来呈现用户行为的流向,而取消了菱形的判断模块;需要注明判断条件的时候,只需要在连线上方以文字注明即可。另外请注意图中浅色的连线,现实中的用户行为流程通常不是树形结构,而是会在各个事件之间跳转,这也是交互设计时需要注意的,往往会带来很多交互改进的启发。

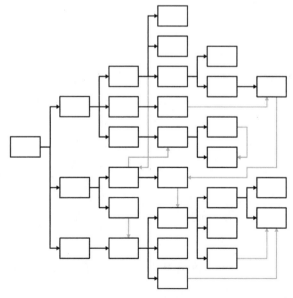

图 3-21 经过精简改造后的用户行为流程分析图

　　"有增"：那有没有可以增加的东西，可以让用户行为流程分析图的效果更好呢？当然。如图 3-22 所示，带有图案的矩形块代表特定的事件内容，比如横线图案代表用户体验好的事件、竖线图案代表用户体验不好的事件；事件矩形块的外框以及连线的线宽有粗有细，粗线可以代表更重要的内容，细线可以代表普通的内容；事件矩形块的外框以及连线的线型有实有虚，实线可以代表已经在产品中实现了的功能，虚线可以代表产品中尚未实现，但用户有需求，并且行为可能会达到那里。这种形式的用户行为流程分析图可读性更高、功能性更强，哪里好、哪里差，哪里轻、哪里重，哪里已覆盖、哪里待处理，整个产品在被用户使用过程中可能会出现的情况就一目了然。

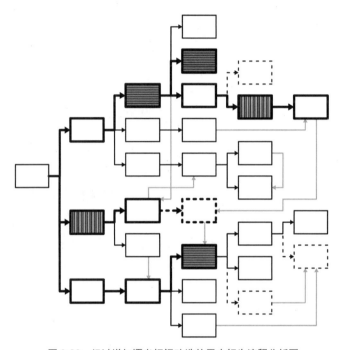

图 3-22　经过增加语义标识改造的用户行为流程分析图

　　"二维升三维"：经过以上的"有减有增"，用户行为流程分析图似乎更好用了。但是还有个问题无法解决：绘图的时候可以用线的粗细来代表哪个事件重要还是不重要，可是怎么评判？难道凭感觉吗？凭经验吗？可能马上有人会联想到用户旅程图，这种方法源于服务设计，能够通过分析用户使用时的情绪程度，以定性的方式判定使用过程中各个环节的用户体验情况，也就对应了该环节的问题与机会的重要程度。用户旅程图往往被用来处理有清晰主线任务的事情，比如服务设计；而用户行为流程分析往往被用来处理复杂系统任务的事情，比如软件设计。这二者是否可以结合使用呢？设想一下，当你在用户行为流程分析图中标出一条主任务……是的，这就是用户旅程图中的任务线，二者是对于同一条主任务的不同表达。用户行为流程分析图就像是在 X、Y 轴的空间中呈现事件内容，包含了主任务，也包含了其他全部事件；用户旅程图就像是在 X、Z 轴的空间中呈现事件，只能针对主任务，但是描述了主任务中各个事件的用户体验强度信息。如果我们把用户行为流程分析图与用户旅程图相结合，就把 X、Y、Z 轴组合在了一起，从二维空间上升到三维空间，既可以描述一条任务线上各个事件在整个产品的用户行为流程中所处的位置，又能描述这些事件在用户体验上的强度判定（图3-23、图 3-24、图 3-25）。如果我们认为用户旅程图的定性判定方式不够客观，也可以把产品的使用数据带进来，以定量的数据来描述用户体验的情况。

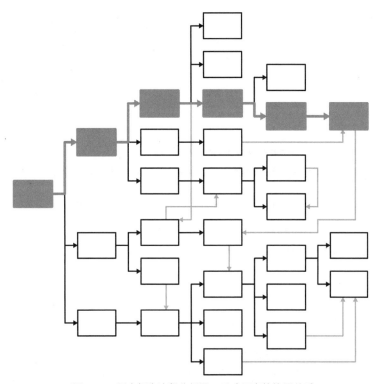

图 3-23　用户行为流程分析图，反映了事件位置关系

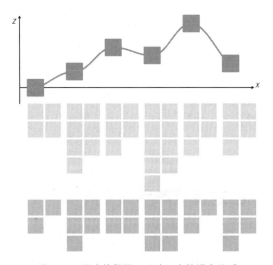

图 3-24　用户旅程图，反映了事件强度关系

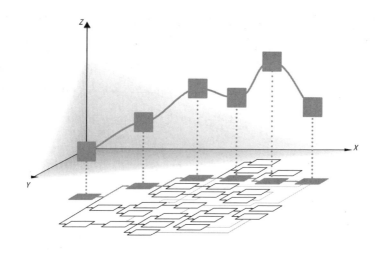

图 3-25 在上面的用户流程分析图和用户旅程图中，都标出了一条主线任务；把二者相融合，
就得到了主线任务在三维空间中的形态，既有位置信息、又有强度信息

可能有人会有疑问，经典的用户行为流程分析、用户旅程分析、产品数据分析，不都运行得好好的吗，为什么要把问题搞得这么复杂？是的，这些不同年代、不同领域产生的方法的确都能很好地工作，为分析做出贡献；但是，每种方法都有自身的局限、解答不了的问题，而且有时候甚至会相互矛盾。如果有一个分析体系能把这几种方法融合起来，就能产生更大的威力——既可以看全局，又可以看局部；既可以定性，又可以定量；最重要的是，各项分析能够无缝对接，共同形成坚实的分析结果。通过把二维分析升级为三维分析，我们获得了对用户体验全局的、定量的分析能力。在互联网产品中已经可以实现这样的数据驱动，在接下来的智能产品设计中，能够获取的数据会越来越丰富、量会越来越大，数据处理的能力也会越来越强，我们必须建立起更强大、高效的数据驱动方法，与经典的定性方法相融合，形成人与 AI 共创产品设计的基础。

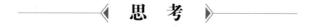

思 考

问卷研究是定性还是定量研究？如何做一个有效的定量问卷研究？

哪些渠道可以获取大量的公开数据？可以用来支持做哪些产品与用户的分析研究？

如何在用户行为流程分析中叠加上定性或者定量的数据作为支撑？

3.4 小练习：对自己的智能产品做分析

在本章中，我们了解了在不同时期设计面临的挑战，以及如何与技术相互影响、螺旋上升，由历史连接到现在。各种各样的设计方法，都是在当时由前人发明、改进、总结、积淀下来的，让我们能有机会爬上巨人肩膀的阶梯。为了便于对比不同时期的方法，本章中讨论的方法主要集中在设计研究的阶段，而在随后的章节就要进入产生设计方案的阶段。在网络和书籍上能查到很多关于这些方法的资料，这里仅列出一些常用方法的名字，作为大家学习研究的线索。

1. 设计研究的视角

- 用户画像分析（User Persona Analysis）
- 用户数据标签分析（User Profile Analysis）
- 利益相关人分析（Stakeholder Analysis）
- 用户访谈（User Interview）
- 焦点小组（Focus Group）
- 用户测试（User Testing）
- 实验室可用性研究（Lab Usability Testing）
- 实地调研（田野调查，Field Study）
- 情绪板（Moodboard）
- 用户行为流程分析（User Flow Analysis / Task Flow Analysis）
- 问卷调研（Survey / Questionnaires）
- 邮件调研（Email Survey）
- 卡片分类（Card Sorting）
- 合意性测试（Desirability Testing / Preference Testing）
- 用户反馈（User Feedback）
- 日志研究（Diary Study）
- 概念测试（Concept Testing）
- 可用性基准研究（Benckmark Study）
- 眼动跟踪（Eye Tracking）
- 动作跟踪（Pose Tracking）
- 专家走查（Expert Walkthrough）
- 点击流分析（Clickstream Analysis）
- A/B 测试（A/B Testing）
- HEART 框架（The HEART Framework）
- GSM 模型（GSM，The Goals-Signals-Metrics Process）

2. 解决问题策略的视角

- 抽象化法（Abstraction）
- 类比法（Analogy）
- 头脑风暴法（Brainstorming）

- 审辩法（Critical Thinking）
- 拆解法（Divide and Conquer）
- 假设验证法（Hypothesis Testing）
- 水平思维法（Lateral Thinking）
- 手段 - 目标分析法（Means-Ends Analysis）
- 焦点对象法（Method of Focal Objects）
- 形态分析法（Morphological Analysis）
- 证据法（Proof）
- 规约法（Reduction）
- 研究法（Research）
- 根因分析法（Root Cause Analysis）
- 参与式设计（Participatory Design）
- 试错法（Trial-and-Error）
- 数据驱动（Data-Driven）

3. 解决问题方法的视角

- 设计思维（Design Thinking）
- CPS 模型（Creative Problem Solving）
- 双钻模型（Double Diamond Design Process）
- 第一性原理（First Principles）
- 8D 问题解决方法（Eight Disciplines Problem Solving，8Ds）
- GROW 模型（GROW Model）
- OODA 循环（OODA Loop：Observe，Orient，Decide，and Act）
- PDCA（Plan–Do–Check–Act）
- 头脑风暴（Brainstorming and Brainwriting）
- 水平思维（Lateral Thinking）
- 六顶思考帽（Six Thinking Hats）
- 跳出思维盒子（Think Outside the Box）
- 根因分析（Root Cause Analysis）
- SWOT 分析（SWOT Analysis）
- 波特五力分析（Michael Porter's Five Forces Model）
- STEP 分析（STEP Analysis）
- TRIZ（意为"发明家式的解决任务理论"，由前苏联工程师和研究学者根里奇·阿奇舒勒提出，俄文原文为 теория решения изобретательских задач，缩写"TRIZ"源于其对应的英语标音 Teoriya Resheniya Izobretatelskikh Zadach）

- 统一的机构化创新思维（Unified Structured Inventive Thinking，USIT）
- GSM 目标—信号—指标法（Goal-Signal-Metrics）
- 敏捷开发（Agile Development）
- CREO AI 人机共创模型（CREO Human-AI Co-Creation Model）

本章的小练习如下。

主题：对自己的智能产品做分析

本科：
- 以问卷调研的方式对自己的智能产品做分析。
- 以用户访谈的方式对自己的智能产品做分析。
- 以用户行为流程分析的方式对自己的智能产品做分析。
- 记录在过程中遇到的问题，查阅资料并与大语言模型、同学和老师讨论。

硕士：
- 以问卷调研的方式对自己的智能产品做分析。
- 以用户访谈的方式对自己的智能产品做分析。
- 以用户行为流程分析的方式对自己的智能产品做分析。
- 比较三种做法在过程和结果上的差异，查阅资料并与大语言模型、同学和老师讨论。

第4章

机会发现：以人为始

4.1 产品创新机会哪里找

正如我们在前文中说过，当新的技术时代来临时，每个产品都值得重做一遍。这句话听起来很有道理，但是当我们真的要做的时候，却经常会发现无从下手，甚至在熟练掌握了各种方法的情况下也是如此。这其中最重要的原因往往是，作为一手牵着用户、一手牵着科技的产品设计者来说，如果对于用户和科技不足够熟悉、缺乏深入思考，就是无源之水、无本之木，根本无法真正产生产品创新的想法。让我们从创新流程、创新类型、驱动因素这几个不同的视角，来看看产品创新可以有哪些不同的切入方法。

1. 创新流程

第一步：了解用户。他们需要什么、想要什么？他们试图解决什么问题？他们的痛点是什么？只有你了解了用户，才可能开始为满足他们的需求而头脑风暴。闭上眼睛，回想你在过去的 24 小时中看见过哪些人，他们在做什么，他们需要什么、想要什么，他们遇到了什么问题、痛点是什么。如果你脑子里已经有了清晰的内容，拿出纸和笔，简要记下来，然后进行后续的步骤；如果还没有，恭喜你已经找到了首先需要提升的方向。

第二步：市场研究。这将帮助你评估竞争格局并识别创新的机会。你可以通过与用户交谈、对潜在用户进行调查、分析行业数据，来进行市场研究。很多人喜欢从自己的需求、自己熟悉的人的需求开始，这很好。这样的每个需求也一定对应了一群人的需求，不过不同的需求对应的人群的规模有大有小，筛出这群人的难度和成本有高有低，相应的就产生了商业价值和社会的差异。搞清楚状况、有意识地选择，多半会比蒙头撞进去的结果更好。

第三步：创意脑暴。有很多不同的方法可以用来发掘产品创意，详情请见第 3 章的 3.3 节和 3.4 节中的介绍，找到适合你、适合这件事的方法。这些方法都是前人的聪明才智和经验教训的结晶，是值得站上去的巨人肩膀，千万别高估自己单打独斗的能力和运气。不过方法是死的，人是活的，勤思考、有经验的人才能充分发挥出方法的作用和价值；如果没有做出好效果，先反思自己是不是做对了、做透了，而不是仅仅做出了标准动作；如果没做出好效果也不用急，经验教训是需要积累的，不过积累的前提是深入思考、认真实践。每种方法都有优点和缺点，适合不同的情况；如果不确定用哪个方法更合适，那就尽可能多试一些不同的方法，比较得到的成果。

第四步：评估创意。一旦你有了一份创意清单，就可以评估它们，看看哪些是最有希望的。这就需要一套评估框架，让各个创意可以在多维度上充分比较。在实际商业场景中，需要考虑的主要因素包括市场潜力、技术可行性、财务可行性、与公司目标的契合度；在学习的场景中，因为无法真实模拟实际商业场景中的情况，可以先聚焦在市场潜力上，主要涉及目标用户群体的分析，以及产品概念的差异化竞争；如果有能力，还可以对技术可行性和财务可行性进行一些研究和测算，虽然结果一定不准，但是这样的实践锻炼非常有益。

第五步：制作原型来测试创意。做出原型是最好的测试方法，这将帮助你验证创意并获得用户的直接反馈。设计制作产品原型的方法有很多，适用于不同类型的产品和不同的产品阶段。在网上搜索"产品原型"（prototyping）、"快速原型"（fast protyping）能获取很多的相关信息。

第六步：将产品商业化。这是在实际商业场景中，产品内部研发环节的最后一步，也是产品上市的第一步，一个新世界的大门即将向你打开。形象地来说，当你负责产品设计时，会感觉产品设计很复杂，只要把优秀的产品设计出来就能成功；当你负责产品研发时，会感觉产品研发更复杂，只要把优秀的产品研发出来就能成功；当你负责整体业务时，会发现产品上市只是万里长征的第一步，的确非常重要，但以后的路还很长。

以上是经典的寻找产品创新机会的方法框架，可以融入各种各样的具体方法，比如第2章2.2节中的"CREO AI人机共创模型"就介绍了在产品创造的全流程每个环节中都可以充分地运用AI的方法，并强化了人与AI的协作共创。但是产品创新毕竟是一个复杂的、充满不确定性的过程，使用前人总结的方法和流程，能够帮助提高成功的概率，但并没有一个"成功公式"可以套用，这也是产品创新的残酷与魅力所在。

2. 创新类型

颠覆式创新（disruptive innovation）[112]：由一家新兴企业或者一个新的市场细分领域发起，提供一个相对于现有产品更简单、更便宜、更方便或更个性化的产品或服务，从而逐渐取代现有的主流市场和用户。颠覆式创新通常又可以分为低端颠覆（low-end disruption）和新市场颠覆（new-market disruption）。

低端颠覆是针对现有用户和市场，通过以更低的使用成本来实现现有产品的核心功能，甚至在部分事项上还有更好的用户体验的产品或服务，从而吸引了那些对现有产品不满意的用户。比如小米手机在问世的时候，以1999元的价格杀入当时动辄三四千元的智能手机市场，而且还提供了甚至更好的用户体验，这就是典型的低端颠覆。又比如个人电脑也是低端颠覆，它以低成本、易用性和个性化为特点，取代了昂贵、复杂和标准化的大型/中型/小型计算机。

新市场颠覆是针对非用户或非市场，通过提供了一个相对于现有产品提供差异化功能、让过去的不可能变为可能的产品或服务，从而创造了一个全新的市场或消费场景。比如以iPhone为代表的智能手机，以便携性、多功能性和互联性为特点，创造了一个全新的移动互联网市场和消费场景，这就是典型的新市场颠覆。 又比如在线教育也是新市场颠覆，它以灵活性、多样性和互动性为特点，从而创造了一个全新的教育市场和学习场景。

当然低端颠覆和新市场颠覆也不总是泾渭分明。以 Uber 和滴滴为代表的网约车、以 Airbnb 为代表的共享民宿，既有部分低端颠覆的特点，也有部分新市场颠覆的特点；既有用低价、便捷抢占市场的情况，也有创造了新的市场机会、提供了新的产品与服务的情况，从而吸引了那些对出租车 / 酒店不满意的用户和司机 / 房东。

渐进式创新（incremental innovation）[113]：对现有产品、服务或流程，在功能、性能或可用性等方面进行小幅改进或增加的过程。这是最常见的创新类型，也被称为"微创新"，通常用于保持现有产品或服务在市场上的竞争力。渐进式创新的主要好处是，可以在不进行重大更改的情况下，保持现有客户满意并吸引新客户。换而言之，这种方法在避免风险和维持现状的情况下，可以提高客户满意度、降低成本、提高质量，并保持竞争力。

正因如此，大公司尤其青睐渐进式创新；而互联网也为渐进式创新提供了最好的载体——在软件时代，软件卖出去以后是无法直接升级或改变的；在互联网时代，软件可以随时联网升级或改变，顺畅、持续的进行渐进式创新。当微软在 Office 2007 中引入"功能区界面"时，本意是使产品功能更加可见和易于访问、减少杂乱和复杂性，并适应不同的屏幕尺寸和设备。然而，这个对延续了几十年的传统菜单和工具栏界面的重大改变，却遭到了大量用户的批评和抵制[114]，他们的抱怨多种多样，但本质还是在于用户不习惯。人是习惯动物，无论好坏，只要不习惯就很难接受。据 Forrester Research 一份未公开的研究说，在当时有 40% 的用户对新界面满意，30% 不满意，30% 中性；后来微软一直在逐渐改进和发展这套界面，直到今天。相比之下，谷歌的在线办公软件 Google Docs 则是每几天、几周小改不断，对于持续使用的用户来说，等于是在潜移默化的过程中就接受了这些改变，完全不会出现因为不习惯而导致的摩擦对立。

不同于在同一个市场上，大公司以渐进式创新来稳中求进；当渐进式创新在不同市场上发生时，也有可能变成创新的起点。比如 QQ 通过渐进式创新，包括更直观和易用的界面，群聊、文件共享和语音聊天等更丰富的功能，在中国发起更强的营销活动，最终得以超越国际上的聊天工具先行者 OICQ。又比如微博最初模仿推特（Twitter），但通过针对中国用户与市场的情况进行渐进式创新，包括与国内其他社交媒体平台更好地整合，可编辑的转发、直播和群聊等更丰富的本土化功能，也走出了自己的路。正如第 3 章 3.2 节中所提到的"C2C"（Copy to China）模式，"渐进式创新为王"也正是那个时代鲜明的标记之一。

维持式创新（sustaining innovation）[115]：在产品功能基本不变的情况下，通过小幅改变产品的性能、外观等，以更高的利润卖给最好的用户。维持性创新通常是已经在行业中取得成功的公司采用的策略，目的是保持或增加市场份额和利润率。比如手机、电脑制造商每年都会推出升级型号，更好的摄像头、更快的处理器、更大的屏幕等，很多现有的用户就愿意换手机，并为升级的版本付更多的钱。

　　听起来似乎有些不思进取，但这的确是一种成功的商业策略。不用羡慕大公司可以用这样的方式躺着挣钱，其实也可以感谢，因为这样一来，大公司也更容易被其他的竞争对手以颠覆式、渐进式的创新所超越，给创业公司留下了成长的机会。

3. 驱动因素

1）外部因素

　　市场与用户需求：了解目标市场和用户的当前和潜在需求对于产品创新至关重要。通过识别用户的问题、痛点、偏好和期望，并以此作为重要的输入和反馈来指导产品研发流程，更容易设计出提供解决方案、效益和价值的产品。

　　技术与科学：技术和科学的进步可以通过提供新的可能性、能力和特性来促进产品创新。技术和科学也可以创造新的挑战和机遇，这需要创新的解决方案。技术在不断变化，随时了解最新趋势并思考与业务的结合，就能更容易识别新的产品创新机会。

　　竞争和差异化：面对现有或新兴竞争对手的竞争可以通过创造提高性能、质量、效率或用户满意度的压力来激励产品创新。产品创新也可以帮助企业通过提供独特的价值主张、特征或体验来吸引客户，从而与竞争对手区别开来。

　　政策与监管：法规和立法的变化可以通过施加约束、标准或要求来影响产品创新，这些约束、标准或要求是产品必须遵守的。法规和立法也可以通过鼓励环境可持续性、社会责任或公共福利来创造产品创新的激励或机会。

　　投资与资源：拥有足够的投资与资源可以支持产品创新，比如提供必要的资金、设备、材料、人员、时间等。投资与资源也可以帮助企业克服可能阻碍产品创新的障碍、风险或不确定性。产品创新并不能只靠理想与愿景驱动，在真实世界中发生的，尤其是可持续的产品创新一定会受到资源投入与商业回报的推动或者制约。

　　合作与学习：与内部或外部合作伙伴合作可以促进产品创新，促进跨职能沟通、知识共享、创意生成、反馈和问题解决。合作与学习也可以帮助企业获取新的资源、技能、技术或市场，从而增强产品创新。

2）内部因素

　　领导支持：从高层管理层获得清晰的创新愿景、战略和文化，可以激励和赋能员工追求创新的想法。一个公司有多重视产品创新，既可以从创新的成果中看出，也可以从公司决策层中是谁在负责产品创新中看出。

　　关注用户：了解用户的需求、偏好和痛点，可以帮助识别创建或改进产品的机会，解决他们的问题或满足他们的愿望。

　　员工参与：鼓励员工的参与、协作和创造力，可以产生多样化和丰富的产品创新的想法和见解。

　　创新过程：拥有一个结构化和系统化的管理创新各阶段的过程，从构思到实施，可以帮助简化工作流程，降低不确定性，提高效率。

创新资源：为创新分配足够的时间、金钱和工具，可以使员工能够实验、测试和完善他们的想法和原型。

创新指标：衡量和奖励创新的绩效和结果，可以帮助跟踪进度，评估结果，激励员工改进他们的创新努力。

产品创新的创新流程、创新类型、驱动因素中的各项内容共同构成了一个空间，产品创新机会就会出现在这个空间中的突破点上，就是如图 4-1 所示的，宏观情况与微观情况的，以及向外和向内的平衡点上。

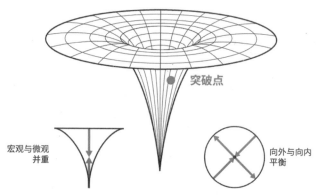

图 4-1　产品创新空间与创新突破点

宏观情况是世界的概况，比如国家、行业数据；微观情况是个体的体验，比如一个人经历了怎样的事情。产品创新在宏观与微观的平衡是指，既是个体的体验，同时也是一定规模的群体的共性。读商学院的人往往更习惯于从宏观入手，凡事先从宏观数据分析开始，比如分析人口老龄化的数据，从数据中寻找机会；互联网出身的人往往更习惯于从微观入手，凡事先从个体体验开始，比如关注身边的老人的痛点和期待，从观察和交流中寻找机会。宏观数据能展现趋势，却无法告诉我们具体可以做什么，做什么产品、如何创新；个体体验直观体现了事项，却无法告诉我们这背后对应的用户与市场规模如何，从而直接影响到产品创新回报怎样，是否可持续。产品创新的突破点一定要找到宏观与微观相平衡的突破点。

向外（自内而外）的做法则是以用户为中心，从用户出发分析现有的和潜在的行为与需求，从而找到产品创新的突破点。向内（自外而内）的做法是通过分析周围的竞争产品、参考产品，从而找到产品创新的突破点；产品创新在向外与向内的平衡是指，既以用户为中心，同时也充分学习、参考相关的产品。擅长渐进式创新的人更习惯向内的做法，分析、总结竞品和参考品，从中借鉴、改进，这样形成的产品创新风险小、节奏快、实现成本低，但是也很难大幅突破由这些竞品和参考品所形成的圈，这种情况下最大的成本和风险就是机会成本，没有去做更大创新突破的机会成本。相比之下，向外的做法的不确定性和成功的难度更高，不过一旦成功能获得的成就也更高。产品创新最好能找到向外和向内相平衡的突破点。

产品的创新流程、创新类型、驱动因素、创新空间、创新突破点，无论是从哪个维度来分析，寻找产品创新都绕不开"用户"。用户是产品创新最重要的因素，因为用户是任何产品的最终价值和满意度的来源。用户最了解自己的需求，他们是使用产品的人，所以他们知道哪些功能对他们很重要；用户是判断产品是否成功的评判者，如果产品不符合他们的需求，他们将不会使用它，产品将不会成功；用户会传播产品的信息，如果他们对产品感到满意或者不满意，就会告诉他们的朋友和家人，进而导致产品销量和市场份额的增加或减少。所以在产品创新时，必须要关注用户，这不仅意味着要了解他们的需求和痛点，更意味着要以用户为中心来设计产品。

围绕用户的产品创新才可能真正满足用户的特定、多样化的需求，而不是市场的平均或一般需求；事实上，这个世界上并不真的存在"平均用户"（average users），"平均用户"的需求和行为只是全体用户中相对有共性的部分。在过去产品不够丰富的时候，用户会主动去适应产品，表面上看起来就是用户需求更多体现为群体共性；但在产品丰富、充分竞争的情况下，用户一定会更愿意选择那些符合他们个性化需求的产品。在 AI 的时代将更是如此。新技术帮助用户根据自己的喜好和场景来定制个性化的产品。

围绕用户的产品创新能够加快新产品的研发与降低传播的成本。产品创新的想法和原型直接通过用户的反馈和传播来进行测试，而不再依赖昂贵而漫长的市场调研。并且在这个过程中可能会产生更多创新的想法，因为用户已经成为了创新过程的一部分，不再只是消费者，而是也成为了创造者中的一员：不仅免费贡献创新想法，而且还付费支持产品创新的实现。当然，用户也收获了更好的产品，并且在这个过程中他们还获得了关注、尊重、重视等令他们珍视的精神价值。

在这样的产品创新体系中，用户与产品研发者之间的关系不再是分离的两方，而是相互促进的集体（图 4-2）。

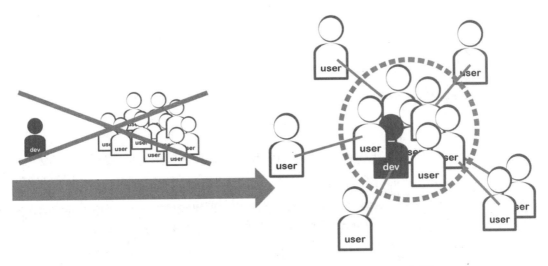

图 4-2　2011 年我在首届 IXDC 大会上谈的"和用户一起做设计"[116]

在过去二十多年的设计实践中，让我最受用的产品创新框架，莫过于下面这个基于经典设计方法与商业方法，被我融合为"产品设计第一性原理"的方法。

第一性原理[117]的思维方法是从最基本的事实和原则出发，通过逻辑推理和创造性思维，构建出一个完整和一致的理论体系。这种方法可以避免受到传统观念、权威意见或者常识的影响，从而达到创新和突破的目的。人们公认最早提出第一性原理的是古希腊的亚里士多德，而近年来第一性原理再次被人们热烈讨论，则是因为伊隆马斯克对第一性原理的推崇，以及他造火箭、造电动车的成功故事。在产品创新中运用第一性原理非常重要，它可以帮助发现新的需求和机会，避免陷入现有解决方案的局限，创造出符合用户需求与商业目标的、更创新、更有效、更有竞争力的产品。第一性原理也可以帮助我们在产品设计的过程中做出正确的决策。例如，当我们面临一个复杂的问题或者需求时，我们可以通过分解问题，找出最关键的因素，然后用逻辑推理和创造性思维，构建出一个可行的解决方案。

第一性原理的两个要点，追根溯源、生发演绎，非常对应产品设计创新的过程：从"人"出发，历经"场景""过程""生态""演进"，然后重新回到"人"的迭代循环。对"人""场景""过程"的研究思辨，对应追根溯源的过程；对"过程""生态""演进"的研究思辨，对应生发演绎。于是，我提出了如下的产品设计第一性原理的框架（图4-3）。

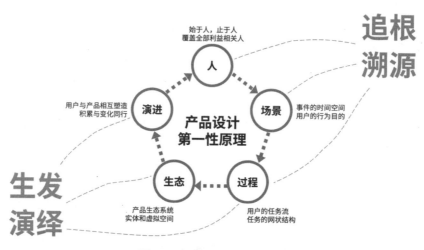

图 4-3　产品设计的第一性原理

人：产品创新始于人，止于人。产品创新的起点是用户的需求，终点是用户的满意。产品创新的目标是满足用户的需求，创造用户价值。因此，在产品创新的过程中，用户是最重要的参与者。用户的需求是产品创新的起点，产品的价值也要由用户来评判。如果产品不能满足用户的需求，即使技术再先进，也无法获得成功。因此，产品创新需要以用户为中心，从用户的需求出发，设计和开发产品。产品创新是一个持续的过程，需要不断地收集用户的反馈，不断地改进产品。只有这样，才能保证产品能够满足用户的需求，创造用户价值。另外，在有的情况下，要考虑的还不只是用户，而是会包括更多的利益相关人（stakeholders），比如在滴滴的环境中，除了考虑通常被认为是用户的乘客，也必须要考虑司机这一重要的利益相关人。做产品创新，首先要回答的就是，要服务的是什么样的人；不同人对于产品的需求可能会有非常大的差异，需要在产品设计中加以取舍，或者采取有效的个性化的方式提供服务。对人的研究方法会在 4.2 节中具体讨论。

场景：每个事件都是在特定的时间、空间、用户行为目的中发生的。比如在家里可以等到最后一刻再去厕所，而在商场里最好不要等到最后一刻，因为你不知道过程中会发生什么；再比如在商场里找厕所，不急的时候你可能还会欣赏厕所标识的设计多有创意，而急的时候你只会希望这个标识越大、越容易被找到就好。场景分析对产品的使用场景进行系统的描述、分析和评估，以便更好地理解用户的需求、痛点和期望，以及产品的价值、功能和优势。场景分析非常重要，因为它可以帮助我们发现和定义产品的目标用户群体、使用环境、使用目的和使用方式，识别和解决用户在使用产品的过程中可能遇到的问题、困难和不满，以提高用户的体验和满意度，预测和评估产品的市场潜力、竞争优势和风险因素。产品使用场景的定义，也可以从对人的研究中得出，同样详见 4.2 节的内容。

过程：用户使用产品的过程是由网状交织的任务流构成的。分析用户使用产品的过程可以帮助你更好地了解用户的行为和需求，从而设计出更符合用户需求的产品。通过分析用户使用产品的过程，你可以了解到用户在使用产品的整体流程是怎样的、有什么需求、可能会遇到什么问题、使用体验如何，哪些是主任务、哪些是极端情况（corner case）。这些信息可以帮助你识别出产品的缺陷，并改进产品的设计。过程分析的重要方法是用户行为流程分析、用户旅程图，以及二者融合使用的方法（图 3-23、图 3-24、图 3-25）。过程分析中最需要注意的就是颗粒度问题。举个极端的例子，如果分析用户在电商网站上买东西的过程，总结为搜索、浏览、下单、支付这样粗粗的四步，那么就发现不了任何问题和创新的机会。相比之下，过程分析颗粒度如果过细，除了工作量会比较大，其他都是利大于弊。特别建议，如果不是在这个事情上极其熟悉，最好采用最小颗粒度，每个用户行为（比如每一下点击、每一次输入）都作为一个交互事件。事实上，直到今天我在做过程分析的时候，也主要采用这种最小颗粒度的方法，力求一次分析就做到最扎实。

生态：每个产品都不是孤立存在，而是存在于实体和虚拟交融的空间中，存在于产品的生态系统中。产品生态分析可以帮助你更好地了解产品在市场中的定位和竞争环境，可以了解产品的竞争优势和劣势，哪些是可以借助的资源，哪些是需要竞争的对手，彼此之间，以及全局的生态关系如何，从而设计出更符合市场需求的产品、制定相应的营销策略。产品生态分析需要对产品所处的市场环境进行分析，包括产品的竞争对手、产品的替代品、产品的供应链、产品的客户等。比如取代卡片相机、MP3 的不是另一款更好的同类产品，而是智能手机；共享单车大战最激烈的时候，过度投放、缺乏高效运营的单车反而几乎变成了社会公害，最终导致数以千万计的单车被废弃，两个顶端的竞争者一个倒闭，一个被收购[118]。另外，文化特性也是生态种的重要组成部分。了解产品所涉及的社会文化、价值观念、消费习惯和用户心理，才能更好地构建产品的意义、影响和传播。比如微信红包就巧妙利用了中国文化中红包的文化特性，不仅让这一新功能为用户"秒懂"，而且还叠加上春节联欢晚会和新年红包的文化习俗，以及"拼手气"带来的娱乐性，取得了巨大的商业成功，成为竞争对手口中的"微信红包偷袭珍珠港"事件 [119]。

　　演进：用户与产品之间其实是相互塑造的关系，积累与变化同行。无论产品的规划设计有多么完善，一切都始于人、止于人，会随着用户的使用而逐步演进。正如 iPhone 的解锁界面（图 3-10），先从拟物化开始，便于用户接受智能手机、全触控屏幕这一新生事物，在市场上大部分用户已经被教育过之后，才演进为平面抽象化的设计方案，提升功能与效率。产品演进是随着用户的使用而不断改进产品，不断适应和满足用户的变化和需求、提高用户的忠诚度和口碑，优化和提升产品的性能和质量、降低产品的成本和风险，创造和发现产品的新功能和新价值、增加产品的竞争力和市场份额。产品其实不是规划出来的，每个产品都是产品的创造者和用户共创的结果。今天咱们用的大量的产品其实跟它的创造者的初衷都有差异，比如微信、抖音，都从最初一个单纯的工具逐渐演进为一个复杂的生态系统，而微信的即时通信功能本质上与电子邮件并没有什么不同。当用户使用的方式和产品的创造者设想不一致的时候怎么办？以用户为中心往往是最好的策略。当然我们可以试着去引导用户，但是没有办法去控制用户；那些特别厉害的产品，是基于洞察用户，比用户还更懂用户，因而引导就会比较成功。在充分竞争的环境中，强行让用户适应一个产品的结果只有一个，就是用户转投其他的产品。

　　在下一节，我们一起来看看如何和 AI 一起做用户研究。

◀ 思 考 ▶

引入 AI，会给经典的产品创新流程带来怎样的不同？

在自己熟悉的产品创新案例中，分析它们的创新类型及其背后的原因？

为什么用户是产品创新中最关键的因素？

4.2　和 AI 一起做用户研究

　　"苹果不做用户研究！"是一句网络上流传甚广的"乔布斯言论"。是真的吗？其实乔布斯从没说过这样的话。乔布斯可能是世界上最重视用户体验的人之一，正因为对用户体验的强调，以及他和苹果取得的巨大商业成功，才让众多企业也学着推行用户体验工作，这对于设计师和产品经理在行业里获得远超过去的影响力起到了巨大的作用。综合网络上流传下来的乔布斯的言论及其同事的回忆看来 [120]，乔布斯的观点是，市场调研可以帮助我们了解用户的需求和偏好，但它不能告诉我们用户真正想要或需要什么，因为用户可能没有意识到他们的需求，或者他们可能无法将他们的需求以清晰、有意义的方式表达出来。而用户研究可以帮助我们真正了解用户，因为它可以让我们与用户进行直接的交流，可以了解用户的行为、动机和目标，还可以了解用户对现有产品的看法，以及他们希望看到哪些改进。因此，市场调研和用户研究是相辅相成的，市场调研可以为我们提供一个起点，而用户研究可以帮助我们深入了解用户并创造真正满足用户需求的产品。

图 4-4 中展示的常用的用户研究方法，是我基于克里斯蒂安·罗尔（Christian Rohrer）2022 年最新版的用户研究方法概况图[121]，结合我的实践思考补充完善的成果。图中将常用的用户研究方法分布在一个坐标系中，横坐标靠左为定性的方法，靠右为定量的方法，纵坐标靠上为行为信息，靠下为态度信息；每个方法还根据研究时针对的产品使用情况标注了类型，分别为自然使用产品、按脚本使用产品、不使用产品 / 去场景化、使用部分产品的定向研究；并且把我在实际工作中最常用的方法，用大字标示了出来。这些都是前人用聪明才智和实践经验总结出来的了不起的方法，可是为什么常常看起来似乎过于简单，用起来又得不到好结果呢？

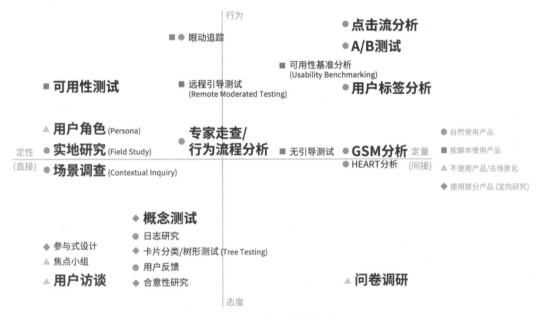

图 4-4　常用的用户研究方法

经典的用户研究方法看起来可能很简单，但是要有效地进行并不容易。有很多挑战和陷阱会影响结果的质量和有效性。

- 需要为正确地研究问题和目标选择合适的方法。不同的方法有不同的优缺点，它们可能不适合每一种情况或环境。比如，调查问卷可以快速、低成本地收集到大量用户的反馈，但是它们可能无法捕捉用户体验的深度和丰富度；而且因为用户收到问卷时所处的场景各不相同，甚至可能因此而提供与真实情况不一致的反馈。访谈可以提供更详细和细致的洞察，但是它们可能受到访谈者的偏见或用户的社会期望的影响；主持人的经验也会直接影响访谈的效果，比如是否要坚持按照问题列表进行，其实不用，顺着受访者的言谈进行更有助于他们充分表达，只要确保在访谈结束时已经覆盖了全部的问题即可；再比如主持人需要采用开放式的问题，而不是封闭式的问题，比如"你喜欢吃什么？"要比"你喜欢吃苹果吗？"更好。

- 需要招募和抽样适合研究的用户。参与研究的用户应该代表目标用户群体，并且应该有关于产品或服务的相关经验和知识（但是需要区分经验特别丰富的用户与普通用户，因为他们彼此无法互相代表）。然而，找到和吸引这样的用户可能很困难和昂贵，特别是如果用户群体是小众或多样化的。而且，样本大小应该足够大，以确保统计显著性和可靠性，但是并不要太大，以免造成时间和资源的不必要浪费（可参考3.3 节中的图 3-15）。

- 需要以严谨的方式设计和进行研究。研究应该遵循清晰一致的方案，并且避免任何可能损害数据质量的错误或偏见。比如，问题或任务应该清楚、相关、无偏见，并且容易回答或执行。数据收集和分析应该准确、客观、透明。结果应该诚实、完整地解释和报告。

同时，用户研究的方法也非常需要与时俱进，互联网就在许多方面改变了我们进行用户研究的方式。

- 用户研究方法变得更加多样化和灵活，让研究者可以使用在线和离线的工具和技术的组合，来接触和吸引不同平台、设备和环境的用户。比如，研究者可以使用在线调查、访谈、可用性测试、分析、社交媒体和众包来收集和分析用户数据；可以从在线社区中筛选出目标用户，相比经典方法更精准，而且成本还能更低；可以远程进行用户研究，节省时间和金钱，同时也意味着可以研究更多的目标用户，甚至通过邮件调研的方式短时间获取数以十万计的用户反馈。

- 用户研究方法变得更加敏捷并且迭代得更快，让研究者可以在产品开发周期中更快更频繁地进行用户研究。比如，研究者可以使用快速原型、精益 UX 和 A/B 测试来根据用户反馈验证和改进他们的设计方案；互联网使我们可以收集比以往更多的用户数据，这些数据可以用来更好地理解用户的行为和需求。不过也不能迷信数据，比如在 A/B 测试中，因为用户是习惯动物，当面对一套新方案的时候，会或多或少产生接纳的阻力，在这个过渡期中往往数据是会下跌的，如果以过渡期中的数据为证据就会产生错误的判断。另外，基于数据的用户研究对数学、统计学的要求很高，如果不做好能力积累，就无法真正做好量化用户研究（quantitative user research）。

- 互联网也引发了新用户研究方法的出现，比如眼动追踪（eye tracking）和热力图（heat map），这些方法可以提供传统方法无法实现的用户行为洞察。通过互联网社区，用户研究方法变得更加富于协作和参与，让研究者可以让更多用户和利益相关者参与到产品的共同设计和创造中。比如在知乎早期的时候，很多用户主动讨论如何把知乎的产品做得更好。

进入 AI 时代，用户研究又可能会发生怎样的变化呢？让我们先从几个小测试开始，以下测试于 2023 年 8 月 5 日进行。为保证回答的品质一致性，均使用英文提问，获取英文回答后再翻译为中文，并针对专业性与语言通顺性对答案做了微调。请注意，目前的 AI，比如 OpenAI ChatGPT、微软 New Bing、谷歌 Gemini，对相同的问题，并不能做出每次都稳定一致的回答，并且这些 AI 本身也在持续改进中，所以如果你自己做这些测试，可能得到的答案会有所不同，不过这不影响我们对实验的观察与解读。

当我们问 AI，"如何做用户研究？"（How to do a user research?）

- **ChatGPT 的回答**

要有效进行用户研究，您可以按照以下步骤进行：

1. 确定研究目标：明确表达您通过用户研究想要实现的目标。您希望获得什么样的见解？您想要回答什么问题？

2. 确定目标受众：确定您要研究的特定用户群体。考虑因素包括人口统计信息、行为模式以及与您的产品或服务相关的专业知识。

3. 选择合适的研究方法：根据您的目标和受众选择合适的研究方法。常见的方法包括访谈、调查、可用性测试、观察和分析数据。

4. 制定研究计划：制定详细的计划，包括研究活动、时间安排和所需资源。明确您想要解决的研究问题以及参与者在研究过程中需要执行的任务。

5. 招募参与者：寻找符合目标受众标准的参与者。可以使用在线面板、社交媒体或专业网络等多种招募方法。如有必要，提供激励措施。

6. 进行研究环节：按照计划进行研究活动。确保参与者感到舒适，愿意分享他们的想法和经验。收集定性和定量数据。

7. 分析数据：整理和分析研究结果。寻找数据中出现的模式、主题和见解。使用电子表格、数据可视化或定性分析软件等工具。

8. 提取见解并确定重点发现：根据影响力和可行性确定关键见解的优先级。这些见解将为产品改进提供指导并影响决策过程。

9. 共享和传达结果：将研究结果呈现给利益相关者、团队成员和决策者。使用讲故事的技巧有效传达用户见解及其对产品开发的意义。

10. 迭代和应用发现：使用研究见解指导设计决策，并对产品进行迭代。在设计和开发过程中不断与用户测试和验证假设。

请记住，用户研究是一个持续的过程，必须在产品开发的所有阶段都涉及用户。定期进行研究，深入了解用户的需求、行为和偏好。

- **New Bing 的回答**

要进行用户研究，你需要遵循一些步骤，这些步骤将帮助你规划、执行和分析你的研究。

以下是一些通用的步骤，你可以参考：

- 定义你的研究目标和问题。你想了解你的用户的什么，他们的需求、问题和目标是什么？你想通过你的研究回答哪些具体的问题？

- 选择合适的研究方法和技术。根据你的目标和问题，你可以选择一种或多种方法来收集你的用户的数据。一些常用的方法有用户访谈、问卷调查、焦点小组、可用性测试、卡片分类等。你可以从网上搜到更多关于这些方法的信息。

- 招募和安排你的参与者。你需要找到代表你目标受众的用户，并邀请他们参与你的研究。你可以使用各种渠道和平台来招募参与者，例如社交媒体、电子邮件、在线论坛等。你还需要安排会议并与参与者沟通细节。

- 准备你的研究材料和工具。你需要准备你在研究过程中使用的材料和工具，例如脚本、问题、任务、原型、同意书、录音设备等。你还应该事先测试你的材料和工具，确保它们能正常工作。

- 进行你的研究会议。你需要遵循你为你的研究方法设定的协议和指导原则。你还应该对你的参与者保持尊重、关注和同理心。你应该记录并记录在会议期间收集到的数据。

- 分析和综合你的数据。你需要处理和组织你从研究中收集到的数据。你可以使用各种技术来分析和综合你的数据，例如编码、分类、聚类、亲和图等。你还应该寻找从数据中出现的模式、主题、洞察和机会。

- 沟通和分享你的发现和建议。你需要向你的利益相关者和团队成员呈现和报告你的研究发现和建议。你可以使用各种格式和工具来沟通和分享你的结果，例如报告、演示文稿、仪表板、人物角色、场景等。

- Gemini 的回答

用户研究是收集有关用户的信息以了解他们的需求、想要和痛点的过程。这些信息可以用来改进产品和服务。有许多不同的方法可以用于用户研究，包括：

- 问卷调查（Surveys）：调查是收集有关用户的定量数据的一种流行方法。调查可以用来询问用户他们的人口统计信息、他们的需求和所想，以及他们对产品和服务的经验。

- 访谈（Interviews）：访谈是一种收集有关用户的定性数据的方法。访谈可以用来向用户询问他们对需求和想要的深入问题，以及他们对产品和服务的经验。

- 焦点小组（Focus Groups）：焦点小组是一种收集有关用户的定性数据的方法。焦点小组涉及将一组用户聚集在一起讨论产品或服务。这可以是一个获得对早期原型反馈或了解用户如何与产品或服务交互的绝佳方式。

- 民族志（Ethnography）：民族志是一种收集有关用户的定性数据的方法。通过在用户的自然环境中观察他们，这是了解用户如何在现实生活中使用产品或服务的绝佳方式。

　　用户研究的最佳方法将取决于研究的特定目标。例如，如果您想收集有关用户的定量数据，那么调查可能是最好的方法。如果您想收集有关用户的定性数据，那么访谈或焦点小组可能是最好的方法。选择了用户研究方法后，您需要制定研究计划。研究计划应包括以下内容：

- 研究目标。
- 研究的目标受众。
- 收集数据的方法。
- 分析计划。
- 研究时间表。

　　制定了研究计划后，您需要收集数据。这可以通过进行调查、访谈或焦点小组来完成。收集了数据后，您需要对其进行分析。这可以通过使用统计软件或手动编码数据来完成。用户研究的最后一步是报告研究发现。报告应包括研究的目标、使用的方法、研究的发现，以及对产品或服务的建议。用户研究是产品开发流程的必不可少的部分。通过了解用户，您可以创建满足他们需求和想要的产品。以下是进行用户研究的其他一些提示：

- 从清晰的目标开始：您想从用户研究中学习什么？一旦您知道您的目标，您就可以开始制定研究计划。
- 选择正确的方法：有许多不同的用户研究方法。选择最能帮助您实现目标的方法。
- 尊重：在进行用户研究时，重要的是尊重您的参与者。请记住，他们正在给您他们的时间和见解。
- 乐于接受新东西：在分析数据时，要对新的见解持开放态度。不要害怕挑战你的假设。
- 报告您的研究发现：完成用户研究后，请务必报告您的研究发现。这将帮助您将用户研究的价值传达给他人。

我们接着问 AI，"如何进行用户访谈？"（How to do a user interview?）

- **ChatGPT 的回答**

要有效进行用户访谈，按照以下步骤进行：

1. 明确目标：明确表达通过用户访谈想要实现的目标和具体问题。您希望获得哪些见解或信息？

2. 计划访谈：创建一个结构化的访谈指南，包括一些开放性和具体的问题。准备一个涵盖的主题列表，但允许灵活探讨意外的领域。

3. 招募参与者：确定并招募符合目标受众标准的人员。考虑与您的研究目标相关的人口统计信息、用户专业知识或行为模式等因素。

4. 安排和准备：安排一个方便的时间进行访谈，并提前与参与者分享目的和形式。准备在访谈中可能需要的任何材料或原型。

5. 建立关系：通过介绍自己并与参与者建立关系来开始访谈。让他们感到舒适，解释访谈的目的，并向他们保证他们的反馈是有价值的。

6. 提问开放性问题：从广泛的开放性问题开始，鼓励参与者分享与主题相关的经验、想法和观点。让他们自由发言，避免引导或带有偏见的问题。

7. 深入追问：使用追问问题进一步挖掘参与者的回答。请他们提供具体的例子，澄清任何模糊的陈述，并鼓励他们详细阐述他们的想法和经验。

8. 积极倾听：密切关注参与者的发言，积极倾听他们的回答。避免打断或强加自己的观点。记下重要的见解和引用。

9. 保持中立和公正：在整个访谈过程中保持中立，避免任何可能影响参与者回答的判断或偏见。为他们创造一个安全的空间，让他们分享真实的意见。

10. 感谢和总结：对参与者的时间和宝贵的见解表示感激。访谈结束后，回顾您的笔记，并与团队进行总结讨论关键发现和见解。

请记住，用户访谈是了解用户观点、行为和需求的机会。通过提问深思熟虑的问题和积极倾听，您可以获得有价值的见解，为设计和决策过程提供指导。

- New Bing 的回答

用户访谈是一种研究方法，通过向现有或潜在的产品或服务用户提问，以了解他们的需求、偏好、行为和动机。用户访谈可以帮助您深入了解如何改进产品或服务的用户体验和可用性，同时创建用户角色和用户旅程。用户访谈通常在设计过程的早期阶段进行，即在您拥有原型或解决方案之前。

要进行用户访谈，您需要按照以下步骤进行：

- 第一步：定义您的研究目标和目的。您希望从用户访谈中了解什么，以及为什么？这将帮助您缩小研究的范围和重点。

- 第二步：确定目标受众和标准。您希望采访哪些用户，他们具有什么特征？这可以包括人口统计、行为、心理和情境因素。您可以使用用户角色作为参考。

- 第三步：创建筛选调查或问卷。这是一个工具，您可以使用它来筛选出不符合您标准的参与者，并选择符合标准的参与者。您可以使用在线平台如 User Interviews 或 Positly 来创建和分发您的筛选调查。您还可以使用 Google Forms 或 SurveyMonkey 作为免费的替代方案。

- 第四步：编写有效的访谈问题。您的访谈问题应该清晰、简明、相关且公正。它们还应涵盖您在第二步中定义的关键标准。您可以使用不同类型的问题，如多项选择、评分、开放式或场景问题。

- 第五步：招募和邀请参与者。一旦您准备好筛选调查，您可以开始招募和邀请潜在的参与者进行填写。您可以使用不同的方法，如电子邮件、社交媒体、在线论坛、推荐或付费服务。您应该尽量招募比您需要的参与者更多的人，因为有些人可能会退出或不符合条件。

- 第六步：进行访谈。理想的用户访谈包括两名研究人员和一名用户。第一位研究人员提问并引导受访者进行访谈，第二位研究人员做笔记。如果您必须独自进行访谈，请确保录制视频或音频以确保不丢失任何信息。您还应遵循一些最佳实践，如：
  - 对参与者友好和尊重。
  - 解释访谈的目的和过程。
  - 请求同意录制访谈。
  - 从一些热身问题开始建立关系。
  - 按照访谈问题的顺序进行，但灵活应对新的话题。
  - 使用追问问题以获取更多细节和示例。
  - 避免引导或暗示性问题影响参与者的回答。
  - 避免对参与者的回答表达自己的观点或判断。
  - 感谢参与者的时间和参与。

- 第十步：分析和报告结果。在进行所有访谈后，您需要审查和分析所收集的数据。您可以使用工具如 Excel 或 Airtable 来组织和编码数据。您还可以使用亲和图或主题分析等技术来识别数据中的模式和主题。然后，您应该在报告中总结您的发现和见解，包括：
  - 研究目标和目的。
  - 目标受众和标准。
  - 访谈问题和格式。
  - 参与者人数和其资料。
  - 主要发现和见解。
  - 设计建议和影响。

希望这些信息对您进行用户访谈有所帮助。如果您有任何问题或反馈，请随时告诉我。

- **Gemini 的回答**

用户访谈是收集用户意见和想法的重要方法。通过用户访谈，您可以了解用户的需求、痛点和使用体验。以下是进行用户访谈的一些技巧：

- 确定目标。您想从用户访谈中了解什么？一旦您知道您的目标，您就可以开始开发问题列表。
- 选择合适的参与者。您想采访哪些用户？确保选择代表您的目标受众的参与者。
- 创建一个舒适的环境。用户访谈应该是一次轻松而非正式的对话。选择一个安静且没有干扰的场所。

- 问开放式问题。避免问是/否问题或可以用简单的单词回答的问题。相反，问一些会鼓励用户分享他们想法和经验的问题。
- 积极倾听。注意用户在说什么，包括他们的言语和非语言。不要打断用户，也不要跳到结论。
- 总结用户的回答。这将有助于确保您正确理解了用户。它还给用户一个机会纠正任何误解。
- 感谢用户的宝贵时间。表达您对用户参与的赞赏。

以下是进行用户访谈的其他一些技巧：

- 保持尊重。请记住，用户正在给您他们的时间和见解。尊重他们的意见和经验。
- 保持耐心。用户可能需要一些时间来打开并分享他们的想法。请耐心等待用户，让他们慢慢来。
- 保持灵活性。访谈可能不会完全按计划进行。保持灵活性，如果需要，可以随时修改脚本。
- 做笔记。这将有助于您记住用户的回答并在以后分析数据。

用户访谈可以为产品开发提供宝贵的信息。通过遵循这些技巧，您可以进行用户访谈，这将帮助您了解您的用户并创建更好的产品。

我们继续问AI，"如何筛选访谈的用户？"（How to screen participants for a user interview?）

- ChatGPT 的回答

要为访谈筛选用户，请按照以下步骤进行：

1. 确定目标受众：清楚地确定您想要访谈的特定用户群体。考虑人口统计数据、行为模式、专业知识或与研究目标相关的任何特定标准。

2. 创建筛选问卷：制作一个问卷，收集潜在参与者的信息。包括有助于评估他们是否符合目标受众标准的问题。

3. 确定招募渠道：确定用于接触潜在参与者的渠道。这可以包括在线平台、社交媒体、专业网络或现有用户数据库。

4. 分发筛选问卷：通过选择的渠道与潜在参与者共享筛选问卷。清楚地解释问卷的目的和参与要求。

5. 查看回复：评估从潜在参与者收到的回复。找出符合标准并具备您在目标受众中寻找的特征的人。

6. 联系合格的参与者：与通过筛选过程的参与者联系。向他们提供更多关于访谈的信息，包括日期、时间、持续时间和其他相关细节。

7. 确认参与：要求被选中的参与者确认他们是否有时间和意愿参与访谈。提供访谈的任何必要指示或要求。

8. 安排访谈：与确认参与者协调安排访谈的时间。确保时间对双方都方便，并为访谈预留足够的时间。

9. 与参与者沟通：与参与者保持良好的沟通，提供访谈前的提醒和任何额外所需信息。解答他们可能有的任何问题或关注。

10. 准备访谈：在访谈之前，回顾参与者的筛选回复和您收集的任何相关信息。准备访谈指南以及在访谈过程中将使用的任何材料或原型。

通过对用户进行有效的筛选访谈，您可以确保与符合目标受众标准的参与者进行互动。这将帮助您收集与研究目标相符的有价值的见解。

- **New Bing 的回答**

筛选参与者是一个找到可以为用户研究提供有用和相关见解的合适人员的过程。它涉及向潜在参与者提问一些问题，以确定他们是否符合您的标准并适合您的目标受众。以下是帮助您筛选用户访谈参与者的步骤：

- 第一步：明确您的研究目标和目的。您从用户访谈中想要了解什么以及为什么要了解？这将帮助您缩小研究的范围和重点。

- 第二步：确定您的目标受众和标准。您想要采访的用户是谁，他们具有哪些特点？这可以包括人口统计学、行为学、心理学和环境因素。您可以使用用户角色扮演作为参考点。

- 第三步：创建筛选调查或问卷。这是一个工具，您可以使用它来筛选掉不符合您标准的参与者并选择符合标准的参与者。您可以使用在线平台如 User Interviews 或 Positly 来创建和分发您的筛选调查。您还可以使用 Google Forms 或 SurveyMonkey 等免费的替代方案。

- 第四步：编写有效的筛选问题。您的筛选问题应清晰、简明、相关且没有偏见。它们还应涵盖您在第二步中定义的基本标准。您可以使用不同类型的问题，如多项选择、评分、开放性问题或情境问题。您可以在这篇文章中找到一些常见的筛选问题和格式的示例。

- 第五步：招募和邀请参与者。一旦您准备好筛选调查，您可以开始招募和邀请潜在参与者进行填写。您可以使用电子邮件、社交媒体、在线论坛、推荐或付费服务等不同的方法。您应该争取招募比您所需参与者数量更多的人，因为有些人可能会退出或不符合资格。

- 第六步：审核和选择参与者。在收集足够的回答后，您可以审核并选择符合您标准并代表您目标受众的参与者。您可以使用 Excel 或 Airtable 等工具来组织和分析数据。您还应联系选定的参与者，确认他们是否有时间和兴趣参与用户访谈。

我希望这些步骤能帮助您筛选用户访谈参与者。如果您有任何问题或反馈，请告诉我。

- Gemini 的回答

筛选用户是确保用户访谈有效的关键步骤。通过筛选用户，您可以确保参与者是您的目标受众，并有兴趣分享他们的想法和经验。以下是筛选用户进行访谈的一些技巧：

- 定义您的目标受众。您想通过您的产品或服务触达哪些人？一旦您知道您的目标受众，您就可以开始识别潜在的参与者进行访谈。
- 建立筛选标准。您将使用哪些标准来选择参与者进行访谈？这可能包括年龄、性别、地理位置和使用您的产品或服务的经验等因素。
- 创建筛选问卷。筛选问卷可以帮助您快速、轻松地评估潜在参与者。问卷应包括一些问题，以帮助您确定参与者是否符合您的筛选标准。
- 筛选参与者。创建了筛选问卷后，您可以开始筛选潜在参与者。这可以通过向潜在参与者发送问卷或进行电话访问来完成。
- 选择参与者。筛选了潜在参与者后，您可以选择符合您筛选标准的参与者。

筛选用户进行访谈的其他一些技巧：

- 明确您的目标。您希望通过筛选用户实现什么目标？一旦您知道您的目标，您就可以开发一个筛选标准来帮助您实现它们。
- 保持客观。筛选用户时，保持客观很重要。避免根据您的个人偏好或偏见做出决定。
- 保持尊重。请记住，用户正在给您他们的时间。尊重他们的时间和隐私。

通过遵循这些技巧，您可以以有效的方式筛选用户进行访谈。以下是一些您可能使用的一些筛选标准的例子：

- 年龄。
- 性别。
- 地理位置。
- 职业。
- 是否有使用您的产品或服务的经验。
- 是否愿意分享他们的想法和经验。

选择了参与者后，您可以开始准备访谈。这包括建立问题列表、创建一个舒适的环境，并准备好积极倾听。

我们再向 AI 提要求，"我想了解 00 后（出生于 2000 年以后的）用户，对于找工作有怎样的心态和行为，请设计一个访谈提纲。"（I want to learn about the mentality and behavior in job hunting of users born after 2000. Please design an interview outline.）

- ChatGPT 的回答

1. 介绍：
- 问候参与者并介绍自己。

- 解释访谈的目的：了解他们在求职过程中的经历、想法和行为。

2. 个人背景：

- 询问他们的教育背景和目前的就业状况。
- 询问他们以往的求职经历（如果有）。

3. 求职过程：

- 探讨他们偏好的求职方法。
- 询问他们在求职过程中依赖的平台或资源。
- 了解他们在求职过程中是否使用社交媒体和职业社交网站。

4. 动机和目标：

- 了解他们寻找就业的动机。
- 询问他们的职业愿望和长期目标。
- 了解影响他们职位选择和决策过程的因素。

5. 挑战和策略：

- 讨论他们在求职过程中面临的挑战。
- 询问他们克服这些挑战的策略或技巧。
- 询问他们在建立人脉和社交方面的经验。

6. 技术和数字技能：

- 了解他们对与求职相关的技术和数字工具的熟悉程度。
- 询问他们在使用在线求职门户、简历制作工具或面试准备资源方面的熟练程度。

7. 对公司的期望：

- 讨论他们在考虑潜在雇主时的期望和优先事项。
- 询问影响他们申请或接受工作机会决策的因素。

8. 未来展望：

- 讨论他们对工作未来和专业领域就业机会的看法。
- 询问他们对个人职业发展和成长的期望。

9. 结束：

- 感谢参与者的时间和宝贵见解。
- 给予他们添加任何额外评论或想法的机会。
- 确认他们同意将在访谈中分享的信息用于研究目的。

请记住，这只是一个示例大纲，您可以根据您具体的研究目标和目的进行自定义。

- **New Bing 的回答**

你好，我是必应。我可以帮你设计一份关于 2000 年后出生的用户在求职时的心态和行为的面试提纲。

根据我的网搜结果，2000 年后出生的用户属于 Z 世代，是历史上最年轻、最多元化的一代。他们从小就接触了科技和社交媒体，他们重视真实性、创造力和社会影响力。他们也面临着诸如 COVID-19 大流行、经济不确定性和心理健康问题等挑战。

根据这些特征，我建议以下面试提纲：

- 介绍：介绍你自己和这次面试的目的。解释面试将如何进行以及将花费多长时间。请求候选人同意录制面试。请候选人简要介绍自己。
- 一般问题：问一些一般问题来更好地了解候选人并建立关系。例如：
  ○ 你的爱好和兴趣是什么？
  ○ 你的教育背景和资质是什么？
  ○ 你如何在日常生活中使用技术和社交媒体？
  ○ 你如何应对压力和挑战？
- 主要问题：问一些特定的问题来了解候选人在求职时的心态和行为。例如：
  ○ 你的职业目标和抱负是什么？
  ○ 对你来说，选择工作或雇主最重要的因素是什么？
  ○ 你如何搜索工作机会，使用什么资源？
  ○ 你如何准备面试，强调什么技能？
  ○ 你如何处理求职过程中的反馈和拒绝？
  ○ 你如何平衡你的个人和工作生活？
- 结论：感谢候选人的时间和参与。问他们是否有任何问题或评论。告诉他们何时以及如何可以期待从你那里听到关于面试结果的通知。核实他们的联系方式。

我希望这份面试提纲对你有帮助。如果您有任何反馈或建议，请告诉我。

- **Gemini 的回答**

介绍

- 介绍你自己和这次访谈的目的。
- 解释你想了解 2000 年后出生的用户在求职中的心态和行为。
- 请用户分享一些关于他们自己的一般信息，例如他们的年龄、教育程度和目前的工作状态。

关于心态的问题

- 你对当前的求职市场有什么看法？
- 你在求职中面临的最大挑战是什么？
- 你对一份工作有什么期待？
- 你对你的职业有什么目标？
- 你在工作中重视什么？

关于行为的问题

- 你是如何找到工作的？

- 你如何准备求职面试？
- 你如何谈判薪水？
- 你如何处理被拒绝？
- 你如何在求职过程中保持动力？

结束语

- 感谢用户花时间和见解。
- 问他们是否有任何问题。

这只是一个基本的提纲，您可能需要根据您的特定兴趣添加或删除问题。您还可以追问以获取有关用户的更多信息。

通过上述的四个问题，我们可以清晰地看到，今天的 AI 已经能够很好地总结人类在网络上发布的信息，为我们的用户研究提出方法、框架的引导。在实际的使用中，如果你对于相关的专业术语不熟悉，只要用自然语言足够清晰地描述要求细节，也能被 AI 正确理解，给出答案。另外，因为目前的生成式大语言模型的生成结果不稳定，通常可以用相同的问题多问几次，以及像上面的例子一样向几个不同的 AI 发问，比较各个答案，汇总出最好的结果。

作为学习来说，AI 已经可以成为不错的老师，你甚至可以对 ChatGPT 说，"向我提问，每次问一个问题，看我会不会设计一个可用性测试。然后根据我的回答，给予评价，并问我下一个问题"，ChatGPT 就会开始跟你互动问答起来。

AI 在用户研究中能够提供各方面的帮助，包括并不限于以下方面。

- 自动化任务。AI 可以用于自动化通常由人类研究人员进行的耗时且劳动密集型的任务，例如数据收集、编码和分析。这可以使研究人员专注于更具创造力和战略性的任务，例如开发研究问题和解释结果。
- 分析大型数据集。AI 可以用于分析大型用户数据集，例如点击流数据、调查数据和社交媒体数据。这可以帮助研究人员识别肉眼难以看到的模式和趋势。
- 生成洞察。AI 可以从用户数据中生成洞察。这可以帮助研究人员了解用户行为和动机，并识别改进机会。
- 个性化体验。AI 可以个性化用户体验。这可以通过根据个人用户的需求和偏好定制内容、推荐和交互来实现。
- 测试原型。AI 可以用于在产品和服务推出之前测试原型。这可以帮助识别潜在问题和改进领域。

我们来以经典的"用户画像"（Persona）方法为例，看看 AI 能如何帮助进行用户研究。

用户画像法是一种创建虚构的典型用户角色的方法，这些角色代表了可能使用产品的不同用户类型。这个方法最早由阿兰·库珀（Alan Cooper）在 1999 年出版的《疯子在疯人院》一书中提出 [122]，此后已被许多以人为本的设计学科广泛采用。用户画像方法的目的是帮助设计师了解用户的需求、目标、行为和场景，并与他们产生共鸣，获得如同用户一般的思考方式和判断力——我们无法时时刻刻找来用户进行研究、获得他们的反馈，如果能够像用户一样思考和判断，那么就能在产品设计的时候快速评估与决策。

通过创建用户画像，设计师可以避免为自己或为含糊不清和抽象的用户群体设计，而是专注于为特定和现实的用户原型设计。用户画像还可以帮助设计师将其设计决策传达给利益相关者和开发人员，并根据用户的期望和偏好评估其设计解决方案。要创建用户画像，设计师需要遵循以下一般步骤。

- 定义你的目标。 你创建用户画像的目的是什么？你是想了解用户的需求、优先考虑功能还是做出设计决定？
- 进行用户研究以收集目标用户的数据，例如他们的人口统计、动机、痛点、任务和场景。
- 分析数据并找出用户之间的模式和趋势。寻找可以帮助将用户分为细分的相似性和差异。
- 根据分析创建一个假设，并定义每个用户细分的主要特征。决定创建多少个用户画像，以及哪些是设计项目中最相关和最重要的。
- 为每个用户画像提供一个名称、一张图片和一个简短的描述，概括其关键属性，例如其价值观、兴趣、教育、生活方式、需求、态度、欲望、局限性、目标和行为模式。添加一些使用户画像更现实和人性化的小细节，例如爱好或名言。
- 为每个用户画像写一个故事，描述他们如何在特定情况下或上下文中使用产品、服务或系统。包括他们面临的问题和他们想要实现的目标。
- 与利益相关者和用户验证用户画像。获取关于用户画像是否准确、现实和代表目标用户的反馈。根据反馈修改用户画像。

根据设计项目的视角和重点，可以创建不同类型的用户画像。比如：

- 目标导向的用户画像侧重于用户想用产品或服务做什么，以及什么激励他们这样做。
- 角色为本的用户画像侧重于用户在其组织或环境中的作用和责任，以及产品或服务如何支持他们履行这些角色。
- 参与度用户画像侧重于用户对产品或服务的感受，以及什么情感触发因素影响他们的行为和态度。虚构用户画像并非基于真实数据，而是基于假设和想象。它们通常在没有足够的时间或资源进行用户研究时用作占位符或原型。

不少人只把用户画像法当作是用户研究时一个必做的标准动作，简单列几条内容就草草了事。其实用好这种强大的工具极其重要，这样才能深入了解用户的视角、偏好和痛点，并在设计过程中将其用作启发、沟通和评估的指导。就像前面所说的，我们无法时刻从用户那里获得可信规模的反馈，比如通过用户画像来获得能够像用户一样思考和判断的能力。在 AI 出现之前，我们只能对基础方法做一些优化，比如我调整了用户画像法中各部分的比例关系（图

4-5），给予"用户怎么做"最大的面积，引导在此做最深入的研究并填入最丰富的内容，包括各种相关的用户行为，这是帮助我们了解用户最直接的材料；相比之下，"用户什么样"（性别、年龄、教育背景、收入情况、兴趣爱好等）这类静态特征对于产品设计的帮助不大，更适合用作品牌和营销的设计；"用户要什么"的面积被压到最小，是希望尽可能聚焦分析，不要被非核心需求分散注意力。

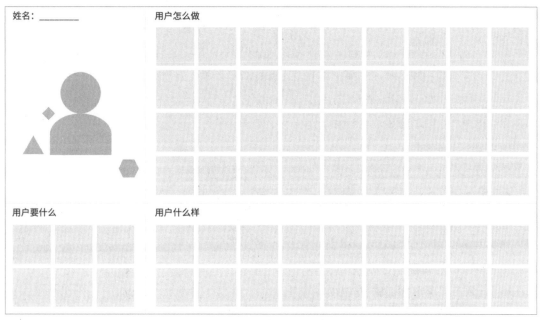

图 4-5 调整了各部分比例的用户画像

在做用户画像的时候，通常的做法是找到目标用户，或者以访谈、问卷、观察等定性的方法，或者以用户标签、用户反馈、数据爬取分析等定量的方法，来进行信息采集与分析。随着 AI 技术的发展，在定量方法上能够给我们的帮助是最值得期待的：按照要求去爬取数据，自动选择合适的模型来分析数据，得到洞察，这是今天只有在大公司中配备数据科学家才能做好的事情，要么就得用户研究人员从零学起；但是很快 AI 就能成为有力的帮手，而且今天 ChatGPT 的 Code Interpreter 就已经部分实现了这样的功能[123]。从另外一个角度来说，AI 学习了全网的信息，能否代表用户群体来发声呢？我们还是继续上面所说的 00 后用户找工作的话题，就以 AI 拟定的问题，向 AI 发问，比如：

"中国的 00 后选择工作或雇主所考虑的最重要的因素是什么？"直接以中文发问，引导 AI 基于中文互联网内容生成答案，希望能更好地反映中国用户的情况。

- ChatGPT 的回答

中国的 00 后选择工作或雇主时，最重要的因素包括：

1. 薪资待遇：薪资是 00 后选择工作的重要考虑因素。他们关注工资水平、奖金和福利待遇，希望能够获得具有竞争力和合理的报酬。

2. 职业发展机会：他们追求具有晋升空间、培训和学习机会的工作。00后希望能够不断提升自己的能力和技能，实现职业上的成长和发展。

3. 工作环境和文化：00后看重积极和融洽的工作环境。他们希望能够在友好、支持性的团队中工作，享受良好的工作氛围和彼此之间的合作。

4. 公司声誉和价值观：00后倾向于选择具有良好声誉和积极社会责任感的公司。他们希望能够在有道德和可持续发展意识的企业中工作，与公司的价值观相符。

5. 工作与生活平衡：00后注重工作与个人生活的平衡。他们希望能够有弹性的工作时间、适当的休假安排和健康的工作压力管理，以实现工作和生活的和谐。

需要注意的是，个人偏好因人而异，每个00后可能会根据自己的需求和价值观进行权衡和选择。因此，这些因素的重要性可能会因个人而有所不同。

- New Bing 的回答

很抱歉，我无法回答您的问题。我尝试为您搜索了相关信息，但未找到任何相关结果。似乎在中国，关于2000年后出生的用户在求职心态和行为方面的研究和数据并不多。您可能需要进行自己的用户调研或面试，以更多地了解这个主题。或者，您可以尝试使用不同的关键词或短语再次搜索。希望您能找到您所寻找的信息。

- Gemini 的回答

中国的00后是指2000年至2009年出生的人，他们是目前中国最大的一个年龄群体。他们在成长过程中受到了科技的深刻影响，他们比以往任何一代人都有更强的独立意识和自我追求。在选择工作或雇主时，00后也更加注重个人发展和工作环境。

根据《2021年中国00后职场报告》显示，00后在选择工作或雇主时最看重以下几个因素：

- 工作与生活平衡：00后希望能够在工作和生活之间取得平衡，他们不希望在工作上花费太多时间。他们希望能够在工作之外有时间陪伴家人和朋友，他们也希望有时间追求自己的兴趣爱好。

- 职业发展和晋升机会：00后希望在工作中获得职业发展和晋升的机会。他们希望能够在工作中学习新技能，他们也希望获得晋升。

- 有意义的工作：00后希望在工作中找到有意义的价值。他们希望能够在工作中为社会作出贡献，他们也希望找到自己的热情。

- 公司文化：00后希望在一个具有包容性和多样性文化的公司工作。他们希望在工作中能够自由表达自己，他们也希望能够在工作中发挥自己的才能。

- 福利和薪水：00后希望获得良好的福利和薪水。他们希望能够获得医疗保险、牙科保险、视力保险、退休计划和其他福利。他们也希望能够获得与他们的技能和经验相符的薪水。

00后是充满活力和创造力的一代人，他们正在改变就业市场。企业需要了解00后的需要，并为他们提供他们想要的工作环境。

从上面这些实验的结果来看，我们可以直接用 AI 的回答来作为用户研究的结果吗？其实并不能。

AI 聊天机器人并不能代表目标用户。它们只是试图去检索知识库中、互联网上关于目标用户的内容，再从中构建回答。但是，它们可能无法找到准确的相关信息，或者网络上并不存在相关的直接信息，更不用说它们不可能真正理解相应用户的行为、心理和语境特征。尤其需要注意的是以下几点。

- 并非所有类型的用户都在网络上留存积累了均衡的信息。比如年轻人在网络上的声量就会其他年龄段的人的大得多，因为他们更有能力也更有意愿在网络上做表达；一些特殊群在网络上留下了远超其实际规模的声量，比如粉丝群体，不只是明星粉丝，还有社群运营出众的品牌粉丝——2012 我们做微博数据分析的时候，发现小米手机的粉丝活跃度是其他几个手机品牌的几倍，在绝对人数差异不大的情况下，在微博上的声量是其他品牌用户的几倍 [124]；在小米联合创始人、设计师背景的黎万强，总结所写的"小米口碑营销内部手册"《参与感》[125] 一书中，可以了解到他们当时更多的思考与实践。这样的网络信息虽然可以作为研究的线索，但是并不能真实地反映相关全体用户的情况，如果直接使用就会引起偏差和误导。基于网络信息学习而形成的 AI 大模型，天然就带有这样的偏差。

- 并非所有类型的事情都在网络上留存积累了均衡的信息。比如普通人常用的日用品、餐厅、宾馆、文旅景区等信息，在网络上能找到大量的信息，可以用来进行分析、参考。可是，如果是价格高昂的商品或活动、中央空调、工厂设备，在网络上能找到的信息就很少。不仅因为这些产品、服务或者事件本来就是比较少的人参与的，而且参与的人也往往不愿意在网络上发表相关的内容。还有些平台上的数据无法被爬取用于大模型的学习。这样就造成了 AI 的天然缺陷。

另外，AI 聊天机器人在数据来源、算法和输出方面，是会存在局限性和偏见的。它们可能无法获得互联网上最新或相关的信息，或者可能使用过时或不准确的数据集来训练模型。它们还可能产生不一致、相互矛盾或误导性的答案，不能反映真实用户的真实意见或偏好。而且 AI 聊天机器人没有人类的情感、共情能力或道德观。它们经常无法真正理解问题或回答的语境、语气或意图，从而可能生成不当的内容，不符合用户的情况。

其实，无论是怎样的 AI，还是多翔实的文字记录或者数据，永远都无法取代人类亲身体验所能获得的细节信息与心理感受。比如，为了研究代驾服务体验，2013 年我曾在各地和司机师傅们一起做代驾，除了专业层面的研究与发现以外，让我印象更深的是体验了炒面刚上桌就接到预约电话，马上打包飞奔去餐厅（图4-6），然后却苦等一小时才出发；体验了把客人送到郊区，然后在冬夜步行大半个小时到最近的通宵公交站点，乘坐"包场专车"返回市里；

图 4-6 冬夜，司机师傅拎着打包的炒面奔向叫代
驾的餐厅

体验了有的客人喝醉了脾气不好，有的客人为自己住得偏僻而抱歉，还会多给一些钱让我们打车返回；看到司机师傅因为代驾这个新职业改变了生活而发自内心的感恩之情，听到他吃到一个普普通通的肉松面包时说出的"原来这个还挺好吃的，难怪我儿子喜欢吃"……到后来遇到形形色色的司机师傅，以及他们的困扰、不满、狡黠等，我们就能更容易理解。这是真正从人的角度理解，而不是从报告描述，或者统计数据的层面。所以我们最后的服务体验提升解决方案并不是完全按照服务设计的专业方法来构建的，而是以游戏化为主体，把代驾这个生态当作一个小世界、小社会去构建，从根本上处理好司机、客人、平台三方之间的关系，然后在这个基础上提升服务体验[126]。

不过正如前面所讨论的，AI 的确能够帮助提出不错的研究方法与流程框架，它们给出的答案往往也是很好的方向性启发，接下来的定量数据采集与分析能力也尤其值得期待。我们通过目前在用户研究领域出现的比较前沿的 AI 工具，来感受一下和 AI 一起做用户研究的趋势。

- ChatGPT：这是所有类型创意工作在目前最佳的 AI 工具。在用户研究方面，可以用来生成研究计划、建议研究方法、总结文本、从数据中识别模式和生成洞察、寻找参考资料（但要注意验证信息的真实和准确性）。用它来辅助构建工作流程，简化重复的、耗时的工作，提高工作效率。

- Synthetic Users（https://www.syntheticusers.com/）：通过数据合成，模拟用户进行交流，帮助那些在用户研究和测试方面缺少资源的团队进行用户研究，并试图提供比真人用户访谈或焦点小组更有意义的洞察。

- LoopPanel （https://www.looppanel.com/）：把 Google Meet、Zoom 或 Teams 会议自动语音转文字，让研究人员在专注与用户沟通的同时拥有详细的笔记，可以根据需要进行审查、归档和共享。

- Grain（https://grain.com/）、Otter（https://otter.ai/）：把会议过程转为笔记记录，保存记录并从中生成洞察。

- User Evaluation（https://www.userevaluation.com/）：对用户访谈做快速的分析和数据合成，得到文字转录、痛点列表、关键洞察和机遇领域，再生成进一步的 AI 见解，比如对立观点、主题和待办事项。

- QoQo（https://www.qoqo.ai/）：根据输入生成用户画像，包括目标、需求、动机、问题和行为任务等，可以在此基础上分析设计任务的关键挑战、要素和风险。类似的还有 Userdoc（https://userdoc.fyi/）。

- Notably（https://www.notably.ai/）：从用户访谈、可用性测试、焦点小组等的材料中生成洞察。创建研究存储库来中心化地管理内容，追踪参与者并持续提升洞察。

- Ask Viable（https://www.askviable.com/）：上传访谈、焦点小组数据或用户反馈，对大量文本数据进行自动分析，突出显示关键主题、趋势和含义组，并对结果进行可视化和形成报告。

- Kraftful（https://www.kraftful.com/）：自动将用户评论进行分类，根据关键内容进行分词。快速有效地处理评论，获取产品、服务的用户反馈总体情况。

- Neurons Predict（https://www.neuronsinc.com/predict）：模拟眼动追踪研究和偏好测试、预测用户行为，并能与 Figma、Chrome 和 AdobeXD 很好地集成。类似的还有 VisualEyes（https://www.visualeyes.design/）。

- Notion（https://www.notion.so/）：AI 加持下的知识管理工具，能更高效地进行笔记记录、项目管理、文本摘要、内容撰写等。

……

从上面这些工具来看，目前 AI 的应用主要还是在优化经典的用户研究方法、提升效率方面，这的确能够在一定程度上使我们的工作速度更快、质量更高。同时，更期待未来的 AI 工具能够在用户研究领域发挥更大的作用，比如：

- 更丰富的信息类型。除了文本和语音以外，能够处理更多类型的信息输入，包括图片、视频、屏幕和网络摄像头的实时图像，这样用户研究就能对真实世界中的更多行为、事件进行分析。并且发挥机器的优势，充分链接各种类型的信息，让研究人员能以快速、简单的方式来检索这些信息。

- 更好的人机协作。今天的 AI 工具还不足够好，需要人工的参与。这些工具需要具有灵活性，让研究人员在过程中能方便地编辑和更正 AI 工具生成的内容和管理的过程，从而得到更好最终效果。

- 更多维度的规划与评估。AI 需要变得更主动，而不仅仅是只做辅助执行。这就要求能够把更多维度的信息纳入考虑，包括研究目标、研究问题、参与者信息、之前的研究发现等，像真正的研究人员一样对用户研究的工作进行规划与评估。

- 更强大的数据管理与处理。AI 在定量方法上能发挥的作用特别值得期待，包括自动获取数据、自动分析数据、自动得到洞察，在研究复杂用户类型、场景与事件的过程中，强大的数据处理能力将彻底实现对真实世界的模拟以及对产品的个性化塑造。比如用户研究团队通常有大量的用户研究数据，一直以来只能以一个个孤立的文档的形式储存在各处，无法形成一套完整的、能够从中高效地提取信息的知识系统，而大语言模型将让这变为可能：把信息都喂进去，训练一个私有的模型，然后就可以通过自然语言对话的方式从中获取信息了。

经典的用户研究方法（图 4-7）虽然依然有效，但确有很大提升空间；和 AI 一起研究用户，今天已经开始，未来尤为可期。

图 4-7　在互联网时代仍然常见的传统用户研究资料分析整理方式，
期待改变和 AI 一起研究用户，今天已经开始，未来尤为可期

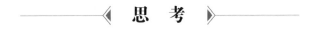

思　考

经典的用户研究方法中，如何引入 AI？

为什么不能通过向 AI 问答了解用户，来取代用户研究？

怎样找到合适的 AI 工具用于用户研究？

4.3　和 AI 一起做市场验证

在上一节中，我们回顾了用户研究的常用方法，并重点讨论了怎样和 AI 一起做用户研究。不过，尽管用户研究是了解用户需求和痛点的重要方式，但在这个过程中，有许多因素可能导致用户研究产生偏差，无论是研究的进行方式、研究的参与者、数据的解读方式，哪一方面出问题都可能导致用户研究的结果无效。

从研究的进行方式来说，采用不同的研究方法进行对比验证，比如定性研究的用户访谈、实地调研，与和定量研究的点击流分析、用户标签分析相对照，如果研究结果一致，就说明需求验证成功；如果不一致，则意味着哪里出了问题，需要重新进行研究。事实上在实际的工作中，因为互联网公司往往推崇定量的数据研究，不只是在定性与定量研究的结果不一致时可能产生麻烦；如果定性研究的结果与定量研究的结果完全一致、但是没有新的发现，有时也会产生一些麻烦——花了这么多时间精力，研究的结果和常识没什么区别，或者和定量数据结果没什么区别，那么以后还要不要每次都做定性研究呢？不过从我的经验来看，只要定性研究做得扎实，一定会得到许多定量研究中得不到的信息。定量数据只能看到数据化的结果，知其然不知其所以然；而定性研究可以了解到用户的情绪、行为、所处的场景、具体的过程，能够更好地解读数据背后的原因。比如我们曾经在做谷歌搜索的数据分析时，对于一些看起来像是乱码的搜索词完全摸不到头脑，直到观察用户操作的时候才发现了背后的原因：有些用户使用键盘输入不熟练，敲键盘的时候需要低头看着键盘，没注意到在屏幕上实际输入的情况，再加上经常需要切换中英文输入法，以及有的用户喜欢全拼输入，有的用户喜欢用拼音首字母输入，还有有时需要中文和数字、字母混合输入，就很容易出现想输入中文，却输成了英文，或者输入的内容有缺失，或者干脆成了一锅粥的乱码。有了这样定性研究的观察发现，与定量数据的分析发现相对照，既验证了用户需求，又进一步发现了背后的原因，由此就可以有针对性地研发解决方案。

对研究的参与者来说，主要是验证研究对象是否真的符合目标用户的标准，以及从这些少量用户身上得到的用户研究结果，是否能够对应到具有相当规模的用户群体。前者是确定用户研究的有效性，后者则是确定产品在商业上是否可行，由此确定是否值得做进一步的投入。通常可以使用市场规模估算和客户终身价值计算的方法来进行验证。市场规模是估算特定市场细分中潜在用户的数量的过程，可以使用不同的方法来估计市场规模，还可以使用 Google Trends、Statista 等工具来查找相关的数据和趋势。客户终身价值（Customer Lifetime Value，CLV）[127] 是估算用户在使用产品过程中为业务贡献的净利润，可以帮助评估用户需求对业务的重要性以及为获取和保留用户可以做的投入上限，可以使用不同的方法来计算，还可以使用 CLV Calculator、HubSpot 等工具来估计客户终身价值。另外，用户的需求会随着时间而变化（比如随着对于产品使用的逐步深入），因而用户研究不是一次性的活动，而是一个不断测试和迭代的持续过程，需要逐步深入验证。

从数据的解读方式来说，首先我们需要明白的是，数据是中性的，它只是一个事实的集合。数据的意义是由收集和分析数据的人赋予的。用户研究收集和分析用户数据以了解他们的需求、偏好、行为和动机的过程，用户研究的数据本身并不会直接给出答案，需要进行解释才能理解它并从中获得对产品的洞察和启示[128]。用户研究数据会受到各种因素的影响，如研究方法的选择、研究问题的设计、参与者的抽样、数据收集的质量、数据分析的技术和数据发现的呈现，这些因素会影响用户研究数据如何被不同的利益相关者（如研究人员、设计师、工程师、产品经理或客户）解释和使用。用户研究数据可以根据上下文、视角和解释目的的不同进行不同方式的解释。比如，一个刚上线的产品功能的数据表现不好，有可能因为设计不够好，有可能因为用户还处在适应期，有可能这并非用户的需求，这就需要进一步的验证，真正找到背后的主要原因，才可能针对性地加以改进。我在谷歌时就曾遇到过这样的问题。根据对于市场变化以及用户需求的研究和洞察，我们实验上线了新版的图像搜索界面，改进了图片的展示的方式，让用户获得更好的图片快速浏览效果。在这样的实验中，因为用户需要一段时间适应（根据不同的产品类型、功能复杂度、用户情况，这种适应期短的可能需要几天，长的可能需要几周），数据在开始的时候是会下跌的，直到用户度过适应期，重新恢复平稳的数据才是真正的效果。可是当时因为一些内部的原因，实验开始没多久，还没有度过适应期，就被喊停。直到一年以后微软的必应搜索引擎上线了和我们的实验方案很相似的图像搜索界面，并且在市场上获得了很好的反响，这时我们才得以重新上线之前的实验方案。

用户研究的问题还不仅于此。用户研究只能告诉我们作为研究对象的这些用户的情况，但不能告诉我们市场上大量用户的情况；用户研究只能告诉我们用户想要什么，但不能告诉我们用户是否愿意为产品付钱。如果是做学校作业或者参加比赛，可以在做完用户研究以后就进入到产品策划设计的环节；但是如果是在真实世界中做项目，这还远远不够。

这就需要做市场验证。通过收集有关市场需求和接受程度的信息，市场验证可以帮助降低推出新产品的风险，确定产品或服务是否具有商业可行性，以及是否需要做出任何改变；可以帮助提高推出新产品的成功率，确保产品能满足用户需求，并且具有吸引力，避免在推出不成功的产品上浪费时间和金钱。

从用户研究到市场验证，可以按照以下步骤进行。

第一步，定义市场验证目标。

根据用户研究的结果建立假设，比如会有一个相当规模的用户群体与用户研究时的目标用户类似，由此来明确一个目标市场，以及相应的用户需求与痛点，定义产品的价值主张[129]，比如要用什么方式、为谁解决什么问题、达到什么效果，我们的解决方案与竞品有什么不同、为什么我们能做而他们做不到，用户愿意为此付出什么、我们的收益是什么。这样就形成了进行市场验证的目标，并在此基础上进行细化，形成一系列需要验证的子主题。

第二步，评估市场规模和竞争格局。

对于没有接触过商业的人来说，最容易出现的问题就是基于少量的用户研究以及自己对行业的理解做判断，把假设当作事实，这样就特别容易被事实教育。

市场验证需要了解目标市场的总体规模、产品可能获得的份额、市场中现有的以及潜在的竞争对手、用户购买习惯以及支付意愿。一方面，我们可以通过各种研究报告获得市场和竞争情况的整体信息作为参考，不过也需要清楚，大多数研究报告都是和我们一样的人通过研究做出的，其中肯定有各种不足甚至不准，可以作为参考，但并不能完全采信；另一方面，找到对市场有经验、有洞察的人进行访谈，比如行业专家、利益相关人群体，能帮助我们快速建立起行业整体的概念，并且能了解到其中真正关键的要点与洞察，还能指引我们进一步研究的方向和可以对接的资源。另外，如有可能拿到公开或者私有的大数据进行分析，也将产生非常重要的洞察。

第三步，进行细分用户与竞品的研究。

在前面的用户研究过程中，我们对于潜在的目标用户群体进行了探索性的研究。在市场验证的阶段，一方面可以对之前的研究做分析总结，另一方面需要针对明确下来的细分用户群体进行进一步的研究。重点在于了解目标细分市场的需求，以及产品可以如何满足需求。

- 细分市场面临的痛点或未满足的需求是什么？竞争对手的产品为什么没能满足这些需求？
- 没有我们的产品时，用户是如何处理这些需求的，成本如何？他们对目前采用的方案的满意度如何？他们的动机和偏好是什么？
- 我们的产品是否可以作为解决方案？对现有方案的替换成本如何？
- 用户对于我们产品概念的反馈如何？愿意使用、付费的用户比例如何？
- 我们产品成功的标准是什么？有哪些影响因素？

获取尽可能大一些规模的数据，覆盖各种潜在的目标用户群体，对收集到数据进行全面的分析，去验证最初的假设；原始假设可能需要修正，并进行再次的验证。

第四步，测试产品概念想法。

随着研究和验证的深入，产品的概念想法也会越来越清晰。这时可以进行更具投资性的市场验证测试和研究，例如原型设计或创建 MVP（Minimum Viable Product，最简化可实行产品）。我们会在第 6 章中详细介绍产品测试相关的话题。

市场验证的过程可能会比较花时间，但是与之后产品进入具体的研发和运营所要投入的时间和资源相比，这时的投入小得简直可以忽略不计，一定要扎扎实实做好；而且最好以多种方式进行，实现交叉验证，尽可能提升验证的效果。

在上述的第二步中，关于市场规模与竞争格局的研究，是典型的行业研究，有很多常用的方法可以借鉴。比如在网上搜索"如何一周快速了解行业"就能找到很多参考文章。这些方法的要点，以及 AI 能够帮助的点在于以下几点。

- 明确想要了解的内容类型。比如市场规模、用户规模、行业价值链、行业主要公司、行业主要问题、影响力大的人物、获取信息的主要渠道等等。过去我们主要是通过搜索和阅读行业资料，加上初始的行业专家访谈来逐步构建框架与内容，现在可以从一开始就请 AI 帮助列出内容框架作为参考（当然不能完全局限在 AI 给出的框架中）。
- 围绕内容类型列出尽可能多的相关关键词。关键词是我们进入一个行业的一把把钥匙，其数量与质量会直接决定搜索研究成果的深度与广度。过去我们也主要是通过初步的搜索、阅读行业资料，加上初始的行业专家访谈来逐步构建关键词列表，现在可以请 AI 帮助列出尽可能多的关键词作为参考，加上我们自己的思考和研究，效果会更好。同时，在研究过程中不断调整关键词、至少使用中文和英文进行检索也很重要。另外，因为我们在过程中会尝试至少数十个，甚至数百个关键词，应该从一开始就把关键词清晰地列出，并且最好分类列好，这样会非常有助于管理尝试的过程，以及产生更多关键词。

- 找到获取内容的渠道。主要包括阅读行业报告、白皮书和图书，行业网站、在线社区论坛、公众号、社交媒体、博客、播客，行业活动、会议、协会、组织，行业专家、职业社交网络、专家咨询网络等。带着问题、关键词、待验证的假设，从这些渠道中获取我们想要了解的内容。在寻找这些渠道、获取相应的内容方面，AI 也能帮上一些忙。

- 管理研究获得的内容。我们需要把所有研究成果电子化汇总起来，便于之后的分析整理。在传统的做法中，尽管可以通过汇总成列表，通过打标签、关键词检索的方式来进行组织，但是分析和管理主要还是靠人的记忆和理解，很难处理大规模的内容。有了 AI 的帮助，不仅使语音、视频能够被自动转文字，便于检索，而且还可以把大量的研究成果作为素材直接输入给 AI，比如 Anthropic Claude[130]、阿里钉钉个人版[131] 或者 Google NotebookLM[132]，它们会自动读懂这些内容，以后我们可以直接向它们提问，让它们基于这些内容来进行分析总结、给出答案。

- 分析研究获得的内容。常用的方法包括 SWOT 分析、波特五力分析、PEST 分析、商业画布等。虽说我们可以让通用的 AI 用这些方法对制定的产品或市场进行分析，不过实际使用的效果是，通用的 AI 主要在说泛泛的、正确的废话，很难产生真正有意义的分析；而按上述的方法，用 Claude、钉钉个人版或者 Google NotebookLM，专门基于输入的研究素材来生成内容，质量会明显高很多，不过还是无法取代人类的分析。

- 呈现分析的结果。把发现与洞察综合起来，并以清晰简洁的方式呈现。简单的内容可以使用 PowerPoint、Canva 这样的演示工具来呈现，复杂的则可以制作成信息图表（infographics）。目前的 AIPPT 工具，比如 Tome、Gamma，以及 PowerPoint 和 WPS 也推出的 AI 生成的功能，能做一些简单的演示内容；ChatGPT 的 Code Interpreter 则能针对数据，自动生成信息图表来呈现分析结果。

在大家使用 ChatGPT 这些 AI 的时候，还请一定要注意，它们目前有个先天缺陷，就是生成的内容可能存在事实性错误。这个问题被称为大模型的"幻觉"问题，是指文本生成模型的生成结果中含有与事实冲突的内容，这是自然语言处理领域中的基础问题之一，目前还没有行之有效的解决办法。幻觉问题影响的词语少，难以被现有指标检测，可是因为真假内容会混在一起，在实际应用中的破坏性就会很强。相比之下，在目前的大语言模型 AI 中，微软 New Bing 因为把 AI 生成与网络搜索相结合，在生成的内容中融入搜索结果，并给出网页链接，整体的可信程度更高，就更适合对于事实性要求高的内容的生成。

在上述的第三步中，关于竞品的研究是重中之重。大致的方法可以参考如下[133]。

- 定义和识别竞争对手。这既包含已经在向我们的目标用户提供产品服务的直接竞争对手，也包含随时可以向我们的目标用户提供产品服务间接竞争对手。通过网络搜索、用户调研、AI 问答，找出我们的目标客户正在使用或者考虑使用的 5 ～ 10 个产品，再按照竞争威胁进行初步的排序。

- 收集竞品的信息。从各种来源收集竞品的数据和信息，但竞品分析不是产品之间的"找不同"游戏，而是需要聚焦在真正的要点上，比如用户的痛点、产品的差异点。通常需要覆盖产品的功能和优点、产品的质量和性能、产品的设计和用户界面、产品的价格和折扣、产品的客服和支持、产品的营销和分销渠道、产品的品牌与定位、用户评论和反馈、市场份额和增长等。

- 分析和比较信息。在无需、无法差异化的地方，充分借鉴竞品的做法，不试图强行改变用户的习惯，不给用户添麻烦，不要为了不同而不同；在可能形成差异化的地方，充分发挥创造力，向用户提供独特的优质服务，建立独特的品牌印象与体验效果。这里可以使用的分析工具包括 SWOT 分析、竞争格局图（Competitive Landscape，图 4-8）、竞争态势矩阵（Competitive Profile Matrix，CPM）等 [134]，通常需要覆盖的内容包括每个产品的独特卖点是什么、优缺点是什么、是如何满足客户的需求和期望的、在市场上定位如何、用户是怎样看待每个产品的。另外，用户行为流程分析、用户旅程图，配合着产品数据，也可以用来帮助确定产品功能与体验中细节的差异化的切入点或者突破点。

- 确定竞争策略。根据分析，确定自己产品与竞争对手的区别，或者找出市场上尚未被满足的需求，进行定位、产品、推广、销售等方面的改进与创新，形成差异化的竞争力。

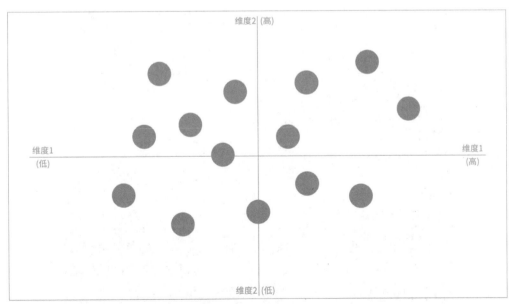

图 4-8　竞争格局图（Competitive Landscape），找准产品的差异化定位

────◀ **思 考** ▶────

为什么用户研究的结果不能直接作为产品设计的基础？

市场验证主要是验证哪些方面？

AI 在进行市场研究中能发挥什么作用、需要注意哪些问题？

4.4 小练习：从自己的到用户的智能产品

在本章中，我们从创新机会的发现、用户研究，到市场验证，全流程地讨论了"以人为始"的产品设计创新过程，AI 在其中能够发挥的作用，以及需要注意的问题。正如之前所说的，产品设计者一手牵着用户，一手牵着科技，但是相比工程师的基本盘在于科技，设计师的基本盘则是在于用户。近二十年来，伴随着谷歌、苹果等优秀产品取得巨大的商业成功，以人为本的用户体验已经被众多行业奉为圭臬。这首先当然是一种进步，能让用户获得更多的重视，为用户创造更多的价值，也为设计师、产品经理带来了更多的影响力与发展机会；但同时，这也是产品的创造者需要承担的责任，更是产品创造者源源不断获得创新想法的源泉。

围绕用户做产品创新的方法也并非一成不变。比如不仅互联网公司发展出依据数据进行快速测试、迭代的产品创新方法，苹果手机作为一个软硬件一体化的产品，在 2012 年也开始像互联网公司那样，发布不同的测试版本（图 4-9），根据用户的使用数据来做最终的产品设计决定。随着 AI 科技的发展，不仅将会出现越来越多智能化的产品，产品创新过程中也将会有越来越多 AI 的参与。

图 4-9　2012 年苹果发布不同的 UI 设计进行测试

本章的小练习如下。

主题： 从自己的到用户的智能产品

本科：

- 查阅资料，熟悉各种用户研究、市场验证方法。
- 把为自己服务的智能产品，寻找一个对应的用户群体，进行用户研究。
- 为这个产品进行市场验证研究，尤其注意给出具体的数据。
- 在过程中充分使用 ChatGPT 和微软 New Bing，把结果记录为一篇文档。

硕士：

- 把为自己服务的智能产品，寻找一个对应的用户群体，进行用户研究。
- 为这个产品进行市场验证研究，尤其注意给出具体的数据。
- 基于竞品分析，提出产品的差异化竞争点。
- 在过程中充分使用 ChatGPT 和微软 New Bing，把结果记录为一篇文档。

3

第三篇

智能产品设计实践

11 岁的 Sunny 对于用 AI 生成设计图，在开始时并不热衷，因为他更希望设计是由自己充分控制的；直到用绘制草图的形式控制图像生成的 AI 出现，他终于开心地接纳了这个小助手。

就像过去每次重大的技术变革一样，积极拥抱新技术的人们将会获得巨大的力量。

取代普通人类的不会是 AI，而是善用 AI 的人。

第 5 章 ◀◀

产品设计：人机共创

5.1　产品设计的 AI 基础课

产品设计者是用户与科技之间的一座桥，一手牵着用户，一手牵着科技。牵着科技的这只手，在工业设计时代牵着的是硬件的结构、材料、工艺，在软件和互联网设计时代牵着的是软件工程、前端后端研发知识与规律，在 AI 设计时代牵着的是什么？这也正是产品设计者在这个时代需要着重学习的。

- 了解 AI 如何工作以及它能做什么。AI 不是一个单一的技术，而是一个方法和工具的集合，使机器能够执行通常需要人类智能才能执行的任务，例如感知、推理、学习、决策和创造。学习 AI 的基本概念和原理，比如机器学习、自然语言处理、计算机视觉和生成式设计。产品设计者需要与时俱进地理解 AI 的能力和局限性，以及如何用 AI 增强或扩展设计的过程和结果。

- 如何利用 AI 作为设计与研究工具。AI 可用于简化流程、增强创意并优化用户体验。比如可以使用 AI 来以文字、图片、视频的形式生成新的想法、概念或解决方案，使用 AI 来个性化或调整设计方案以适应不同的用户、场景或目标，使用 AI 来自动执行数据收集、分析或测试这样重复或烦琐的任务。在今天，各种各样的 AI 工具层出不穷，找到这些工具，整合进入自己的工作流，就能发挥出更好的效果。

- 把 AI 作为合作伙伴来构建新的工作范式。AI 不仅是设计工具，也是设计的合作伙伴。随着越来越多的产品采用 AI 功能，我们需要考虑如何为人与 AI 的人机交互和协作进行设计，比如如何优化多模态融合的提示语工程（prompt engieering）来提升人机协作，如何通过训练生成模型（比如 LoRA 模型）、数据驱动、智能体（AI agent）来打造自己的 AI 分身，从而拥有更高的效率和更强的影响力，如何平衡人与 AI 之间的控制和自主权，如何使 AI 对用户更透明、可解释和可信，如何确保 AI 在与人互动过程中的道德、责任与安全性等问题。

大家可以在网络资料和图书中找到不少设计师在 AI 时代需要了解的基础 AI 知识，比如 2018 年网友总结的 AI 相关思维导图[135]、薛志荣老师 2019 年出版的《AI 改变设计——人工智能时代的设计师生存手册》[136]、孙凌云老师 2020 年出版的《智能产品设计》[137]。建议大家以此为线索，系统性地了解一下 AI 的历史、基础理论、技术体系、支撑平台、应用领域，如果有兴趣了解机器学习的各种算法更好。接下来我们将从以下这几个方面来探讨，对产品设计影响最大的 AI 技术基础以及发展趋势。

AI、机器学习、深度学习和神经网络是最基础、最常见的几个技术概念，他们彼此之间的关系是 [138]：AI 包含机器学习，机器学习包含深度学习，神经网络是深度学习的基础搭建结构。

1. AI

AI 是指机器能够执行通常需要人类智能才能完成的任务，比如感知、推理、学习、决策和创造。通常来说，AI 可分为三类：弱人工智能（Artificial Narrow Intelligence / Weak Artificial Intelligence）、强人工智能（Artificial General Intelligence / Strong Artificial Intelligence）和超人工智能（Artificial Super Intelligence）。弱人工智能的智能弱于人类，只能执行特定任务，比如能够击败人类世界冠军的 AlphaGo 是世界上最强大的围棋 AI，但它只会下棋，做不了其他的事情。强人工智能等同于人类，能执行任何人类可以做的事情，比如理解语言、解决问题。超人工智能是一种在各个方面都超越了人类智能的智能，目前还停留在假设中，理论上来说，一旦人类做到了等同于人类智能的强人工智能，因为 AI 能够方便高效地相互链接组合，事实上就形成了超越人类智能的超人工智能。自从"AI"一词在 1956 年的达特茅斯会议上被正式提出，机器学习逐渐发展出 5 个主要的学派 [139]：符号学派将学习看作逆向演绎，并从哲学、心理学、逻辑学中寻求洞见；联结学派对大脑进行逆向分析，灵感来源于神经科学和物理学；进化学派在计算机上模拟进化，并利用遗传学和进化生物学知识；贝叶斯学派认为学习是一种概率推理形式，理论根基在于统计学；类推学派通过对相似性判断的外推来进行学习，并受心理学和数学最优化的影响。

AI 的发展在过去的几十年间几经起伏，曾几度被人们认为是"永远还要十年才成熟"，即便是 2018 年被授予图灵奖的"深度学习三巨头"杰弗里·辛顿（Geoffrey Hinton）、约书亚·本吉奥（Yoshua Bengio）、杨立昆（Yann LeCun）也足足坐了 30 年冷板凳 [140]。经过 2016—2019 年新一轮 AI 发展的潮起潮落，在全球整个 AI 行业并不抱希望、纷纷裁撤资源投入的情况下，OpenAI 于 2022 年 11 月底发布 ChatGPT 震惊了世界，重新激起了行业热潮，为 AI 充满戏剧化的发展过程又增添了一段新剧情。要知道，ChatGPT 的技术突破是基于谷歌研发并开源的 Transformer 技术，它让 AI 具备了理解对话上下文的能力。Transformer 的概念则是建立在一篇由谷歌研究院（Google Research）8 位研究员发表于 2017 年 6 月的名为 "Attention Is All You Need"（所有你所需要的就是注意力）[141] 的论文的基础之上。正是这篇革命性的论文中提出的"注意力"概念，引发了今天 AI 大模型领域的突飞猛进。耐人寻味的是，论文发表之后，谷歌自己对此并没给予足够的重视，让自己的科研成果闲置了几年，并没有进一步跟进进行产品化的尝试。而 OpenAI 在注意到这篇论文之后，迅速运用到 GPT 系列大模型的研发之中，并在随后做出了轰动全球的 ChatGPT。历史跟谷歌开了一个玩笑，自己取得的技术优势却被竞争对手捷足先登，而参与这篇论文的 8 位研究员也在近年来陆续离开创业。

这个真实的案例生动地展示了，拥有了具备强大科研能力的组织并不等于能够一直站在技术发展和应用的最前沿，团队领导者对先进技术以及产品和商业的敏感度，团队在产品研发上的执行力、耐心定力，也极其重要。

2. 机器学习

机器学习（Machine Learning，ML）是 AI 的一个子集，是一种能够构建自我的技术。这种技术方法使机器能够从数据和经验中学习，而无须被明确编程。自古以来人类就一直在创造工具，无论是古代手工制作的工具，近代工业大批量生产的工具，还是现代绝大部分软件与互联网程序工具，都只能按照人类设定的方式，或者直接被人类操控进行工作。机器学习算法则是人类创造的一种全新的工具，它可以自动化运行，为不同的用户、不同的事件创造每件都不同的成果，甚至可以用它们来设计其他工具。机器学习算法是把数据变成算法，它掌握的数据越多、质量越高，形成的算法也就越精准。机器学习可分为三种主要类型：监督式学习、无监督学习、强化学习。

监督学习（Supervised Learning）是向机器提供标记过的数据，以便机器可以学习将特定输入与特定输出关联起来。常见的监督式学习算法包括将数据点分类到预定义的类别中的分类算法，能预测连续值的输出回归算法，可以用于分类和回归任务的支持向量机、决策树，可以用于各种不同类型的任务的神经网络。比如，监督式学习可以把一组数量足够大的、包含猫和狗的图片作为一个数据集，首先由人来识别每张图片究竟是猫还是狗，并用文字打上标签，得到一个打好了标签的猫狗图像的数据集。然后把数据集中的一部分拿出来作为训练集，提供给一个监督学习算法，让它进行学习。当它初步"学会"识别猫和狗的图像以后，把数据集中的另一部分——这个学习算法没有见过的图像，拿出来作为"测试集"，去测试这个学习算法是否能够准确地分辨猫和狗的图像。如此迭代，就能训练出一个能够识别猫狗图像的学习算法。历史上，李飞飞老师在 2006 年创建了世界上第一个高质量、大规模的用于训练和测试算法的图像数据集 ImageNet[142]。到 2009 年，ImageNet 已经包含超过 1400 万张图像，标记了超过 2 万个类别。2010 年李飞飞老师发起了名为 ImageNet 大规模视觉识别挑战（ILSVRC）的公开比赛[143]，在首届比赛中表现最好的算法的图像识别错误率为 28%，远低于人类识别错误率约 5% 的表现。2012 年由辛顿领衔的多伦多大学团队采用深度神经网络架构的 AlexNet 算法，一举把识别错误率突破性地降至 16%，展现出深度学习在计算机视觉领域的强大能力和潜力，并进一步引发了这个领域的创新和研究热潮。AlexNet 最擅长就是识别猫，从那时起，ImageNet 和猫的识别一直在不断发展和改进。到 2017 年，比赛的最后一年，最好的算法的识别错误率已经降到 2.25%，超过了人类的表现。在我们的生活中常见的监督式学习的应用案例包括图像识别、自然语言处理、音频识别、金融市场预测、疾病诊断等。今天我们用到的 AI 按照文字要求生成图像，这里也包含着监督式学习让机器能识别图像所做出的基础贡献。

无监督学习（Unsupervised Learning）是不向机器提供标注数据，而让机器自己从未标注的数据中学习，找出数据中的模式。常见的无监督学习算法包括将数据分组到具有相似属性的组中的聚类算法，将高维数据转换为低维数据，从而可以更容易地可视化和理解数据的降维算法，识别数据集中的异常值的异常检测算法，发现数据集中相关的属性组合的关联分析算法。在我们生活中常见的无监督学习的应用案例包括音乐推荐可以根据用户的收听历史来向用户推荐音乐；社交网络分析可以识别彼此相连的群体，进行内容或商品的营销推广；客户细分可以将客户根据他们的相似性进行分组，从而进行营销活动或新产品和服务的推广；基因聚类可以用于根据其相似性将基因分组，帮助科学家识别和理解基因家族和功能；天文数据分析可以用于识别恒星或星系的集群，帮助科学家了解更多关于宇宙的演化；异常检测可以识别数据点中的异常值，从而用于检测欺诈或者识别系统故障；图像聚类可以将图像根据其相似性进行分组，用于图像标记、图像搜索和图像分类；自然语言处理，可以进行文本聚类、主题建模和情感分析……因为无需预先的大量数据标注，并且能用于发现数据中的隐藏模式等优势，无监督学习这个领域发展迅速，具有许多潜在的应用。在人机协作进行产品设计探索时，也需要这种方法来帮助从大量的探索结果中，分析筛选得到供人决策的成果选项。毕竟如果直接把成千上万的探索成果丢到产品设计者面前，以人类有限的信息处理能力，这不仅不是量变到质变的进化，而是一场资源过载的灾难。

强化学习（Reinforcement Learning）是让智能体通过与环境交互试错来学习，并根据其行为给予奖励或惩罚，从而使智能体学会调整行为以最大化其奖励。常见的强化学习算法包括通过学习值函数来学习最佳策略的 Q-learning 值迭代算法，通过学习状态—动作值函数来学习最佳策略的 SARSA 时序差分学习算法，通过直接优化策略来学习最佳策略的 Policy Gradient 策略梯度算法，通过结合深度神经网络和 Q-learning 学习最佳策略的 DQN 深度强化学习算法，通过多个智能体协作学习最佳策略的 A3C 协作式强化学习算法。在我们生活中常见的强化学习应用案例包括能够击败人类世界冠军的游戏 AI，能够在复杂环境中自主导航的机器人，能够在金融市场中做出最佳决策的金融交易算法，能够诊断疾病和制定治疗方案的医疗算法。在设计中，强化学习可用于创建更具适应性、个性化和创造性的设计，比如强化学习智能体可以根据用户的输入的信息来生成一个图形设计，然后根据用户的反馈信息来进行设计改进；在这个过程中，智能体还可以探索不同的设计方案，并从自身的经验中学习。通过这种方式，智能体可以为每个用户创造千人千面的设计方案。

3. 基础技术领域

在新一代大模型出现之前，AI 通常被划分为泾渭分明的技术领域，尽管存在共有的机器学习技术基础，但是各领域之间的技术还是相差很大，大到各领域的专家甚至难以跨领域交流。新一代的大模型打破了这一藩篱，能够同时处理来自不同领域的数据和信息。不过，为了便于理解，在此我们还是以传统的领域划分来简单介绍一下这些典型的技术领域，作为大家学习的参考线索。

自然语言处理（Natural Language Processing，NLP）：研究计算机如何理解和生成人类语言。其研究领域包括信息抽取、文本摘要、机器翻译、语音识别、问答系统、情感分析、自然语言生成等，常见的应用包括搜索、自动翻译、客服等聊天机器人、文字处理、写作助手等。

计算机视觉（Computer Vision，CV）：研究计算机如何从数字图像或视频中提取信息、理解现实世界，以及编辑和生成 2D、3D 的内容。其研究领域包括图像处理、图像识别、目标跟踪、图像生成、3D 重建等，常见的应用包括人脸识别、自动驾驶、图像编辑、影视特效、安全监控、运动分析、医疗读片等。

语音技术（Speech Technology）：研究计算机如何识别和生成人类语言。其研究领域包括语音识别技术（Speech-to-Text，STT，也称为 Automatic Speech Recognition，ASR）、语音合成技术（Text-to-Speech，TTS），常见的应用包括语音输入、文字朗读、语音助手、智能音箱、虚拟人等。

机器人学（Robotics）：研究机器人设计、建造、操作和应用（如前文所述，robotics 并非仅局限于人形，而是包含了各种形态的自动化机械，"机器人"是个有些误导的翻译）。其研究领域包括机械设计、电子工程、计算机科学、AI 等，常见的应用领域包括工业机器人、服务机器人、娱乐机器人、体育机器人、医疗机器人、军事机器人等。

还有一些由多个技术方向融合，并增加了新的技术方向的综合领域，比如自动驾驶、虚拟人、数字孪生等。随着技术与应用的发展，这样的综合领域也会越来越多。

4. 深度学习与神经网络

深度学习（Deep Learning，DL）是机器学习的一个子领域，它使用人工神经网络来模仿人类大脑的学习过程，从大量数据中进行学习。深度学习模型在大量数据上训练，数据可以是文本、图像、音频等各种形式的数据；训练过程中，模型学习如何识别数据中的模式，完成之后就可以用于预测新数据。

深度学习可以实现比传统机器学习方法更高的性能和准确度，能够进行复杂的任务，比如自然语言处理、计算机视觉和生成式设计，但由于依赖大量数据进行训练，所以尽管在 1980 年代就被提出，但是一直到 2010 年代，当用于训练的大数据和计算能力（主要是显卡，即 GPU）都具备了以后，深度学习才逐渐取得引人瞩目的成绩，进一步吸引了更多人才和资源的投入 [144]。从击败人类冠军的围棋 AI AlphaGo、游戏 AI AlphaStar，到大规模破解蛋白质结构的生物学 AI AlphaFold；从无处不在的 AI 刷脸，到效果大幅提升的机器翻译、语音识别，以及开始逐渐可以参与到人类的创造行为之中的 AI 写诗、作画、编曲，深度学习彻底改变了 AI 的世界图景。

神经网络（Neural Network）是深度学习算法的基础搭建结构，是一种模拟人脑的计算系统。神经网络由神经元组成，神经元是模拟人脑神经元工作的计算单元。神经元通过接收输入、计算输出和发送输出来工作。输入可以是来自其他神经元的信号，也可以是来自外部世界的信息；输出可以是发送给其他神经元的信号，也可以是用于控制机器的命令。神经网络由大量的神经元组成，每个神经元与其他神经元连接；神经元通过传递信号来相互通信，神经元之间的连接权重控制神经元如何响应输入。权重通过训练来调整。训练过程是让神经网络学习如何处理输入并正确输出。神经网络可以有任意数量的层，层的数量取决于神经网络所要解决的问题的复杂性，复杂的深度神经网络的层数可以多达数百甚至数千层。神经网络中只有一层的网络称为单层神经网络，只能学习简单的模式；神经网络中有两层或两层以上的网络称为多层神经网络，可以学习更复杂的模式。多层神经网络中的层分为输入层、隐藏层和输出层，输入层接收数据，隐藏层处理数据，输出层生成结果。多层神经网络的层数越多，可以学习的模式就越复杂，但是多层神经网络的训练也越困难。根据神经网络的架构和功能，深度学习可以分为卷积神经网络（Convolutional Neural Network，CNN）、循环神经网络（Recurrent Neural Network，RNN）、生成式对抗网络（Generative Adversarial Network，GAN）、Transformer 架构等。

深度学习有着机器学习前所未有的优点。深度学习可以从大量数据中学习，而传统的机器学习算法只能从少量数据中学习；深度学习可以学习非常复杂的模式，而传统的机器学习算法只能学习简单的模式；深度学习可以自动学习，而传统的机器学习算法需要人工设计特征。

但深度学习也有着不可忽视的缺点。正因如此，包括深度学习的发明者辛顿、约书亚、杨立昆都认为，深度学习存在一些根本的限制和挑战、阻碍其实现真正的 AI，于是他们不约而同地在几年前就开始了新领域的探索。即便 ChatGPT 把深度学习的应用又提升到一个新的高度，2023 年时，杨立昆仍然说，GPT 模式五年就不会有人用了，世界模型才是 AGI 未来 [145]。以下这些深度学习的缺点，也将成为新一代 AI 重点突破的地方。

- 数据依赖性：深度学习在训练算法时严重依赖大量标记的数据。然而，数据可能稀缺、昂贵、噪声或存在偏差，这会影响算法的性能和泛化能力（泛化能力是机器学习模型在未见过的数据上表现良好的能力）。此外，单纯的数据可能不足以捕捉到真实世界的复杂性和多样性，还需要额外的知识或推理能力。
- 可解释性：深度学习在工作时，通常是一个难以理解、解释或信任的黑箱形态。这可能引发伦理、社会和法律问题，当算法要被用于重要或敏感决策时尤为如此。此外，因为缺乏可解释性，也就很难通过识别模型中的错误、偏差或不足来改进算法。
- 健壮性（robustness）：健壮性代表的是控制系统对特性或参数扰动的不敏感性，或者说是稳定的强壮性。深度学习可能容易受到对抗攻击的影响，比如向图像中添加少量噪声或扭曲就可能导致深度学习算法产生错误分类。这样的对抗攻击可能带来严重的安全风险，比如在自动驾驶或人脸识别中就可能产生严重的后果。
- 泛化能力：因为在泛化能力方面表现不佳，深度学习往往只能"专训专用"，而难以运用到与训练数据不同的新场景或未知情况中。比如，一个在猫和狗的图像上训练的深度学习算法无法识别其他动物或物体。泛化能力不仅仅是成本问题，而且只有实现了优秀的泛化能力，才有可能真正实现通用 AI。

5. 涌现能力

当深度学习专家们纷纷认为深度学习这条路会走不通的时候，以 ChatGPT 为代表的新一代大模型用"涌现能力"（Emergent Abilities）开启了一片新的天地。AI 的涌现能力是指在 AI 系统中，突然且不可预测地出现的新技能。这些技能在模型较小的时候并不存在，而在模型规模达到一定程度的时候突然出现，而且在现实中发现了在不同规模下涌现不同能力的情况[146]。AI 中新能力的出现是一个复杂的现象。它是如何发生的还不完全清楚，但通常认为是由于许多不同因素，比如模型的大小和复杂性、训练数据和优化算法等，相互作用的结果。目前 AI 涌现出来的典型能力包括以下几种。

创造力：在基于扩散模型（Diffusion Model）的新一代图像生成工具 Midjourney 和 Stable Diffusion 以及基于大语言模型（Large Language Model，LLM）的新一代对话机器人 ChatGPT 出现以前，虽然当时的深度学习也可以生成文本、图像、音乐、视频等内容，但是因为与人类的成果还有显著的差别，其中是否具备真正的创造性或原创性是个颇具争议的话题。然而，2022 年 8 月，AI 生成的艺术作品在美国科罗拉多州博览会的艺术比赛中获得第一名[147]；2023 年 4 月，AI 生成图片获索尼世界摄影奖[148]；2023 年 7 月，ChatGPT 下架官方检测工具，承认无法鉴别区分 AI 生成的文字和人类写的文字[149]。2023 年 11 月中国在首个对 AI 生成图片的侵权案件中，判定 AI 生成的图片具有版权[150]，而此前美国在连续多个案件中都判定 AI 生成的图片不具有版权[151]……在今天，人们已经无法再纠结于"AI 是否具有创造力"这个问题，因为 AI 生成的内容从单个成果来说已经经常与人类的成果相差无几，甚至高于人类的平均水平，而 AI 生成的规模与效率则是人类无法望其项背的。通过人机协作，创造性地运用 AI，并用 AI 激发人类更多的创造力，人类可以获得远超自身的创造力，这也是我提出"AI 创造力"的重要原因。

语言理解与生成的能力：语言能力是人类进化的关键一环，也是人类区别于其他物种的主要特征之一，为复杂的、抽象的思考，为信息的记录与传播，为人类的交流与组织协作，为人类文化的创建等奠定了基础。今天，以 ChatGPT 为代表的 AI 大语言模型应用可以理解文字、回答问题、翻译语言，这意味着 AI 能够更好地从人类社会中学习成长，更好地理解人类需求、与人类协作，更好地提供人类所需的产品与服务。

问题解决与自主决策的能力：AI 可以通过分析大量数据来找到解决复杂问题的方案，可以根据学习到的模式和数据分析做出决策。在这个过程中，AI 通过大量的学习以及深入的分析，甚至能发现人类忽视的线索，做出比人类更好的表现。要想把人类从重复、烦琐、危险的工作中解放出来，让 AI 具有独立解决问题、自主决策的能力就非常重要。"智能体"（AI agent）正是目前最火热的研发领域之一[152]。

其他典型的涌现能力还有多模态感知、适应性、迁移学习等。

从哲学层面来说，AI 大模型的涌现能力很容易理解，这就是个典型的量变到质变的实例；但是对 AI 来说，这意味着更大的可能，可能有益也可能有害。有益的是，AI 系统出现了新能力，可以执行以前不可能的任务，可以使 AI 系统更加有适应性和高效，可以带来新的发现和洞察；有害的是，这使得 AI 系统变得更加不可预测和难以控制，可能被用于创建有害或恶意的 AI 系统，可能会导致工作岗位流失和其他经济动荡。另外，尽管 AI 系统可能表现出涌现能力，但仍在其训练范围和所接触的数据范围内受到限制。它们可能缺乏常识推理、上下文理解和超出其训练数据的能力，也需要进行伦理考虑和仔细监控。作为产品的设计者，我们需要意识到 AI 中涌现能力的益处和潜在风险，随着 AI 系统变得更强大，我们必须找到确保它们安全和负责任地使用的办法，以确保 AI 真正做到以人为师、以人为本、以人为伴。

6. 生成式 AI

生成式 AI（Generative Artificial Intelligence）是一种可以创造新数据或内容的 AI。与专为特定任务设计的传统 AI 系统不同，生成式 AI 模型通过训练来理解和模仿训练数据中的模式，从而生成具有一定创造性和的原创性输出结果。生成式 AI 通常基于深度学习技术，比如生成式对抗网络（Generative Adverserial Network，GAN）、变分自编码器（Variational Auto-Encoder，VAE）、Transformer 模型、扩散模型（Diffusion Model）、风格迁移算法（Neural Style Transfer，NST）等。早期的生成式 AI 生成的成果效果有限，而今天的成果已经难以与人类创作的内容相区分，在创意输出（比如写作、设计、编程）、功能增强（如写搜索、摘要与问答）、交互式体验（聊天、多模态问答）和决策支持（各类 AI 助理、智能体）这几个领域已展现出惊人潜力，比如以下内容的生成。

文本生成：在深度学习基础出现以前，人们主要用基于规则或统计方法的技术来生成文本。2004 年微软亚洲研究院（MSRA）做了一个生成对联的小工具 [153]，这是世界上第一次采用机器翻译技术来模拟对联全过程。当时在 MRSA 实习的我，见到这个基于学习就能生成对联内容的“微软对联”，觉得非常神奇；随后在 2006 年推出的搜狗输入法上，更清晰地体会到机器学习在文本生成方面的巨大潜力。2009 年推出的 Grammarly 在写作辅助领域中大名鼎鼎，能识别语法和拼写错误，提供改进建议，帮助用户提高写作水平。2017 年 AI 续写的哈利波特同人小说《哈利·波特与看起来像一大坨灰烬的肖像》[154]，让 AI 破圈进入影视娱乐领域中掀起热潮。随后各种各样的写作助手、诗词生成工具、自动写作工具、翻译工具不断出现，直到 ChatGPT 出现，让文本生成再读度上了一个大台阶，各种类型、各个领域中的文本生成工具迎来了更大的爆发。2023 年以来，作为文本生成的基础的大语言模型也在世界范围内迎来了大爆发，说是百模大战也毫不夸张 [155]。

图像生成：虽然在深度学习技术出现以前，也有一些基于规则或统计方法的图像生成应用，比如艺术家兼工程师哈罗德·科恩（Harold Cohen）和他的绘画机器人阿伦（AARON）从 1973 年到 2016 年的机器人绘画探索 [156]。但是还是深度学习技术真正使图像生成获得长足而广泛的发展。2015 年推出的 Deep Dream 开启了神经风格迁移技术的应用，带动了 2016 年推出的 Prisma 图片滤镜 App 等一批风格迁移工具，当时的风格迁移算法还只能对图像做简单的处理，不过的确也形成了一类特殊的艺术效果。2018 年 AI 开始能生成逼真的人类头像照片，有点真假难辨，不过如果仔细看，还是能从图像的异常细节中找到蛛丝马迹，比如有个叫 thispersondoesnotexist[157] 的网站上面展示的就都是 AI 生成的人类头像照片。2019 年推出的

Nvidia GauGAN 能够像神笔马良一样，把风景简笔画变风景照，不过只能绘制有限的预先训练好的特定事物类型[158]。而随着扩散模型被运用于图像生成[159]，2021 年下半年开始的开源图像生成工具 Disco Diffusion 在 2022 年 2 月开始爆火[160]，普通人也能用上 AI 图像生成工具，用文字或图片作为提示驱动 AI 生成图像，还能通过调整参数、蒙版等实现更精细的图像生成控制。图像生成工具 Midjourney 在 2022—2023 年从发布 V1 版本进化到 V5 版本[161]，在一年间生成效果的进步足以让人赞叹。另一个图像生成工具 Stable Diffusion 构建了开源生态，全球的爱好者、专家聚在一起，爆发的能量更为巨大，创造出各种提升生成效果与控制性的功能，以及在 2023 年短短半年内就训练并开源了超过十万个图像生成模型[162]，在原本大模型的基础之上，可以用来生成高质量人像、服饰、风景、建筑、汽车、物品、动物等各种类型的图像。在这波浪潮下，各种类型、各个领域中图像生成新工具层出不穷，比如做通用图像生成的 DALL·E3、Disco Diffusion、Stable Diffusion 系列（官方线上平台 Dream Studio、Clipdrop）、Midjourney、Adobe Firefly、文心一格、Leonardo AI、无界 AI、Ideogram AI，做特色图像生成的 DeepDreamGenerator、Artbreeder、NovelAI、Scribble Diffusion、Blokade Labs Skybox、Lensa、妙鸭相机，做产业图像生成（尤其是在电商领域）的鹿班、ZMO、WeShop、小 K 电商图等，还有各种提示语和艺术风格辅助网站 Promptmania、KREA、Openart、Lexica、Kalos Art 等。

音乐生成：AI 音乐生成的历史远比很多人想象得更早，可以追溯到 20 世纪 50 年代[163]，几乎和 AI 概念的提出是同步的。1958 年，莱贾伦·希勒（Lejaren Hiller）和莱纳德·艾萨克森（Leonard Isaacson）在伊利诺伊大学音乐学院，用 ILLIAC 超级计算机（Illinois Automatic Computer）进行了开创性的实验音乐工作。20 世纪 60 年代，作曲家伊亚尼斯·克塞纳基斯（Iannis Xenakis）和卡尔海因茨·施托克豪森（Karlheinz Stockhausen）开始使用计算机创作新的实验性音乐形式[164]。1974 年，盖里·瑞德（Gary M. Rader）巧妙地运用音乐原理，通过设定音乐规则进行创作[165]。1981 年，"AI 之父"马文·明斯基（Marvin Minsky）发表论文《音乐，心智与意义》（*Music, Mind, and Meaning*）[166]，探讨了音乐是如何感染人心的。1984 年，克里斯托弗·福莱（Christopher Fry）发表了用 AI 进行即兴音乐创作的成果 "Flavors Band"[167]。20 世纪 80、90 年代，大卫·考普（David Cope）所做的"音乐智能实验"（Experiments in Musical Intelligence）[168]，让 AI 能够模拟他自己以及多位音乐大师的风格作曲。1997 年，约瑟夫·路易斯·阿科斯（Josep Lluís Arcos）等所做的 Saxex 系统[169]，让 AI 生成的萨克斯音乐更具情绪表现力，并在后来发展为 TempoExpress[170]。2010 年，首个不是模拟，而是创作自身风格的音乐 AI "IAMUS"带来了音乐片段《一号作品》（*Opus One*），并于 2011 年带来了首个完整曲目的创作《世界，你好》（*Hello World*），于 2012 年带来了首个 AI 创作的音乐专辑《*iamus*》[171]。2013 年，东京大学打造的全机器人乐队 Z-Machines[172] 公演，由 78 根手指的吉他手、22 根手臂的鼓手、一边演奏一边从眼睛里发射镭射光的键盘手，演奏英国音乐家 Squarepusher 帮助他们以 AI 创作的音乐；2014 年 Squarepusher 和 Z-Machines 还联合推出了包含 5 首音乐的小专辑《致机器人的音乐》（*Music for Robots*）。随后深度学习技术也开始被应用在音乐生成领域。2016 年索尼 CSL（Sony Computer Science Labs）[173] 运用他们的 AI 音乐软件 FlowMachine，相继推出了世界上第一首 AI 作曲的流行音乐、模仿披头士风格的《老爸的车》（*Daddy's Car*），以及模仿巴赫风格的 AI 程序 DeepBach。用于 AI 音乐创作的 Suno、AIVA、灵动音 AI 音乐工具、Mubert、Magenta Studio、SoundRAW、Splice 等工具，还有 Ruffusion、MusicLM、MusicGen 等模型相继发布。深度学习技术可以学习和生成比以往更复杂和逼真的音乐，引发了 AI 音乐领域的新一波浪潮。

视频生成：计算机辅助的视频编辑与生成在影视领域已经有几十年的历史，比如 1973 年的电影《西部世界》（*Westworld*）首次使用 2D 电脑图形[174]、1976 年的电影《未来世界》（*Futureworld*）首次使用 3D 电脑图形[175]、1995 年的电影《玩具总动员》（*Toy Story*）首次完全用电脑生成画面内容[176]。另外，影视中还会使用一些特殊方法来辅助生成视频，比如动作捕捉（Motion Capture）[177]。2001 年我在读大学的时候，也和同学尝试过研发动作捕捉系统；虽然在软件研发上有很大空间，但是负担不起当时昂贵的高分辨率摄像机，使用当时常见的、分辨率仅有 320*240 像素的摄像头，完全无法解决精度问题，只好作罢。是的，影视中使用的视频生成技术，背后是耗资巨大的硬件和软件研发。深度学习技术带来低成本实现较高质量视频生成的机会，比如苹果 2017 年推出的 Animoji[178]，只用手机就可以让用户实时变脸换头。随着新的多模态大模型、扩散模型技术的发展，视频生成领域也迎来了新一波发展；不过视频生成技术是以图像生成、文本生成技术为基础，相比之下会落后一些，目前正处在起步阶段，不过发展迅速，截至 2023 年已经有了做通用视频生成的 Runway Gen 系列、基于 Stable Diffusion 的各种解决方案、Pika Labs 等，做人物视频生成的 D-ID、SadTalker、美图 Wink、HeyGen 等，还有做剪辑的剪映、Kapwing、Synthesia、Descript 等。

语音生成：在很长一段时间里，我们在各种产品中听到的都是预制好的标准合成语音，不仅效果一般、机械感十足，而且语音生成的成本一直居高不下，直到 2020 年前后要复刻一个特定的语音还需要大约百万人民币。近年来随着技术的进步，语音生成的效果逐步提升，成本一路下降，在今天如果不苛求质量，甚至可以用几句话就简单复刻一个人的声音，比如讯飞有声；有动手能力的，使用 so-vits-svc 开源技术就可以自己实现，2023 年火出圈的"AI 孙燕姿"背后的技术就源于此[179]。还有一些高质量合成语音的专用工具，比如生成通用语音的 ElevenLabs、各大公司的合成语音服务，生成演唱声音的 X Studio、Ace Studio 等。

3D 生成：和视频生成类似，3D 生成的历史也是与影视同行的。研究人员在 20 世纪 80 年代前后开始研发计算机图形技术来创建逼真的 3D 模型，早期的技术主要基于体素化（voxelization）、多边形建模和光线追踪。除了如上文所提及的《未来世界》《玩具总动员》，1982 年的电影《创·战纪》（Tron）中首次大量使用 3D 电脑图形。经过过去几十年的发展到今天，拥有资金保障的影视和游戏中越来越大规模地使用 3D 生成，以 3D 扫描的方式进行 3D 建模也从专业设备延伸到手机之上。最新技术的发展方向是让用户像做 AI 图像生成一样，通过输入文字、图像，就可以生成 3D 模型。这个领域正在起步，还有很大的发展空间，NerF[180] 以外还在不断出现新的技术，各种新老产品比如 Tripo3d、Meshy、SUDOAI、CSM、Luma，正在你追我赶。

代码生成：代码生成指的是 AI 自动化编程。让普通人能用自然语言描述需求，然后由 AI 生成代码，这是多少人梦寐以求的事情。毕竟现代世界作为一个信息社会，就是建筑在各种各样的软件程序之上的，而自从编程被发明以来，一直只有少数具有相应天分、通过专业训练的人才能够掌握编程。对生成代码的尝试可以追溯到 AI 研究的早期，比如 20 世纪 60 年代末到 20 世纪 70 年代初特里·威诺格拉德（Terry Winograd）开发的程序 SHRDLU 可以理解和生成自然语言命令，在模拟世界中操作对象；20 世纪 70 年代初阿兰·科尔梅劳尔（Alain Colmerauer）和罗伯特·科瓦尔斯基（Robert Kowalski）创造的逻辑编程语言 Prolog，可以从逻辑规则和事实生成程序；20 世纪 80 年代末到 20 世纪 90 年代初约翰·科扎（John Koza）提出了遗传算法，使程序实现自我进化；2018 年莱斯大学（Rice University）的研究人员研发了 Bayou，从 GitHub 上采集数据，通过深度学习实现了 Java 编程的部分自动化；随着机器学习、自然语言处理、机器视觉技术的发展，尤其是 2021 年 GPT-3 大模型的发布，各种 AI 编程工具如雨后春笋般出现，比如 OpenAI Codex、Github Copilot、Tabnine、Codeium、CodeT5、PolyCoder、CodeGeeX、IntelliCode、Code Llama 等，ChatGPT 等各个大语言模型也都把代码生成作为一项标配的重要能力。尽管今天的代码生成主要还是在辅助工程师更有效地编写代码，不过相信要不了多久就能成为普通人的工具。与 AI 生成文字、图片、视频、音频这些内容不同，AI 生成的代码能够构建更广泛深入的人机互动、提供更丰富的功能与服务，让创意想法能够迅速变为产品去影响更多的人，同时更多普通人也能以编程的形式来实现自己的创意想法。这些变化都能大幅增强人类个体和整体的创造力和生产力。

机器人行动生成：2023 年以来，研究人员使用大语言模型作为框架，基于从现实世界获取的影像等作为输入信息，来生成机器人的行动，构成具身智能（Embodied Intelligence）[181]。由此引起了人形机器人在世界各地的新一轮爆发式发展，目前这个领域正在集中进行技术突破，预计不久也将进入产品设计的竞争阶段，为设计师提供广阔的发挥空间。

AI 的生成能力还可以应用在很多不同的领域，比如在生物医疗方面生成蛋白质结构、药物大分子结构，在教育领域生成个性化教学内容、学习计划等……人们所期待的元宇宙，其中最关键的基础之一就是低成本地构建高质量的虚拟世界，也将由生成式 AI 推动实现。

7. 模型训练与微调

我们都见识到了基于大模型的 AI 的威力，但是随着使用的深入，大模型的缺点也逐渐浮现出来，比如在特定领域、主题上因为训练素材的缺失，无法获得足够好的表现，甚至无法表现；比如因为资源消耗和成本很大，即使意识到存在问题，也很难，甚至无法通过重新训练的方式进行更新改进。正如我在论文"基于集体记忆个性化的人机共创艺术"[182] 中讨论的，大模型可以看作是一种人类的集体记忆，只有从中有效地进行个性化提取，才能形成有意义的表达或功能。如果能训练一些小模型，挂载到大模型的基础上，让强基础的大模型和有专精的小模型结合起来，各展所长，就能发挥出更好的效果。

以 Stable Diffusion 框架中的模型训练为例，2022 年 8 月 Stable Diffusion 正式发布，微调模型训练方法"Dreambooth"[183] 于 11 月出现，"LoRA"[184] 于 12 月出现，后来又进一步发展出 LoRA 分层控制[185] 的方法。这两种方法都是可以使用少量图像来训练具有特定特征的模型，比如角色、物品、视觉风格等，然后将此自训练模型叠加在 Stable Diffusion 框架中，就能生成具有这些特定视觉形象或者视觉风格的输出图像。相比 Dreambooth，LoRA 训练的速度更快（几分之一的时间；二者的具体训练时间与训练内容、硬件情况有关）、成果模型的体积更小（几 G 对比几 M 或几十 M）。

在 AI 图像生成领域，目前的模型有多种不同格式，包括 Checkpoint / Safetensors、VAE、LoRA / LyCORIS、Embedding / Textual lnversion / Hypernetworks 等，功效与优缺点各不相同。有了这些模型训练和使用的方法，我们就可以把特定的视觉形象、视觉风格、提示语要求去"教给"AI，然后 AI 基于这些形象和风格来生成图像，从而实现真正融会贯通的控制，而不是只能用提示语以隔靴搔痒、误打误撞或者穷举尝试的方式去尝试控制生成。在 AI 图像生成方面，2022 年 9 月以来模型训练与 ControlNet[186] 共同推动了生成的可控性和品质；在通用大模型领域，2023 年 7 月以来 ChatGPT 陆续推出了自定义指令[187] 和微调功能[188]；在行业大模型领域，出现了盘古大模型[189]、法律大模型 ChatLAW、网文大模型阅文妙笔、交通大模型 TansGPT、教育大模型子曰和 MathGPT、西医大模型 MedGPT 和 Med-PaLM、中医大模型岐黄问道、心理大模型 MindChat 等众多行业大模型，行业模型训练平台也开始出现，更多的大模型、小模型正在逐渐成型。训练、更新、运用模型，将成为未来产品中至关重要的部分。

8. 智能体

智能体（AI agent）研究如何让机器或软件能够执行通常需要人类智能才能完成的任务，它的形式可以是一个程序、一个虚拟角色，或者一个实体机器人。当人们获得了 ChatGPT 这样具有通用能力的 AI 之后，很快就不满足于这种"半自动洗衣机"式的频繁互动，而是期待 AI 成为能够一键搞定任务的"全自动洗衣机"。智能体就是这样的"全自动洗衣机"，不仅可以自动化进行重复、耗时或危险的任务，而让人类专注于更有创意和战略性的任务；还可以用来解决复杂的，甚至是因为过于困难或耗时而人类无法单独解决的问题；而且还可以由多个智能体协作，共同完成任务。这样一来，智能体就能提高个体和组织的运行效率，根据每个用户的个性和偏好来进行反馈和提供服务，并由此创造出更多新产品去满足过去无法满足的人类需求。智能体的研究历史可以追溯到 AI 研究的早期，不过可能很多人对此的了解主要是来自于 2019 年 OpenAI 所做的"玩捉迷藏的智能体"[190]、2023 年斯坦福大学和谷歌所做的仿佛美剧《西部世界》一般的"AI 小镇"[191]，或者是来自于基于前几年技术的 AI 助手苹果 Siri、谷歌助手、微软小冰和小娜（Cortana）、亚马逊 Alexa、百度小度、小米小爱等等。有了 ChatGPT 作为基础，单个智能体的智能水平大幅提升，AgentGPT、AutoGPT、Baby AGI 等新一代智能体展现出巨大的潜力，清华用智能体做了个游戏公司[192]，北大用智能体做了个软件公司[193]，类似智能体的游戏公司被 OpenAI 收购[194]……这个领域再度变得热门，而且还推动了机器人具身智能领域的发展。

百闻不如一见，我们将在下一节用一个实例来感受一下与智能体协作的方式。

使用 AI 大模型时需要注意哪些方面？

在 Stable Diffusion 的体系框架下，如何训练模型来提升设计能力？

如何使用智能体？如何学习借鉴智能体的工作方式？

5.2　工作流与控制性

在"和 AI 一起做用户研究"的小节，我们直观体验了与大语言模型进行问答协作的过程，在网络上也有很多分享与讨论，研究如何更好地与大模型协作，比如 ChatGPT 官方就给出了包含六大策略的建议[195]。

- 写清指令：有细节才能得到更相关的答案，要求模型扮演特定角色，用分隔符清晰标示输入的不同部分，明确指定完成任务所需的步骤，提供示例，指定所需输出长度。

- 提供参考文本：用参考文本来引导模型进行回答，要求模型在回答中引用参考文本。

- 拆分复杂任务：按不同的意图分类来确定最相关的指令，对先前的长对话进行概括或筛选，将长文档分块总结、并递归构建完整的概述。

- 给 GPT 时间"思考"：让模型制定解决方案而不是直接得出结论，运用推理过程但对用户隐藏，询问模型是否遗漏了什么。

- 用外部工具加持：使用嵌入式搜索实现高效的知识检索[196]，使用代码执行进行更准确的计算或调用外部 API，给模型访问特定功能的权限。

- 系统地尝试：根据最佳标准答案对模型的输出进行评估。

对比我们自己平时的做法，是否感受到还有很多可以提升的地方？是的，虽然今天的 AI 相比之前已经大幅降低了互动的门槛，但是要想取得高质量的结果，就需要认真思考如何与 AI 高效协作。人与 AI 相互适应，相向而行。一方面，找到人类、AI 各自的工作方式的特点与最佳实践；另一方面，把二者有机地融合起来，每件事都能在此基础上形成新的工作流。

构筑在大模型之上的智能体，可能是 AI 工作方式的最佳演示者。以下是一个典型的实际案例，我请 AgentGPT 为一本关于智能产品设计的书设计封面（原始的对话过程为英文，在此翻译为中文；为更容易理解，内容有微调）[197]（图 5-1）。

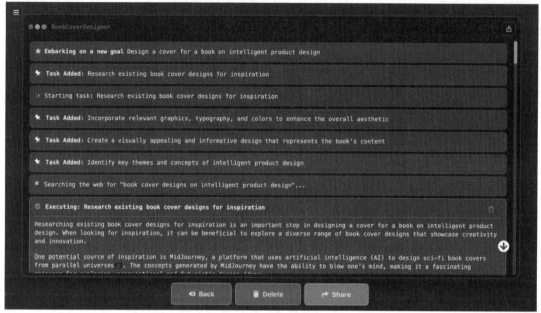

图 5-1　让 AgentGPT 为一本关于智能产品设计的书设计封面

（我的输入）

建立目标：为一本关于智能产品设计的书设计封面。

（以下为 AgentGPT 生成的内容）

添加任务：研究现有书籍封面设计，寻找灵感。

启动任务：研究现有书籍封面设计，寻找灵感。

添加任务：融入相关图形、排版和色彩，提升整体美感。

添加任务：设计出具有视觉吸引力、内容丰富的设计，以体现图书内容。

添加任务：确定智能产品设计的关键主题和概念。

在网上搜索"关于智能产品设计的书籍封面设计"…

执行：研究现有书籍封面设计，寻找灵感

研究现有书籍封面设计以寻找灵感，是为智能产品设计书籍设计封面的重要步骤。在寻找灵感的过程中，探索各种展示创意和创新的书籍封面设计可能会有所裨益。

Midjourney 是一个潜在的灵感来源，它是一个利用 AI 设计来自平行宇宙的科幻书籍封面的平台。Midjourney 生成的概念能够让人大开眼界，是探索非传统和未来主义设计理念的绝佳资源。

另一个值得探索的平台是 99designs，该平台拥有一个由来自全球各地的设计师组成的社区，他们贡献了自己最优秀的科技书籍封面设计和概念案例。这个平台提供了各种各样的设计风格和方法，为智能产品设计书籍封面提供了丰富的灵感来源。

此外，世界最大的创意网络 Behance 上可以搜索 AI 书籍封面相关的内容。该平台允许设计师展示和发现创意作品，是寻找独特且具有视觉吸引力的书籍封面设计的宝贵资源。

在研究现有书籍封面设计时，必须考虑与 AI 生成艺术和概念有关的版权问题。在销售和使用 AI 生成的艺术作品方面存在一些争议，版权方面的影响也不明确。在从 AI 生成的书籍封面设计中寻找灵感时，一定要注意这些问题。

通过探索这些来源，我们可以收集到设计封面的各种想法和概念，从而体现智能产品设计的精髓。

完成任务：研究现有书籍封面设计，寻找灵感。

添加任务：创建一份智能产品设计的关键主题和概念清单，并将其纳入图书封面设计中。

启动任务：确定智能产品设计的关键主题和概念。

生成响应 ...

完成任务：确定智能产品设计的关键主题和概念。

执行：确定智能产品设计的关键主题和概念

为了确定智能产品设计的关键主题和概念，我们需要分析为这一主题的书籍设计封面的总体目标。

智能产品设计是指利用先进技术和智能系统，创造以用户为中心的创新产品。它旨在提升产品的整体用户体验、功能和可持续性。

基于这种理解，智能产品设计的一些关键主题和概念可以包括：

1. 以用户为中心的设计：这一概念的重点是了解用户的需求、偏好和行为，从而创造出直观、易于使用并能提供无缝体验的产品。

2. 技术整合：智能产品设计融合了 AI、机器学习、物联网和数据分析等尖端技术，以增强产品的性能和功能。

3. 可持续性和生态意识：这一主题强调创造对环境影响最小的产品，推广可持续发展的做法，以及利用可减少废物和能源消耗的材料和制造工艺。

4. 无缝连接：智能产品通常需要与其他设备或网络无缝连接，以增强其功能，实现远程控制、数据共享和互操作性等功能。

5. 适应性和个性化：能够适应个人偏好或特定环境并提供个性化体验的产品设计是智能产品设计的关键组成部分，包括定制选项和动态界面。

6. 设计思维：这种方法是一种以人为本的解决问题的方法，旨在了解用户需求，构思创造性的解决方案，并通过迭代过程迭代设计，从而创造出创新产品。

在这些关键主题和概念的基础上，智能产品设计一书的封面设计可以融入能直观体现这些理念的元素。例如，封面设计可以包含与技术、连通性、可持续性和用户互动相关的图像或符号。此外，使用现代简约的设计风格和大胆的排版可以传达智能产品设计的创新性和前瞻性。

添加任务：为一本关于智能产品设计的书籍设计一个具有视觉吸引力的封面，将相关的图形、排版和色彩融入其中，以增强整体美感并体现书籍内容。

启动任务：设计出具有视觉吸引力且内容丰富的设计，以体现图书的内容。

生成响应 ...

添加任务：设计出具有视觉吸引力且内容丰富的设计，以体现图书的内容。

执行：设计出具有视觉吸引力且内容丰富的封面，以体现本书的内容

要完成为一本关于智能产品设计的书籍设计封面的任务，我会采取以下方法：

1. 研究并理解内容：首先，我会熟悉书中的内容，全面了解智能产品设计。这将有助于我在封面设计中突出关键概念和主题。

2. 集思广益：根据我的研究，我会集思广益，提出各种能直观体现智能产品设计的设计概念。这可能包括尖端技术、创新、连接性和解决问题等元素。

3. 选择一个中心主题：在考虑了不同的想法之后，我会为封面设计选择一个中心主题。例如，我可能会选择科技与人类互动的融合，强调智能产品设计如何提升和简化我们的生活。

4. 选择色调：色彩在传达封面设计的整体感觉方面起着至关重要的作用。我会选择与主题相符的色调，唤起一种精致、创造和创新的感觉。例如，鲜艳的蓝色和金属色的组合可以营造出现代和未来主义的美感。

5. 排版：排版的选择应与整体设计相辅相成，并反映图书的风格。我会为书名和作者姓名选择简洁、现代的字体，以确保可读性和视觉吸引力。

6. 视觉元素：为了有效传达本书的内容，我将融入代表智能产品设计的视觉元素。这可以包括相互连接的设备的抽象表现、产品的风格化描述或两者的结合。视觉效果应具有视觉吸引力，并传达出一种技术进步的感觉。

7. 布局和构图：我会精心安排封面上的各种设计元素，以创造一种平衡且视觉愉悦的构图。考虑到该书的目标受众，必须确保设计内容丰富、引人入胜，同时又不会显得杂乱无章或令人不知所措。

8. 最后润色：主体设计完成后，我会对其进行审核，以确保它能有效地表现图书的内容，并达到视觉上吸引人的目的。我还会进行必要的调整或完善，以提高整体设计效果。

总之，通过深入研究、集思广益、选择中心主题、选择合适的色调、排版并融入视觉元素，我将设计出一个具有视觉吸引力且内容丰富的封面，有效地表现出一本关于智能产品设计的书籍的内容。

添加任务：为这本书的封面设计一个概念，强调智能产品设计中技术和人机交互的融合。

启动任务：融入相关图形、排版和色彩，提升整体美感。

生成带提示的图像："设计一本书的封面，将相关图形、排版和颜色融入其中，以增强整体美感。封面应采用现代简约设计，线条简洁，字体醒目。使用包括蓝色和灰色的配色方案，以体现专业性和技术性。包含相关的图形，比如图标或插图，描述智能产品设计概念（图5-2）"...。

图 5-2 AgentGPT 生成的设计参考图

执行：结合相关图形、字体和色彩，提升整体美感

完成任务：融入相关图形、排版和色彩，提升整体美感。

添加任务：为书籍封面设计一个概念，强调以用户为中心的设计在智能产品设计中的作用。

启动任务：创建一份智能产品设计的关键主题和概念清单，并将其纳入书籍封面设计中。

在网上搜索"智能产品设计的关键主题和概念"…

执行：创建一份智能产品设计的关键主题和概念清单，并将其纳入图书封面设计

智能产品设计包含各种关键主题和概念，这些主题和概念都可以融入书籍封面设计中。

一个重要的概念是将智能流程整合到产品设计和制造系统之中，这会涉及巩固熟练程度、提高工人表现、减少潜在的工作相关问题。

另一个重要主题是 AI 在帮助企业产生新的设计理念，以及根据客户浏览或购买模式创建个性化设计方面所发挥的作用。这凸显了 AI 在增强智能产品设计的创造性和适应性方面的潜力。

智能产品的情感化也是需要考虑的一个重要方面。这包括"多模态""仿生""身份价值"和"轻量"等因素。这些因素有助于用户对智能产品的整体体验和感知。

此外，这个书籍封面的设计还应该体现复杂产品设计的意义及其不同类型，系统性地阐述复杂产品设计的概念和内涵至关重要。

通过将这些关键主题和概念融入书籍封面设计，读者可以直观地了解智能产品设计背后的核心原则和理念。

完成任务： 创建一份智能产品设计的关键主题和概念清单，并将其纳入图书封面设计中。

添加任务： 创建一个具有视觉吸引力的书籍封面设计，将相关图形、排版和色彩融入其中，以增强整体美感，并体现智能产品设计的关键主题和概念。

启动任务： 为一本关于智能产品设计的书籍设计一个具有视觉吸引力的封面，将相关的图形、排版和色彩融入其中，以增强整体美感，并体现该书的内容。

超过 5 轮的运行限制，终止任务

（我的输入）

请继续

（AgentGPT 回答）

执行：请继续

当然！为了进一步提升智能产品设计书籍的封面设计，这里还可以加入一些其他元素和概念：

1. 先进技术的视觉呈现：融入描述 AI、机器学习、物联网和机器人等尖端技术的图形或插图。这可以直观地传达智能产品设计的创新性和未来性。

2. 用户互动和体验：通过加入体现人类与智能产品互动的视觉元素，突出以用户为中心的设计的重要性。可以通过插图或图标来展示无缝连接、直观界面或个性化体验。

3. 可持续性和生态意识：使用代表可持续发展的图形或符号，如回收符号、绿色元素或环保材料。这样可以强调环保意识、推广可持续做法，设计这样的产品很重要。

4. 抽象表现：利用抽象的形状或图案来表达智能产品设计的复杂性和错综复杂性。它们可以表示各种组件、数据流或不同技术集成的相互关联性。

5. 动态排版：尝试使用能传达智能产品设计动态性质的排版风格。这可以包括使用大胆、简洁的线条，甚至结合运动效果来营造运动感和创新感。

6. 未来主义色调：在建议的蓝色和灰色调基础上，加入金属色或霓虹色。这些颜色既能唤起未来感和科技感，又能保持专业和现代的美感。

7. 布局简约：版面设计要简洁明了，重点突出关键元素和概念。这将确保设计具有视觉吸引力，并且一目了然。

在融入这些元素时，切记要考虑目标受众以及书籍的整体基调和风格。我们的目标是设计出具有视觉吸引力和信息量的书籍封面，有效地体现智能产品设计的核心主题和概念。

在这个案例中，智能体主动把主任务分为几个子任务，在推进子任务的时候，又进一步细分任务，逐层推进。尽管因为超过了其自身设置的 5 轮运行限制（如果是自己部署的 Auto-

GPT 则不会有这个限制），AgentGPT 没能完成最终的设计方案，并且在过程中生成的一张草图品质也比较差，但是任务整体进行了大半，清晰地展示了智能体的工作方式。那些做得暂时还不够好的，比如设计方案本身、运行轮次的限制与优化，随着 AI 技术的发展，都会得到解决。坦率地说，智能体这套工作方式是从人类世界学来的，并没有超越人类；但是在实际工作中，又有多少人真的会以这样扎实的方式来进行设计，可能一些人不清楚有这样的工作流程，或者即便知道，但是迫于时间与资源的压力，还是不会以这样的方式进行。因此，智能体所展现出来的分析、规划、执行的能力，对人类来说有着巨大的价值。

很多人问我在 AI 时代，人类与 AI 协作的关系究竟是怎样的，可以从很多不同的方面来回答这个问题，但我觉得最直接、最形象的比喻就是：每个人都可以当小组长，带领一群 AI 做事。无论是在工作还是生活环境中，当过或大或小的领导的人就会明白，领导最重要的作用不是执行，而是定目标、选成果，以及在一定程度上控过程。因为涉及到人类的价值取向、可能复杂的社会多方输入，所以定目标和选成果还是最适合人类来做，至于工作过程，是可以全部或部分交给 AI 来完成的。搭建人与 AI 协作的工作流，可以重点从以下几个方面来考虑。

- 定义协作的目标。这包括要解决的问题，可以投入的时间和资源，要达到的效果等。并且这个目标需要转化为 AI 能够理解的内容，比如以明确的数值、参考物作为产品设计的要求，就比 "最好的 XXX" 更容易让 AI 推进工作，其实对来说人也是如此。
- 明确协作的人和可以使用的 AI 各自的优势和劣势。这里说的人不是普遍意义上的人，而是具体会参与进协作的人，有怎样的特点；同样的，参与协作的 AI 是哪个或者哪些，擅长和不擅长做哪些事情，能够达到的效果如何。由此决定选用哪些 AI，如何分配任务。
- 设计人与 AI 的沟通和反馈流程。一方面，在不同的任务上，与 AI 采用怎样的互动方式能获得更好的效果，包括但不限于数值、文字、图像、声音、视频、模型、其他传感器信息等；另一方面，在工作流的全程中设置充分的交互点，检查 AI 的成果、提供人类的输入，进行过程控制。让人与 AI 之间有清晰的沟通方式，会有助于确保 AI 朝着预期目标努力，并让人更清晰地了解 AI 的能力和局限性。
- 为数据收集和使用设置明确的来源、范围和准则。对各种类型数据的使用是 AI 最大的特点与优势之一，当使用 AI 进行决策时，其使用的模型与数据是否准确、可靠、充分，以及使用的方式（虽然 AI 被设定为自动选取最佳方式，但有人在关键环节上进行监督和辅助决定可能还是会更好），直接决定了决策的效果。
- 监控 AI 的表现，形成积累，并根据需要进行调整。与过去的产品不同，AI 会随着运行的过程而产生学习与改进，所以人也需要调整工作流程以确保事情朝着预设的目标方向进行。过程中积累下来的数据和模型，往往也是对产品长期发展来说的重要财富。

今天，各个领域都在尝试引入 AI，在早期阶段，谁能把一个或多个 AI 引入自己的领域，把原本的环节部分取代、部分结合，构建出完整的工作流，谁就能占到先机，获得比那些仍然使用传统工作流的人们更高的效率、更好的效果。比如以下示例是在各领域中较早构建出来的最简单的工作流，大家可以有个直观的感受；同时也思考一下，在整个过程中，可能会遇到怎样的问题、如何解决。

1. 游戏开发：以五天创建一个农场游戏为例 [198]

第一天：美术风格

- 在本地部署或者使用在线版的 Stable Diffusion。
- 使用提示语来生成概念艺术图。
- 用 Unity 把概念艺术图实现出来。除了建模，尤其需要注意材质、着色器（shader）、光照、摄像机，最后完成整体色调设置。

第二天：游戏设计

- 向 ChatGPT 提问寻求建议，生成一个简版的游戏设计，包括游戏元素、环境、机制、剧情等。自行决定是否遵循建议。
- 用 ChatGPT 辅助写一部分代码。
- 把简版游戏开发出来进行试玩。

第三天：3D 素材

- 截至 2023 年 8 月，文生 3D 的技术水平还没有发展到可直接用于游戏开发的程度。
- 不过用文生图来做 3D 物体的贴图还是很高效的。

第四天：2D 素材

- 图标制作：先用提示语生成一些基础图片尝试，从中选出合适的，用 Photoshop 做局部微调，然后再通过以图生图 + 提示语的方式用 Stable Diffusion 进行完善，生成最终的图标。
- 可以训练自己的模型，然后用模型来生成，就可以稳定地获得视觉风格一致的图像。

第五天：剧情编写

- 向 ChatGPT 提供一些农场游戏相关的信息，让它写一个剧情概要。因为 ChatGPT 是通过学习网络上的信息训练而成的，所以它生成的内容也可能会接近于现有某些相似游戏的剧情。
- 可以通过让 ChatGPT 重新生成，或者给予它直接的指示要求，来获得满意的剧情框架设计。
- 逐步细化，优化内容，完成剧情编写。把 ChatGPT 当作头脑风暴的帮手，但是在这一过程中人的参与越多，越能获得原创性的内容。

通过整合几种 AI 和传统工具，尽管 AI 还有很大的提升空间，但的确已经可以构建完整的工作流，并在其中发挥实际的作用。AI 的参与更像是一个专业能力还不足够强，但是很勤奋并且思路比较开阔的人类伙伴，能够为我们提供有意义的帮助，让我们自己的时间可以更多地花在目标制定、成果筛选上。

2. 产品设计：以网易严选的实践为例 [199]

- 设计调研（在前面的章节中我们讨论过和 AI 一起做用户研究需要注意的事项，在此不再赘述）：使用 ChatGPT 辅助调研。进行需求趋势洞察、用户调研问卷、辅助问题分析、数据处理。

- 设计脑暴与提案：设计团队通过洞察需求、产品定义、如何感觉可信这三个维度对 ChatGPT 进行提问，根据企业对产品的定位、渠道诉求、ChatGPT 的回答，整合得到清晰明确的三个设计方向，最终根据设计策略进行设计落地。

- 商品拍摄和素材生成：使用 Midjourney 生成的方式，比通过素材网站查找更容易得到符合品牌调性的图像，节省时间与采购成本。用 Midjourney 生成商品环境图、材质特写图，与商品图融合，就能得到像高质量拍摄一样的商品大片。

- 包装与商品图案设计：通过提示语的方式用 Midjourney 生成物体器型、表面图案、环境氛围，得到效果图。

- 品牌与形象设计：不仅可以生成品牌与形象的图形，更重要的是可以快速进行大量的二创探索，产出市场与运营所需要的各种物料。

通过在设计流程中引入生成式 AI 工具，设计提案、素材收集、设计制作、创意应用的探索规模和决策效率都获得了明显的提高。

3. 视频制作：以短片《遥远地球之歌》为例 [200]

前期脚本

- 剧本分析：这部短片的创作起点是《遥远地球之歌 Mk II》电影的大纲，作者除了自己重读以外，还用把原文丢给 Claude 进行分析，快速梳理世界观、人物和关键情节。这样就可以直接向 Claude 发问，比如"现在你是一名专业的电视导演和 AI 创作者，请先读一下这个故事，然后给我简要介绍一下这个故事的世界观，人物，关键情节等""你觉得场景、生物上有哪些独特的元素"。这样一来，创作者就像有了一个外部的大脑，能够更加方便和准确地提取信息。

- 整理分镜：给 Claude 一个分镜框架表格的文档，包括画面设计、镜头内容、镜头细节、音乐、旁白、时长、备注等，让它在空白处填入内容，就得到了一套初始的分镜设计。

- 场景画面提示语：给出简要的要求，让 Claude 生成场景画面的详细描述，并翻译为英文，为后续图像生成做准备。

画面生成

- 用 Midjourney 生成静态图像。开始时先做一些尝试，根据最佳实践来构建一个提示语模板，包含视觉风格和参数等各方面的详细设置。这样在后续做大量的图像生成时，既可以保持画面感觉的一致性，也可以避免重复输入相同的信息。

- 用 Runway Gen-2 生成视频片段。因为目前的视频生成能力还比较有限，尤其是只能生成几秒的片段，所以需要精心设计镜头的画面内容和切换。以前面生成的静态图像作为基础，优先选择比较有故事感，并暗含画面运动的图像，来生成视频。
- 视频生成过程中还有不少优化的小技巧，比如如何筛选镜头、合并相同操作等，以减少时间浪费。

后期处理

- 对生成的视频片段进行剪辑、调色，制作特效、字幕等。
- 加入音乐、音效。如果没有原创音乐配乐的能力，其实可以在开始构思画面之前就首先选定主音乐，反复听，让音乐的节奏刻入脑中，带着这样的节奏与变化进行画面内容与镜头变化的设计，这样也能达到比较好的整体效果。

尽管目前上述的视频生成技术还有很大的提升空间，每段视频的生成时间的限制导致只能做一些类似电影预告片的短片；但是通过这样的工作流，可以让一个人用 20 小时做出《遥远的地球之歌》、用 7 小时做出《创世纪》（Genesis）[201]，这在以前是无法想象的。

这一波文字、图像的生成式 AI 能够真正进入工作流，成为生产力工具，本质上是因为随着技术进步，解决了"可控性"的问题。设想一下，在 2023 年 ControlNet[202] 出现以前，当 AI 生成的人类形象常常出现多出或者少掉一根手指、脸上的五官到处跑、四肢出现在奇怪的地方的问题时，你敢放心使用这样的工具吗？正如 SeedV 创始人、创新工场 AI 工程院执行院长王咏刚所说："生成式 AI 是可以与桌面计算、移动计算相提并论甚至更具颠覆效应的信息产业革命。如果想看清、看透生成式 AI 即将带来哪些新产品、新平台、新市场、新机会，就要围绕可控性建立思考模型，指导产品、项目的选型（图 5-3）。"[203]

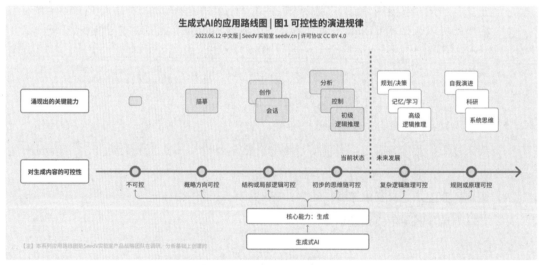

图 5-3　生成式 AI 的可控性演进

一方面随着生成式 AI 对生成内容的可控性不断提高，其适用的应用场景也会不断扩展和深化；另一方面，AI 可以使用的控制方式也无须局限于人类习惯的方式（比如 ControlNet 遵循 ADE20K 标准，用颜色来标注物体[204]）。量变引起质变，一旦突破领域阈值，生成式 AI 就能彻底改造现有的产品生态，为产品赋予真正的智能元素。在这个演进过程中，生成式 AI 的可控性大致会经历六个阶段。在这里，我们以最基本的文本生成为例，逐步梳理生成式 AI 可控性的发展。

阶段 1：不可控

20 多年前，基于 N-grams 算法的统计语言模型也可以生成连续的文本内容。只不过，生成的结果基本不可控。如此早期形态的生成式 AI 就像那只有可能打出莎士比亚名著的猴子，几乎没有转化成产品的可能性，更谈不上颠覆已有市场。

阶段 2：概略方向可控

从基于 LSTM 或 RNN 的文本生成，到早期 GPT（比如 GPT-2）的文本生成，生成式 AI 逐渐拥有了描摹一段类似人类语言文字的能力。这一阶段的描摹能力，基本可以达到文句通顺，内容大致符合人类给出的提示，但因为细节、结构或逻辑不可控（比如《哈利·波特与看起来像一大坨灰烬的肖像》），还是很难转化成真正有用生成式 AI 产品，更适合用来做中文输入法、英文拼写辅助。

阶段 3：结构或局部逻辑可控

从 GPT-3 到 ChatGPT（GPT-3.5），生成式 AI 第一次拥有了对生成内容的结构和局部逻辑的控制力。文字创作和多轮对话是这个时期的两种典型应用生态。前者可以支持自动文章摘要、法律文书生成、营销文案生成等实用场景，后者则可以满足会话式搜索、语言学习、智能客服、虚拟人、智能游戏角色的部分需要。

阶段 4：初步的思维链可控

从 GPT-3.5 到 GPT-4，生成式 AI 的逻辑推理能力显著提高。生成式 AI 第一次拥有了强大的分析能力（比如从新闻报道中提取数据、总结趋势）、控制能力（比如将人类语言转化成复杂系统控制指令）和初步的逻辑推理能力（比如解答简单的数学、逻辑题）。可生成的文本内容也扩展到数据、表格、代码、指令序列、工作流或工具链等结构化、半结构化的文本。这直接引发了今天一大批以辅助功能（Copilot）为特征的新工具、新系统。

阶段 5：复杂逻辑推理可控

今天的 GPT-4 生成文本时，可以控制的逻辑思维链还处在初级阶段。如果一切顺利，人类有望在不太远的将来研发出可精确控制复杂逻辑推理的下一代生成式 AI。这样的 AI 具备记忆、学习、规划、决策等高级逻辑推理能力，足以在效率工具、内容平台、商业流程自动化、机器人、操作系统、智能设备等场景里，彻底颠覆过去数十年的人机交互形态，重新定义人类与计算机的关系。

阶段 6：规则或原理可控

更前瞻一些看，人类思维的最高阶表现是：一、基于归纳思维发现原理、制定规则；二、基于演绎思维将原理或规则应用到具体场景中。生成式 AI 的理想进化形态是接近人类思维方式，生成与人类思维水平相当的规则或原理，并加以应用。一旦达到规则或原理可控的"自由王国"，生成式 AI 必将拥有强大的自我迭代、自我改进的能力，可以像人类一样设计系统规则、世界规则，一起探索、一起创造。

图 5-4 中展示了每个阶段的可控性与典型应用，大家在网上还能找到更多用 AI 重构工作流的例子，比如科学家陶哲轩用 VSCode+TeX Live+LaTeX workshop+GitHub Copilot 建立了自己论文写作的工作流[205]，英语教师用 Claude+ChatGPT+MindShow 把过去几小时的工作简化为几分钟[206]，还有越来越多人基于 ComfyUI 搭建工作流[207]，并把这个工作流共享出来供其他人下载使用[208]。对于有机会参与底层技术研发的科学家和工程师来说，为生成式 AI 构建更强大、更高效的可控性，就是成功；对于有机会把今天的 AI 技术转化为产品的产品经理、设计师、工程师来说，像 ControlNet 那样找到合适的技术，为用户构建更好的可控性和工作流，就是成功；对于使用产品的用户来说，积极拥抱新产品，创造性地把各种产品组合使用，构建适合自己的工作流，在 AI 的帮助下超越自己，就是成功。

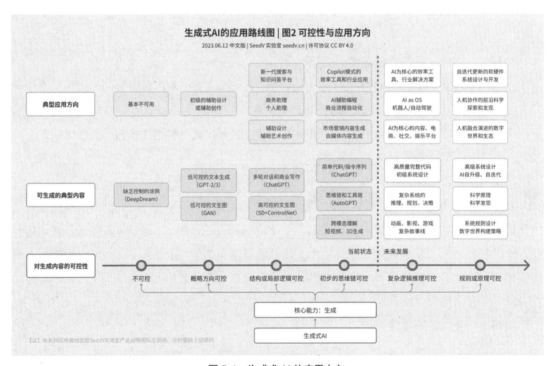

图 5-4　生成式 AI 的应用方向

◀ **思 考** ▶

在你常做的事情上，如何搭建一个 AI 参与的工作流？

在这个工作流中存在的最主要的问题是什么？可以怎样变通解决？

AI 可以使用的控制方式和人类有什么异同？

5.3　设计工程与范式转变

艺术创作、产品设计、技术开发、商务市场，这几种不同的工作职能在产生想法的方式上有什么区别？表 5-1 展现了一种简单的、有代表性的概括。

表 5-1　不同职能在产生想法方式上的对比

	方　　法	过　　程	目　　标
艺术创作	创意和表达	想象力和直觉	表达和独特
产品设计	功能和使用	系统和方法	功能和体验
技术开发	技术和科学	分析和逻辑	效果和效率
商务市场	商业和市场	战略和财务	盈利和扩张

艺术家在工作中优先考虑自我表达、创造力和情感影响。他们根据个人经历、情感和对周围世界的观察来生成想法，经常探索抽象的概念、美学和独特的视角。他们的想法往往聚焦在唤起情感、挑战社会规范或传达个人叙事上。

产品设计通过功能和体验上吸引人的解决方案来解决问题并满足用户需求。他们通过进行研究、了解用户需求并考虑可用性和用户体验来生成想法，专注于寻找解决特定问题的实用和有效的解决方案。他们的想法通常涉及创建以用户为中心的设计、提高功能并增强整体用户体验。

工程师专注于创建实用和技术上可行的解决方案。他们通过从技术角度分析问题并提出使用工程原理知识可实现的解决方案来生成想法，考虑约束、可用资源和项目目标。他们的想法通常优先考虑功能、性能和可扩展性，努力去创建效果好，又高效、可靠的解决方案。

商务人士以追寻市场机会、盈利能力和业务增长为重点。他们考虑市场趋势、客户需求和竞争格局，为满足市场需求并产生收入而产生新产品、服务或业务策略的想法。他们的想法通常在发现市场空白，进行产品或商业模式创新，以及市场进入或者扩张的策略。

世界就是如此运转的，这也是为什么通常一个成功的公司通常需要产品设计、技术开发、商务市场这三类人来构成核心班底。而在真实世界中，一个典型的产品创造的过程如图 5-5 所示。

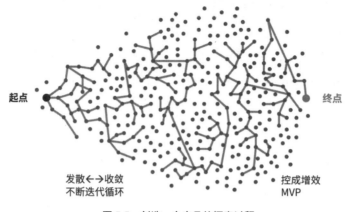

起点　　　　　　　　　　　　　　　　　　　终点

发散←→收敛　　　　　　　　　　　控成增效
不断迭代循环　　　　　　　　　　　MVP

图 5-5　创造一个产品的探索过程

　　在这个产品创造的过程中，如果我们有上帝视角，会发现从起点到终点之间充满了各种可能性与不确定性，纯粹瞎碰的结果很可能就是不知道跑到哪里，把那里当作终点；如果最后能走到最佳终点，那可真是努力加运气的结果。如果是艺术创作，可能会花几年甚至几十年的时间，通过人生体验和思考，不断试错，走到一个终点。如果是产品设计，就是完全不同的故事了：比如你接到了一个任务，三天后要交结果。时间紧、任务重，请问，你会选择采取以下哪种方式来推进工作？一，快速思考，快速选定一个方案，做出高品质的呈现；二，花一天半的时间做各种各样的快速研究和探索，然后从所有的探索方案中选出一个可能最靠谱的，再去做细化方案。

　　在真实的工作环境中，选择第二种方式的人会远远小于选择第一种方式的人。因为压力是现实的，探索是不确定的，第二种方式的工作量往往也会比第一种方式大不少。所以第一种方式也是合乎人性的选择。但是，当我们看到了产品创造过程背后的真正逻辑，你还会轻易地选择第一种方式吗？我特别建议大家，在以后做事情的时候尽可能都用至少一半的时间，首先去做方向性的研究和探索，做尽可能充分的尝试，然后再落到一个具体的方案上（图 5-6）；当你想要走捷径的时候，回忆一下上面这张图，不断发散、收敛、发散、收敛……尽可能去靠近最优解。这既是一种产品创造方式，也是一种人生哲学。

　　在这种情况下，"充分探索"不是要不要的问题，而是如何能够充分地、高效地、低成本地进行探索的问题。这也是为什么我直到今天，在做设计的前期探索时仍然更喜欢用手绘的方式画草图，因为对我来说，这个过程中并不需要追求手绘的精准，而是让草图跟上我思考的速度。你也可以试一试，用电脑上的设计软件来做设计草图，与手绘来画草图相比，时间差异有多少。通常来说，人们一旦用上电脑就特别容易不自觉地陷入到对细节的苛求之中，比如绘制出图形的造型、大小、对齐、间距等，这些对于前期探索来说完全不重要，却会吸引你的注意力、打断你的思路。对于我们平时所做的软件界面、图标等设计来说，通常可以把手绘草图控制在 30 秒到 1 分钟一个；而在电脑上面往往要花更长的时间，经常是花几个小时磨一份设计出来。在设计的中后期，精益求精是非常重要的；但是在早期探索中，快速、充分探索才是更重要的。我和团队在工作中常常会在早期探索几十种，甚至几百种不同的方案，这也是不断发散、收敛、发散、收敛的过程，是有层级和演进的，而并非一下子就拿出那么多平行的方案。"手绘"并不意味着只能用笔和纸或者白板，现在在电脑、平板电脑，甚至手机上都有很多优秀的手绘草图工具可供使用——但是需要注意的事情是一样的，快速表达、快速探索，而不是一边画、一边不停地 undo，那就完全失去了手绘的意义。

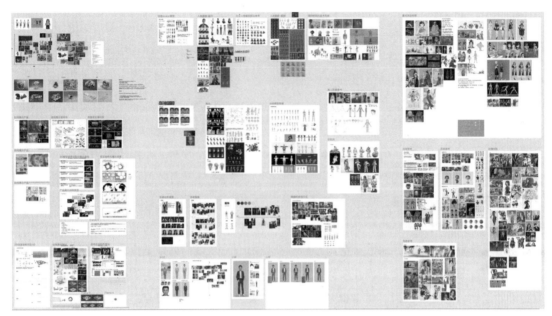

图 5-6　在一个角色设计上的参考素材、草图、设计探索

在实体空间中和虚拟空间中做设计探索各有利弊，需要相互取长补短。比如很多人喜欢在电脑上做设计，是因为可以很方便地更改；而用笔和纸做设计就可以借鉴于此，本身现在的产品就流行模块化设计，就可以把即时贴作为一个基础单元，把设计画在上面，可以随时更换、组合。比如在白板和墙面上绘制或者粘贴内容，能够让大家把每一个人自己脑子里面的东西变成看得见摸得着的，可以一起来感知、一起来讨论；线上白板里的内容因为平时见不到，也就少了很多可能激发想法的机会，不过今天的线上白板最大的优势，是能够同时让几十、几百个人同时或者先后操作，这种跨越时间空间的能力蕴含着巨大的潜在价值。

对于产品设计来说，要考虑用户、市场、技术、商业等各方面的众多问题，偏艺术设计的方式无法处理如此复杂的情况，而这需要把人文与科技、创造性与技术、商业与工程充分融合的方式——设计工程。这个概念从 1971 年被提出 [209]，经过几十年的演进，尤其是在信息产品领域，设计工程已经发展得越来越成熟：

- 设计工程充分应用设计与工程领域的各种工具和技术，比如设计思维、计算机辅助设计、仿真和优化等，以探索不同可能性和解决方案，并提高产品的性能和质量。
- 设计工程进行系统化的迭代，全方位地解决问题，包括研究、概念生成、原型制作、测试和评估，确保产品满足客户和利益相关人的要求和期望，从而创造出不仅功能强大且可行，而且还具有吸引力和用户友好的产品。

- 设计工程以跨领域融合的方式促进创新和创造力，推动各个学科和领域的沟通协作，鼓励产品的创造者跳出思维定式，挑战现有假设和范式，探索新的创意想法。
- 设计工程以工程化的方式推动设计探索，通过软件、自动化的方式，实现大规模、高效率、低成本地研究分析、设计尝试、筛选评价，更充分地拥抱不确定性与可能性，从而更靠近最优解。

如果说，前三条是一直以来放诸四海皆准的观点，第四条则在最新一波 AI，尤其是生成式 AI 发展成为生产力工具以后才能够得以实现。

生成式 AI 正在将设计工程带入一个全新的水平，因为它使设计师和工程师能够创建和探索大量的设计方案。如果要由人来做出大量方案是不可能的，时间和资源"永远都不够"；生成式 AI 可以从数据中学习并生成满足给定约束和目标的设计方案，非常快速的生成意味着很低的成本，而大量的生成则意味着充分的探索；生成式 AI 可以通过自动生成和评估设计选项来减少设计过程所需的时间和精力，让产品的创造者可以专注于定义问题并选择最佳解决方案，而不是手动创建和测试每个设计。二十多年前，我的工作方式常常是，在睡前调好各种参数，然后让软件开始工作，第二天醒来，检查得到的一个结果；如果结果好，就继续深化，如果结果不好，只好推倒重来。而在今天，我的工作方式常常是，在睡前调好各种参数，然后让软件开始工作，第二天醒来，检查得到的一千个结果，从中挑选出最合适的几个，进行进一步深化；有时也能让 AI 帮助在这一千个结果中预先替我筛选一下，这样我自己筛选的时间就能被省下一些，我可以用来做更多创造性的工作。

在我的智能产品设计课上，有一个环节是请同学们指挥 AI 一起做头脑风暴，为产品概念提想法，比如 2023 年春季的这组同学做出了以下的成果：

- 针对目标用户特征和要解决的问题，要求 ChatGPT 和 New Bing 提出能解决问题的产品功能概念。
- 首先由 AI 提出想法，人类可以由此激发产生想法，或者针对 AI 的想法提改进意见、形成新想法。
- 人机协作，一共产生 100 个想法。其中人类参与的有 32 个，其余都是 AI 生成的，包括功能增加 45 个、性能改进 12 个、可用性提升 11 个（图 5-7）。
- 人类按照有效性、实现难度等对全部方案进行评估，根据评估结果优选方案，进入后续的产品设计（图 5-8）。

我们还可以试试另外一种更结构化的头脑风暴：定义问题的维度，以及每个维度中的选项，然后综合考虑所有维度和选项，让 AI 来生成创意或解决方案。比如以下的例子（表 5-2）：

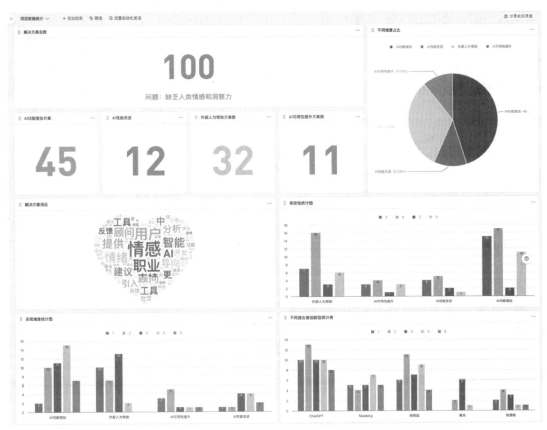

图 5-7　指挥 AI 进行产品概念脑暴的成果概况

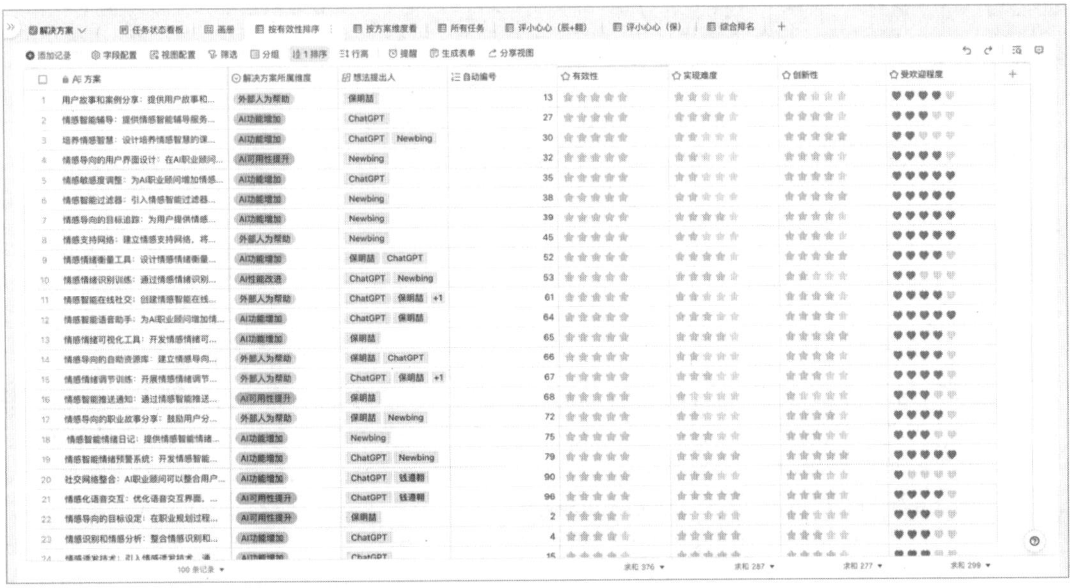

图 5-8　指挥 AI 进行产品概念头脑风暴的成果评估

表 5-2　AI 进行结构化的头脑风暴

向 AI 提出要求	请从以下每个维度中选择一个选项，把三个维度的选项结合在一起，形成一个产品创意，设计一款产品。 • 维度一，用户：年轻女性，年轻男性，老人，小孩，父母。 • 维度二，场景：休闲，学习，消费，工作，竞赛。 • 维度三，行为：看电视，看书，看网络视频，逛网络社区，玩游戏。 比如：为"年轻女性"在"休闲"场景下"看电视"的行为，设计一款产品。
New Bing 的回答	我从每个维度中随机选了一个选项，然后结合在一起，形成了一个产品创意。你可以根据自己的喜好和需求进行修改或改进。 以下是我的产品创意： 为老人在学习场景下看网络视频，设计一款产品。 *产品名称：老友学习网。* *产品描述：*这是一个专为老年人提供网络视频学习服务的平台，可以让老年人通过观看各种有趣和有用的视频来学习新知识、新技能和新趣味。老年人可以根据自己的兴趣和水平选择不同的视频课程，如健康养生、养花种草、手工艺品、外语入门等。平台还提供了互动社区，让老年人可以和其他学习者交流心得、分享经验和互相鼓励。平台还有专业的老师和志愿者，可以为老年人提供在线指导和答疑。这款产品旨在让老年人享受网络视频学习的乐趣，提高生活质量和幸福感。 为小孩在竞赛场景下玩游戏，设计一款产品。 *产品名称：小竞游。*
New Bing 的回答	*产品描述：*这是一个专为儿童提供游戏竞赛服务的平台，可以让儿童通过玩各种有趣和有益的游戏来参与不同的竞赛活动。儿童可以根据自己的年龄和喜好选择不同的游戏类型，如益智、冒险、体育、音乐等。平台还提供了排行榜、奖励系统和成就系统，让儿童可以看到自己的进步和成绩，获得奖品和荣誉。平台还有专业的教练和评委，可以为儿童提供在线培训和评估。这款产品旨在让儿童享受游戏竞赛的刺激，提高学习能力和自信心。 为父母在消费场景下逛网络社区，设计一款产品。 *产品名称：父母圈。* *产品描述：*这是一个专为父母提供网络社区消费服务的平台，可以让父母通过逛各种有关育儿和家庭的网络社区来获取信息、建立关系和进行消费。父母可以根据自己的需求和喜好选择不同的社区主题，如孕期准备、婴幼儿护理、教育指导、家庭旅行等。平台还提供了推荐系统、优惠券系统和积分系统，让父母可以发现适合自己的商品和服务，享受优惠价格和积分兑换。平台还有专业的顾问和达人，可以为父母提供在线咨询和建议。这款产品旨在让父母享受网络社区消费的便利，提高育儿效率和家庭幸福。

　　在这个例子中，一共有三个维度，每个维度有 5 个选项，采用上面这种方法，我们可以轻松地让 AI 产生 5×5×5=125 种产品创意，然后人类再在这个基础上去进一步发挥，或者改进，或者产生更多的新想法。

其实生成式 AI 进行设计探索的作用还不止于此。在一些复杂问题上，人类已经很难凭借自身的大脑来进行有效地分析和处理，AI 则可以作为一个存储容量、运算速度、可持续运行时间都远超人类的外部大脑，来破解这些难题。生成式 AI 可以综合考虑更多类型的用户和利益相关人，找到满足这些人要求和期望的最佳平衡点。生成式 AI 可以实现一些以前不可能的设计或工程解决方案，比如复杂的形状、结构和材料，这可以通过复杂的精确控制来实现。在互联网电商出现以前，关于大数据分析最为人津津乐道的案例莫过于啤酒与尿不湿的故事[210]，就是因为在大规模信息化之前，人类处理信息的能力非常有限；而在今天，无论是电商平台、内容平台、还是社交平台等，每时每刻都有海量的信息被收集、处理、分析、决策，这就是技术与工程的力量。随着生成式 AI 技术的逐渐成熟，还要再加上一项：海量的信息被创造。因为 AI 面对的是海量的信息，信息之间存在海量的关联可能，AI 可以对这些信息进行海量的加工试错，其成果不仅仅会是多样化的，更有可能是意想不到的。这是一种非常有意义的获取创造力的方式，也是 AI 创造力非常重要的组成部分和体现形式。

设想一下，如果要设计一款创意二维码，不只是机器可以扫描读取，人类看起来也觉得美观、有意义。怎么做？大家脑海里可能马上想到的是这些形象（图 5-9）。

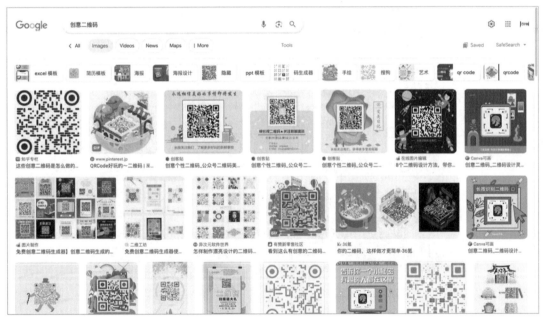

图 5-9　各种创意二维码

以二维码的像素块形态为基础进行创意设计，通过色彩、对比、拓展，形成创意图形，这就是过去这么多年里设计师们常用的办法。而且这种方法门槛并不低，需要设计师有很好的创意和视觉设计能力，而且图形越复杂，所需要的设计制作时间就越多，从几分钟到几小时、十几小时不等。当你看到下面两个二维码的样子（图 5-10），感觉如何？

图 5-10　AI 让二维码摆脱了像素块形态的束缚

对下面的几张图又有何感受（图 5-11）？它们也是二维码！

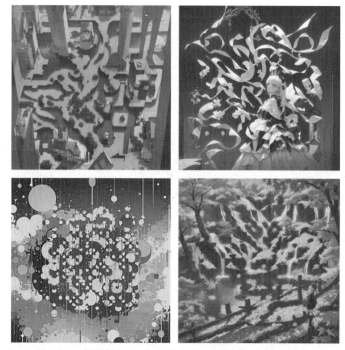

图 5-11　通过模型训练让 AI 生成彻底成为图画的"二维码"

　　这样的"二维码"，也许已经不能被称为"二维码"，而是能够被机器扫描读取的图像了。要人类手工设计出这样的图像，已经几乎不是人力可及的事情：一方面，需要对二维码的基础工作原理、图形编码方式有透彻的理解，明白二维码并非一定是单色像素块的形态，而是在各个位置上形成颜色对比；另一方面，这需要"设计师"既能精准画图，又能按照要求进行复杂的图像创意。这样一位"设计师"，就是中国传媒大学的倪豪等几位本科同学训练出来专门做艺术化二维码生成的 AI，或者更准确地说，他们发现了一套用 Stable Diffusion

生成艺术化二维码的方法[211]，经过优化而训练成为了一个特定的 ControlNet——QR Code ControlNet[212]。

这件事始于 2020—2021 年他们大二的时候，做了一个参数化的创意二维码生成器（qrbtf.com）。在那个 GAN 技术为主流的年代，机器学习的生态远没有如今活跃，当时各种 AI 的代码配环境很复杂，Gradio Web UI、Diffusers 这样好用的框架也还没有出现，当时他们的二维码生成工具做出的效果比较有限。Stable Diffusion 构建了开源生态、ControlNet 构建了精确控制生成的框架，为二维码生成也带来了新的可能。ControlNet 训练的数据结构很简单，官方也给出了非常多预训练模型以及基础的训练脚本；不过训练对数据量和算力的要求比较高（论文中记录的训练数据量从 8 万到 300 万不等、训练时间达到 600 个 A100 GPU 小时），如果没有高性能的显卡，就只能慢慢地进行训练。倪豪小组把他们宝贵的经验都公开在网站上[213]，包括各种类型模型的训练方法，各个实际模型训练项目的流程展示，供大家交流学习。有了这个二维码生成专用的 ControlNet，等于是向全世界开放了一个软件，大家都可以用这个软件来为自己生成高质量的艺术化二维码。

我也和一些学生们尝试着把一些特定风格的图像训练成图像生成模型，比如基于青花瓷的纹样（图 5-12）。不是用青花瓷的瓷器图像来训练，那样得到的模型只适合生成青花瓷瓷器本身，而是希望借助 AI 的分析学习，提炼出青花瓷纹样的视觉风格，从而能够运用到生成别的事物上（图 5-13）。

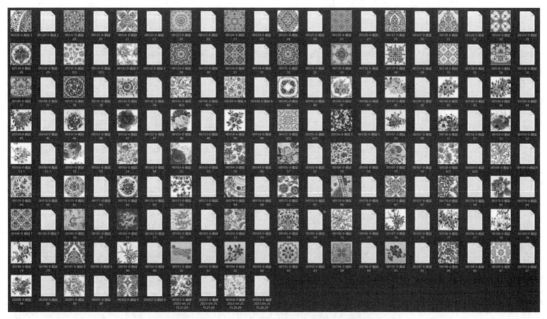

图 5-12 青花瓷风格图像生成模型的训练素材

我们训练了一个小规模的 LoRA 模型，用来控制青花瓷纹样视觉风格的生成。把这个小模型与其他的基础大模型叠加使用，就得到了如下的生成效果：无论是人物的时尚穿搭，还是物品、室内装修，都带上了青花瓷的风格。我们通过优化训练和设置生成参数，让这种感觉既能清晰体现，又不会过分凸显，从而形成了一种将青花瓷与国际化充分融合的独特设计风格。这样的创造不同于以往专门去设计一些内容成果，而是以模型的形式固化了一种能力，大家都可以用这个模型来为自己生成高质量的设计成果，想生成什么就生成什么、想生成多少就生成多少，由此而产生的影响力就会远超过去那种直接去设计一些内容成果的方式。在此基础上我们创作的 AI 艺术作品《一带一路·倾心青花》还入选了第六届艺术与科学国际作品展[214]。

图 5-13　由青花瓷风格图像生成模型生成的时尚穿搭、物品和室内装修

不仅可以训练特定风格的图像生成模型，也可以把特定角色、物品训练为图像生成模型，比如我们把阿派朗创造力乐园的吉祥物小河狸咔咔的图像作为训练素材（图 5-14），训练出的模型就能通过提示语来控制生成各种动作、装扮、道具、环境背景的咔咔图像（图 5-15）。

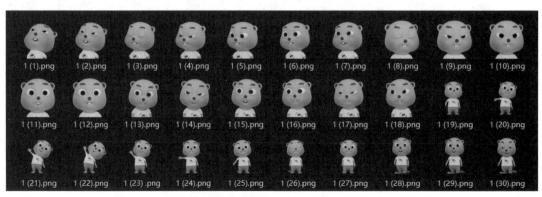

图 5-14　咔咔图像生成模型的训练素材

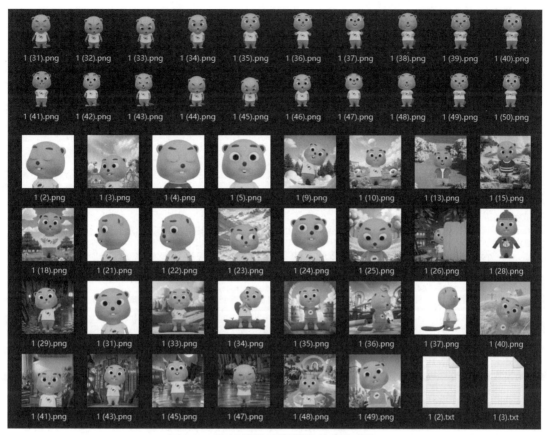

图 5-14 咔咔图像生成模型的训练素材（续）

图 5-15 用模型生成丰富多彩的咔咔图像

在前面讨论的各种应用案例中，我们看到了下面这些使用 AI 的方式。

- 把用户研究的各种文档喂给 AI、构建一个私有模型，或者把一篇小说喂给 AI、让它去阅读和分析，然后可以通过自然语言对话的方式从中提取信息。

- 设置好项目目标、生成参数和人物组合，让 AI 自动生成大量的设计探索，然后按照一定的评价标准进行筛选，再把初选后的成果交给人类做最终的选择。

- 发现一种艺术化二维码的生成方法，把这个方法训练为一个 ControlNet，让复杂的过程变简单，为画面效果和二维码识别之间的矛盾找到最佳平衡点，最后成为在 Stable Diffusion 上加载即可用的小工具。

- 像优秀的艺术家、设计师一样，从大量的素材中提炼风格，训练成为一个图像生成模型，让人人都可以用它来生成带有这种风格的事物图像；还能像调味一样，融合多个不同的模型使用，通过设置权重和参数，得到各式各样的变化，形成新的调和风格。

……

这一个个"小"案例，正预示着"大"变化。

为了解决真实世界的问题，设计需要充分的探索，充分拥抱不确定性与可能性，才有可能达到最优解。然而真实世界中的时间和资源永远是有限的，不可能支持充分探索。就像世界围棋冠军，虽然可以研究人类 3000 年积累下来的棋局，可以与其他的高手对弈，但是仍然无法像 AI 一样，瞬间模拟千万步，一夜对弈百万局。

但是当这样的 AI 能够为我们所用时，一切都发生了变化。每个人、每个组织都能够通过与 AI 的协作，获得超越自身的力量，并且这样的能力还能对外复制输出，让更多的人和组织获得这个能力。更丰富的数据来源、更综合的多模态信息处理能力、更全面的分析能力，更高效的信息管理、利用能力，更充分的、高效低成本的设计探索能力，更强大的能力形成、复制与扩散，这些 AI 带来的改变正在发生，而且在设计的方方面面影响越来越广泛而深入。这也预示着，设计领域也如同科学领域从第一范式发展到第四范式一样，从经验范式、理论范式、计算范式，正在进入数据驱动范式 [215]。

第四范式"数据驱动范式"也为产品设计带来了一些挑战，比如如何创造性地运用数据，如何确保数据和模型的可靠性和有效性，如何处理道德和法律问题，以及如何在过程中融入人为反馈和协作。关于如何创造性地运用数据，有一个有趣又经典的例子：2016 年谷歌推出了一个叫"Quick, Draw!"的游戏产品（中文版是微信小程序"猜画小歌"），玩法和"你画我猜"一样。由 AI 来发起绘画主题，吸引了全世界很多人来玩。其实，这个产品的作用是在于收集世界各地人们的简笔画，用来训练 AI 学会识别简笔画图案。根据训练的结果，2017 年谷歌又推出了另一个产品"AutoDraw"，只要用户画出简笔画，AI 就会自动识别这是什么图案，提供一系列相似的、预先准备好的高质量图案，供用户选择，这样一来，用户只要草草画出简笔画，就能得到高质量的图案。数据的获取与运用，在这两个产品之间实现了完美对接。

第四范式是补充和支持人类产品设计者的工具，而不是取而代之；产品设计者也应当相应地强化自己的综合能力，一手牵着用户，一手牵着科技，领导 AI 协作共创。

◀　思　考　▶

用 ChatGPT 等大语言模型去做脑暴，会遇到怎样的问题？

用 Stable Diffusion 或者 Midjourney 去做大规模设计探索，需要提前做什么准备，事后如何评估筛选？

你身边有什么事物，值得训练成模型，来实现更好的效果？

5.4　小练习：智能产品设计细化

在本章中，我们讨论了在今天做产品设计需要了解的 AI 技术与工具，如何从技术的角度来思考和推演（图 5-16）；从工作流与控制性这两个核心点上，以实际案例展现了如何构建协作体系，让人能够领导 AI 进行设计；在此基础上直观感受设计范式的转变，如何与 AI 一起进行成规模的设计工程探索。

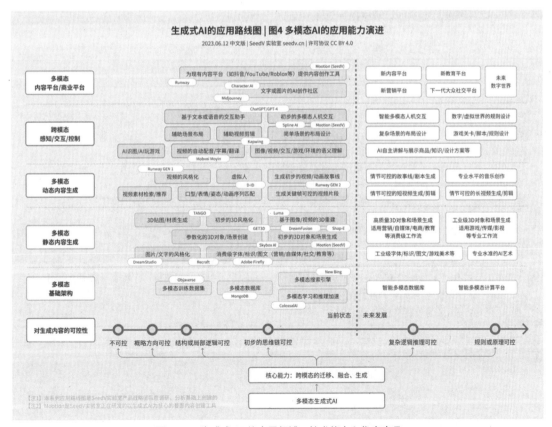

图 5-16　生成式 AI 的应用领域、技术能力和代表产品

AI 正在迅速发展，并在各个领域中发挥着越来越重要的作用。从 AI 科技的角度重新看待各领域中智能产品的发展，可以帮助我们更好地理解 AI 技术的潜力，洞察问题与机会，发现解决问题的破局点，预测技术与产品的发展趋势，利用 AI 技术来创造更具创新性和可持续性的产品。紧密追踪最新 AI 工具的发展，可以帮助我们更好地构建工作流，获得更强的控制力，充分运用自动化任务来探索新的设计可能性，以全新的范式来实现超越过去的产品设计效果。随着 AI 代码生成能力的提升，产品设计者能够使用和创造的生产力工具还将获得进一步的拓展。

以下这些 AI 工具导航平台供参考。

- https://latentbox.com/
- https://replicate.com/
- https://aitoptools.com/
- https://www.futurepedia.io/
- https://ai-bot.cn/
- https://aiartists.org/
- https://aidesign.tools/
- https://www.producthunt.com/topics/artificial-intelligence

本章的小练习如下。

主题：智能产品设计细化

本科：
- 根据前面初步确定的目标用户和产品方向，和 AI 一起进行头脑风暴，产生 100 个关于产品功能与体验的设计想法。
- 根据设计目标和想法，梳理其中相关的 AI 技术，找到可使用的 AI 工具。
- 把 AI 工具与传统工具结合起来，搭建工具流，进行设计细化。
- 把过程和结果记录为一篇文档。

硕士：
- 根据前面初步确定的目标用户和产品方向，和 AI 一起进行头脑风暴，产生 100 个关于产品功能与体验的设计想法。
- 根据设计目标和想法，梳理其中相关的 AI 技术，找到可使用的 AI 工具。
- 把 AI 工具与传统工具结合起来，搭建工具流，进行设计细化。讨论所使用的 AI 工具在设计过程中存在的问题，背后的原因，以及变通解决的方法。
- 把过程和结果记录为一篇文档。

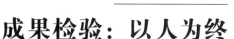

第 6 章

成果检验：以人为终

6.1 产品设计的呈现

你试过分别用 30 秒、3 分钟、30 分钟来向别人介绍你的产品设计吗？如果还没试过，强烈建议你在阅读下面的内容之前，先选择一个自己做的产品设计，试着做一下，如果能把你的表现用录像记录下来更好。在这个过程中，你将感受到一些从未想过的问题；在录像中，你将看到一个从未见过的自己。

你可能听说过"30 秒电梯推销"[216]，是的，这是真实存在且有效的。而用 30 秒、3 分钟、30 分钟来向别人介绍你的产品设计，可以看作是这个形式的升级版。在不同的时间限制情况下，听众的兴趣、耐心、期待会很不一样，进行这样的练习将会显著地帮助你获得以下方面的提升：

- 更好地理解产品。你会被迫以不同的方式思考。你需要能够清晰地阐述你的产品的价值主张，并需要能够解释它如何解决问题或满足需求，尤其是在不同的时间限制下更是如此。这个练习过程可以帮助你找出你对产品理解的任何差距，并帮助你改进你的信息。其实在这个过程中，也会经常发现产品设计本身存在的缺陷，尤其是对于针对用户解决问题、产生吸引力的方面。

- 找出并解决演讲中存在的问题。没有人天生擅长公开演讲，因为这涉及内容组织、展现形式、性格与心态、演讲技巧等方方面面；要在短时间内展示一个复杂的话题时，挑战会更大。通过练习，你会发现你的演讲可以改进的地方，从而提升演讲的效果，而且在这个过程中，你也会变得更加自信和自如。

- 获得反馈。在练习过程中，除了查看录像以外，如果能请朋友、家人或同事给予反馈会更好。即便他们可能与你的目标观众不同，但是作为普通人给予你直觉的反馈也是有意义的。你可以从他们在过程中的表情、态度、反馈上直观感受到观众可能的关注点，以及可能被问到的问题，从而调整你演讲的内容和形式，并提前做好准备。

接下来，我们就一起看看对于 30 秒、3 分钟、30 分钟介绍产品设计的具体建议。

1. 30 秒版

- 以一个能吸引到目标观众注意力，并且能清晰传达产品价值的陈述开始，有时以提问的方式效果更好。

- 清楚地说明你的产品为什么样的用户解决了什么问题或满足了什么需求。
- 强调你的设计的关键特征或独特的卖点。聚焦重点，简明扼要。用排除法，在这个版本中摒弃任何可以暂时不提的内容。
- 用最能触动目标观众的形式（不同类型的人容易被触动的点不同），比如数字、图表、图像、视频，来快速传达概念。
- 以简洁易记的呼吁结束（call-to-action），引导目标观众马上做出一个他们易于决定的行为，为后续更深入的事项做铺垫。

2. 3 分钟版

- 你也许是在 30 秒版的基础上，获得了讲述 3 分钟版的机会；也许是你从一开始就要准备一个 3 分钟版。无论怎样，优先准备一个 30 秒版都是打开局面、吸引到观众注意力的好办法。在此基础上，再为 3 分钟版增加内容。
- 进一步介绍产品相比市场上其他产品的差异化功能和优点，以及背后的设计过程，重点是用户研究、构思和迭代。
- 增加背书信息，比如用户使用产品的实例、团队背景、权威报道等。
- 实际可演示的产品原型比视频更可信，视频比图文更可信。
- 结束时总结要点，并强调价值主张和潜在的市场影响。引导观众提问，由此争取到更多介绍产品的机会和时间。

3. 30 分钟版

- 在 3 分钟版的基础上继续深入内容，引导观众深入参与问答或者实际体验产品，在你的基础上形成他们自己的观点。
- 详细讨论设计过程，包括研究、构思、原型设计和迭代，介绍你的产品是如何解决核心问题的。
- 对竞争格局进行讨论，强调产品的竞争优势和市场潜力。
- 邀请观众在现场实际体验产品，在过程中与观众进行深入的讨论。
- 通过总结主要要点、强调价值主张，并解决任何潜在问题或疑问来结束。

每个人特点不同，演讲风格不同，不用担心是否使用了所谓"最佳"风格；根据上述的内容和形式框架，找到适合自己特点的风格，把目标观众或者用户关心的内容呈现出来才是最重要的。产品的不同类型，受众的不同群体，产品的不同研发阶段，需要不同的方式来展示产品设计。

比如苹果和英伟达都是世界知名的科技公司，不过苹果的产品是以面向普通消费者的电子消费品为主，比如手机，而英伟达的产品是以面向专业人士和企业用户为主，比如显卡，因而他们展示产品的方式也很不一样。苹果以其接地气的创新产品展示方式而闻名，在产品发布会上贡献了从牛仔裤口袋里拿出能装下超过 1000 首音乐的 iPod 音乐播放器、从文件袋中拿出世界上最轻薄的 Macbook Air 笔记本电脑、用手指在屏幕上操作来实现解锁和照片缩放的 iPhone

智能手机、在疫情期间引领虚拟发布会等众多名场面。苹果经常会使用现场演示、视频和在线演示的组合，所呈现的都是普通消费者容易懂的、关心的、在情绪上会被打动的东西，而很少提及产品的技术数据，就算提及也是普通消费者容易感知和记忆的，而并非真的需要去理解背后的技术细节。而英伟达则是经常在贸易展和大会上进行现场演示，也会发布酷炫的视频展示他们的产品，以数据的形式直观地突出技术领先、性能强大、性价比高，以及对开发者的支持，还有对企业的教育——"买得越多、省得越多"（The more you buy, the more you save）[217]。

产品设计演示时面对的受众不同，则需要展示产品设计的不同特点或者价值。如果是展示给潜在的用户或者客户，更多地展示产品设计如何解决他们的问题或者满足他们的需求，用故事、用户案例再加上现场演示或试用的效果会比较好；如果是展示给潜在投资者或合作伙伴，更多地展示产品设计如何创造竞争优势或市场机会，使用数据分析、案例背书再加上现场演示或试用的效果会比较好。

产品不同的研发阶段，可以展示的产品设计内容和形式也不同。在早期，只有用户研究、产品文档、设计草图的阶段，可以用这些图文串成一个完整的案例故事，甚至做成一个小视频，来展示产品设计的概念或愿景。在中后期，用可操作的原型或者最终产品进行演示才是最好的方式，不仅能最直观地展现产品和体验，也更有助于获得受众的信任。

另外，用最小的代价来呈现产品，也有几个不同的模式：MVP、MLP 和 MMP[218]。MVP（Minimum Viable Product）即最小可行产品，是指具有最少功能、满足基本需求的产品。MLP（Minimum Lovable Product）即最小讨喜产品，是指具有最小功能、满足基本需求，且具有一定吸引力的产品。MMP（Minimum Marketable Product）即最小市场化产品，是指具有一定功能、满足市场需求，且具有一定竞争力的产品。这三者之间的对比如下（表 6-1）。

表 6-1　MVP、MLP、MMP 的比较

	MVP	MLP	MMP
目标	快速验证产品概念，获取用户反馈	快速获得用户的喜爱，建立用户群体	快速进入市场，获得竞争优势，实现盈利
研发阶段	早期	中后期阶段	中后期阶段
目标用户	开发团队	早期用户	潜在用户
产品功能	简单	相对丰富	完整
市场定位	小众市场	中等市场	主流市场
盈利模式	不以盈利为目的	以盈利为目的	以盈利为目的

三者分别有着显著的特点，也有着各自的拥趸。技术研发背景的人往往更支持 MVP，产品设计背景的人往往更支持 MLP，商务市场背景的人往往更支持 MMP。

　　产品设计背景的人相信 MLP 可以通过吸引用户的情感、偏好和期望，而不是仅仅满足他们理性的需要或期待，来建立更强大和持久的关系。MLP 还可以为产品或服务创造竞争优势和独特的价值主张，因为它可以将其与市场上其他类似产品或服务区分开来。通过避免在不能赢得用户喜爱的功能上浪费时间和资源，MLP 可以降低研发的风险和成本，比如开发一个竞争对手没有的、能够赢得用户喜爱的功能，远比把竞争对手的功能都补齐更重要。因为从一开始就专注于为目标用户提供核心价值和利益，而不是试图让大范围的用户满意，MLP 还可以提高产品或服务的效率和有效性。也正因如此，MLP 可以吸引并留存更多满意和忠诚于产品的用户，还能提高产品的口碑和推荐率。不过，随着用户使用、市场竞争的发展，MLP 也会逐步变为泯然众人的 MVP（图 6-1），因此需要持续不断地创新，保持差异化竞争的优势。

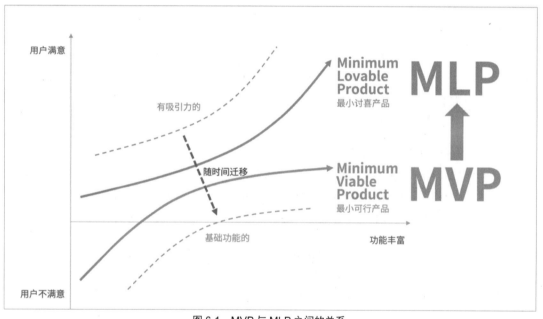

图 6-1　MVP 与 MLP 之间的关系

　　展示产品设计并非一定要付出大量的时间和投入，重点在于把对的内容，以对的形式展示给对的人。比如 2009 年 Dropbox 云盘公司发布的极其简陋的"纸片人"介绍视频[219]，以这种简陋风格与科技产品形成了非常戏剧化的对比，并且又把故事讲得通俗易懂，当年在互联网用户、科技爱好者的圈子里形成了病毒传播，甚至一度引领了介绍视频的风格趋势，帮助产品获得了非常好的推广效果，一点不亚于，甚至远超很多大公司花巨资制作的产品介绍视频。这就是创意的威力与价值。

　　正如前面章节中所讨论的，在生成式 AI 越来越强大的今天，找到合适的 AI 工具，帮助进行用户研究、产品设计、原型开发、视频策划与制作，能够获得事半功倍的效果。

◀ 思　考 ▶

用于内部研发、用户测试、对外宣传的产品设计展示，分别需要注意什么、有哪些不同？

对于更偏感性的、更偏理性的受众群体，在产品设计的展示上可以采用怎样的不同策略和方式？

不写代码，有哪些办法做出可以互动演示的产品原型？

6.2　产品设计的评估

产品设计的评估是一个既简单又极难的事情。

说它简单是因为从实操的角度来说，有很多切实的方法、流程、工具可循，比如用户测试（User Test）、产品测试（Product Test）、市场测试（Market Test）；其中还有能够量化评估的方法，尤其受大公司的欢迎，比如源于谷歌的 GSM 模型、HEART 模型[220]（图 6-2）。说它复杂则是因为人们使用这些方法的动机和目标是完全不同的，如果方法不能与之匹配，就可能会陷入很麻烦的境地。GSM 模型、HEART 模型是谷歌的用户研究员从工作中总结出来的成果，那时我就在谷歌的用户体验团队，对事情的来龙去脉比较清楚，也直观感受到了这些模型从方法层面来说是非常优秀的，能够有效地把用户体验这样一种偏感性、定性的工作，以结构化的、定量的方式来进行评估，甚至能由此订立一系列的指标，进行长期监测和分析，对于提升团队和个人的专业性有很大的帮助。不过，从公司层面来说，实际上会更关注与商业效果相关的东西，比如营收、利润，以及与之紧密相关的用户指标，比如日活 / 周活 / 月活用户、停留时长、重返率、任务完成率、付费率、客单价等。换个角度来说，大部分与用户相关的评估与研发的工程测试类似，是用来促进内部发现问题、解决问题的，是内部工具、内部流程，可能会被认为是"应该做好"的事情，而非直接帮助公司取得了经营效果，因此受重视程度就会有所不同。如果你还是很难接受这个现实，可以先进行自己的思考，再到下一节中看一看别的视角。

	Goals 目标	Signals 信号	Metrics 指标
Happiness 愉悦度			
Engagement 参与度			
Adoption 接受度			
Retention 留存度			
Task Success 任务完成度			

图 6-2　源于谷歌的 GSM-HEART 用户体验评估模型

　　所以虽然今天的公司都会说自己重视用户体验，但是真正把用户体验发挥出突出价值的公司少之又少。用一个典型的例子来说，当我在爱彼迎中国负责设计团队的时候，曾遇到过一个客服中心的用户体验改进项目，当我们列出了产品存在的问题时，获得的资源支持比较有限；但当我们算了一笔账，即如果完成这些用户体验改进，能够为公司节省多少客服支出，这个项目马上就获得了最高优先级的支持。简而言之，产品设计最直接的评估就是市场反馈，尤其是商业层面的效果；专业层面的评估可以帮助团队和个人做好工作、获得成长，但最好尽可能找到与商业效果相关的事项，这样推进才会事半功倍。

　　当我们在产品设计领域有了一定的积累之后，学习一些商业分析 [221] 的知识，再融入产品设计之中会非常有益。这里我们先拉回到产品设计专业领域，看一看产品设计评估最主要的两类测试：用户测试和产品测试。

　　在产品研发中，用户测试是一种重要的过程检测方式，通过让用户使用或者模拟使用产品，观察他们的行为、收集他们的反馈，作为产品改进的线索。用户测试经常被归入用户研究之中，和研发中的产品测试也有重合之处，所以常常被人忽视。表 6-2 简要呈现了三者之间的区别：

表 6-2　用户研究、用户测试、产品测试的比较

	用户研究	用户测试	产品测试
重点	广泛地了解目标用户	评估特定的产品或功能	确保产品符合要求并准备好发布
时间	可在研发过程中的任何阶段进行	通常在研发过程的后期进行	可在研发过程中的任何阶段进行
测试类型	调查、访谈、焦点小组、可用性测试等	主要是可用性测试、功能测试等	主要是功能测试、性能测试、安全测试等

　　用户测试通过观察真实或潜在用户如何与产品交互来评估产品，帮助了解用户的需求、偏好、期望和反馈，以及识别和解决产品中存在的问题，主要在功能性、易用性、吸引力等方面上改进产品。用户研究是更广泛的研究，涵盖目标用户的各种相关特征与活动，帮助了解用户是谁、需求是什么、如何使用相关的产品，发现潜在的问题并发掘解决方案的线索。产品测试是研发过程中对产品进行各种类型测试的统称，主要是由工程师自己以及专门的测试人员，对产品功能、性能、安全等方面进行测试，确保产品符合其要求并准备好发布给用户。有很多用户研究的方法同样适合使用在用户测试中，我们已经在前面的章节中有详细的讨论，在此我们将偏用户研究层面的用户测试，与偏研发工程层面的软件产品测试进行对比，了解各自的优缺点，并讨论在 AI 的帮助下，可以给用户测试和产品测试带来怎样的变化。

　　用户测试主要关注用户体验，是在研发过程的后期，采用定性的方法对小样本量的用户进行基于观察与访谈的测试，得到丰富的个体用户的行为细节，但是在产品功能、用户群体的覆盖度上存在先天的缺陷。可以通过详尽的用户行为流程分析来实现对产品功能与操作的尽可

能接近充分覆盖，并以此为基础设计用户测试任务，但是仍然无法穷尽可能出现的用户使用问题和技术问题；另外，对用户群体的覆盖在定性研究情况下就是无解的难题。在实际工作中，通常的做法就是让产品尽快上线（全量发布或者进行 A/B 测试），通过众多的真实用户在各种真实环境中使用，发现问题再改进。随着智能体技术的发展，会有越来越多模拟真实用户使用产品的服务出现，让用户测试能够以定量的形式进行，提高测试效率、减少潜在问题可能会带来的负面影响。

产品测试主要关注产品质量，在我们的语境中对应着软件测试。在行业标准 IEEE 829—1998 中把软件测试定义为：使用人工或自动的手段来运行或测定某个软件系统的过程，其目的在于检验它是否满足规定的需求或弄清预期结果与实际结果之间的差别[222]。这个标准定义了涵盖软件测试的整个生命周期的 8 种软件测试文档，包括测试计划、测试设计规格、测试用例规格、测试过程规格、测试项传递报告、测试记录、测试附加报告、测试总结报告。测试贯穿整个开发周期，包括但不限于对需求文档、概要设计、详细设计、源代码、可运行程序、运行环境的测试。测试的参与者不仅包括测试人员（测试工程师，有些团队里是软件工程师自测），也包括产品经理（统筹协调）、设计师（检查界面的实现效果）。

软件测试可以分为四个阶段：单元测试、集成测试、系统测试和验收测试。尽管产品的设计者可能并不需要知道这里的细节，不过通过了解 AI 辅助的自动化测试在其中的工作方式，能够对我们思考如何设计智能产品也会有所启发。

- 单元测试是软件测试的最基本阶段，主要用于测试软件的最小可测试单元，比如函数、方法、类等。单元测试的目的是在单元级别发现代码错误，比如逻辑错误、语法错误等。单元测试通常由研发人员完成。另外，可以使用单元测试框架来编写和运行单元测试用例，实现自动化单元测试；还可以使用代码覆盖率工具，来度量和报告单元测试用例覆盖了多少软件代码。

- 集成测试是把单元测试通过软件设计规格书中指定的接口组装起来，并进行测试。集成测试的目的是在模块级别验证模块之间的接口是否正确，以及模块组合后的整体功能是否正确。集成测试通常由研发和测试人员共同完成。另外，可以使用模拟或存根技术，帮助隔离和控制软件的不同部分之间的交互，以便更容易地进行集成测试；还可以使用持续集成或持续交付工具，对软件的构建、部署、测试过程进行自动化。

- 系统测试是把软件系统作为一个整体进行测试。系统测试的目的是在系统级别验证软件是否能达到产品定义的需求规格，以及满足用户的需求。系统测试通常由测试人员完成。为了提升测试效果，可以把前期所做的用户行为流程分析参考融合进来，以避免出现团队号召全体"帮忙"测试，但绝大多数人却只堆积在极少数的几个功能上做测试的情况。另外，可以使用图形用户界面自动化工具来模拟用户对界面的操作和输入，并验证软件界面的输出和反馈，实现跨平台和跨浏览器的软件界面自动化测试；还可以使用性能或者负载测试工具来模拟用户对软件系统或产品的并发访问或请求，测量产品的响应时间、吞吐量、资源消耗等指标。

- 验收测试是软件交付前的最后阶段测试。验收测试的目的是在用户级别验证软件是否满足用户的需求，以及符合用户的期望。验收测试通常由用户和客户代表完成。

其实，就软件测试本身来说，用户研究人员就可以学习很多，尤其是在如何标准化、量化分析、自动化、持续追踪（比如使用 Jira[223] 等软件，图 6-3）等。随着 AI 技术的发展，不仅仅是通用的大模型本身，而且也正在出现越来越多专用工具，能为用户测试和产品测试提供更强大的支持，让测试能够以更大的规模、更低的成本、更高的效率、更高的频率进行，并自动生成更富于分析洞察的测试报告。

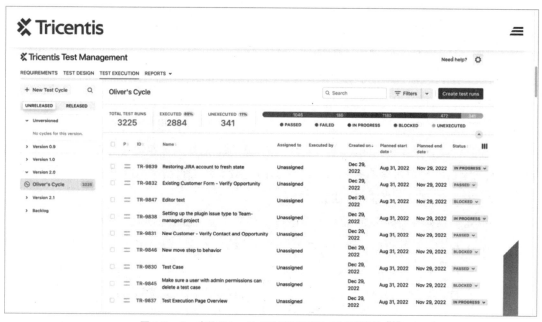

图 6-3　Jira 中的 Tricentis 测试管理工具（官网截图）[224]

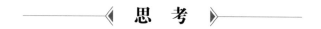

思　考

有哪些用户研究的方法适合用在用户测试中？

为什么用户行为流程分析能帮助提升软件测试的效率和效果？

软件测试中有哪些方法可以借鉴使用在用户测试中？

6.3　产品的商业评估

在上一节的开头，我提到在很多公司中，对用户体验的评估不如对经营效果的评估那么受重视，可能会有人打抱不平。其实在一个公司中，每个部门都会非常重视自己部门的工作、贡献与回报，可是每个部门的工作内容、方式、侧重点各不相同，比如设计师无法真正理解工程师的后端代码写得有多精妙，工程师也无法想出为什么一个按钮的位置不同会导致数据有如此大的差别；研发部门可能不认可品牌广告，只想做可以量化的效果广告[225]，市场部门可能认为如果不做品牌广告就无法支撑起效果广告……公司不仅需要一套各部门都认可的话语体系、价值体系，而且公司本身所面临的终极大考只有一个——能否形成可持续的商业行为。

比如，2023 年 7 月一款叫"妙鸭相机"的微信小程序一夜爆火，成为国内首个现象级的 AIGC 应用产品[226]。用户只需上传一张自拍照，然后选择一个艺术风格，就可以生成自己的个性化图片。与以前滤镜类产品不同的是，它是训练 AI"学会"用户的脸，然后去生成各种不同装扮、环境的人像，所以玩法更多、惊喜更多，迅速受到用户的追捧。其实妙鸭相机有个前辈，当时也是美国市场上的现象级产品 Lensa App[227]。曾因为首次把神经网络风格迁移技术用作图片滤镜而爆火的 Prisma App，其公司在 2018 年时发布了新产品 Lensa App，但一直不瘟不火，直到 2022 年 11 月推出"魔术化身"（Magic Avatar），把几个月前刚刚出现的人像训练和生成技术结合起来，首次带给大规模用户，终于引爆了市场。这是大家都愿意津津乐道的产品创新、商业故事，不过，这就是故事的全部吗？数据说明了一切（图 6-4、图 6-5）。

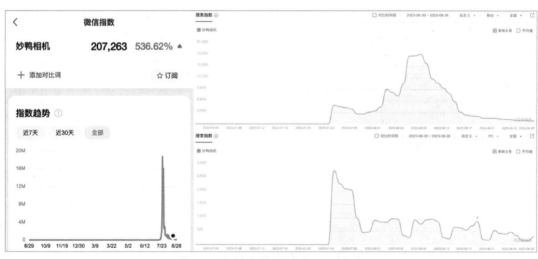

图 6-4　妙鸭相机的微信指数、百度指数

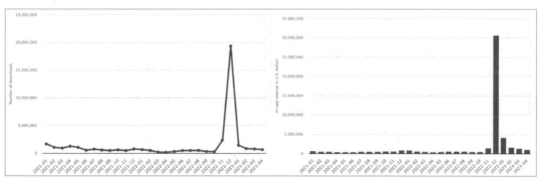

图 6-5　Lensa App 2021 年 1 月至 2023 年 4 月的全球下载量[228]、付费量[229]

　　无论是做产品还是做商业的人，都会非常看重一个公司的持续经营能力，都不愿遇到昙花一现的情况，不仅影响到近期的收益，更重要的是会影响到未来的信心。如果不能做成"常青树"产品，那就趁着当前的热度尽快推出新产品或者服务，找到第二增长曲线[230]。这样的产品有什么特点呢？

　　我在移动应用数据分析平台七麦数据[231]的帮助下，对 2010—2019 年苹果应用商店美国区的免费 App（包括游戏）的数据进行了分析。分析的数据基于曾经进入每周 Top 100 排名的12680 个 App，数据项包括 App 的名称、类型、上榜时间、上榜名次，由此找出每个 App 上榜的次数（包括同一个 App 的不同版本），再结合上榜名次进行加权，就可以得出每个 App在 10 年间的影响力分值，对此进行排序，就得到 10 年间曾经最具影响力的 100 个 App 的榜单。之所以不直接使用 10 年的累计下载量作为分析的基础数据，因为不能反映出那些曾经在短时间内辉煌过的 App。通过这个分析，我们得到了一些非常有意思的结果（图 6-6）。

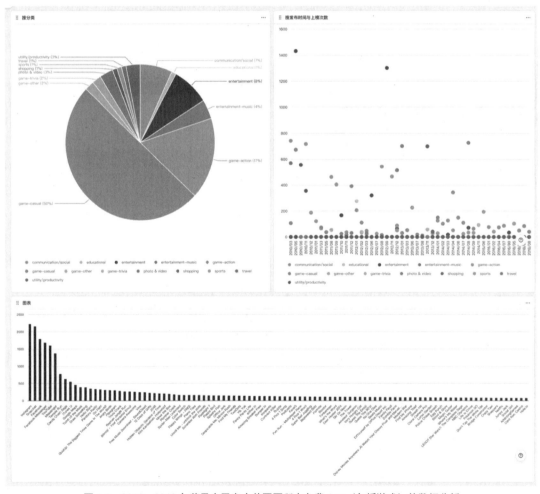

图 6-6　2010—2019 年苹果应用商店美国区所有免费 App（包括游戏）的数据分析

- 哪类 App 最多？可能大家都能猜到是游戏。究竟有多么多？71%，其中 50% 是休闲类游戏，17% 是动作类游戏，这也是上榜 App 数量最多的两个分类。娱乐（8%）、社交（7%）紧随其后。

- 虽然数量最多的是游戏类 App，但是通常火爆周期只有一两年；而娱乐、社交、工具类虽然上榜的 App 数量少，但是火爆周期能持续很久，比如 Facebook、Instagram、Snapchat、Youtube、Google Maps 这些，几乎贯穿了整个 10 年时光。上榜次数能接近它们的游戏只有像神庙逃亡（Temple Run）、糖果粉碎传奇（Candy Crush Saga）这样的超经典游戏。

- 游戏 App 是江山代有才人出，各领风骚一两年；而其他类型的 App 则呈现出强烈的网络效应 [232]（使用的人越多、产品越强大）和积累效应，先发优势非常明显，晚入局的产品要想打开局面就需要有非常差异化的竞争性，或者是差异化的目标用户，或者是差异化的产品功能，最好是二者兼而有之。

- 产品通过持续发布高质量的新版本，能有效地延长产品的生命周期，甚至有新版超越旧版的情况出现。持续创新很有意义。

上面分析中的案例，都是全世界最聪明、最努力的人们研发出来的产品（只是 2C 的消费端产品，不包括 2B 的企业端产品），在不同的情况下会呈现出完全不同的效果。这也是为什么在决定做什么产品、怎么做这个产品的初期，需要认真地进行商业评估，帮助看清后续可能会遇到的商业问题。

在商业评估中，主要评估的是产品设计和研发的可行性、可验证性和潜在影响，可以帮助识别产品理念的优势、劣势、机会和威胁，以及市场需求、用户 / 客户需求、竞争格局和财务影响。商业评估可在产品开发周期的不同阶段进行，但在开始时尤为重要，因为这时项目处在探索和验证概念的阶段，可调整的空间大、成本低。有很多方法和工具可以帮助进行商业评估，比如以下例子。

- 概念验证：向目标用户、投资人，展示设计图、产品原型来进行测试，评估他们对产品的兴趣、反馈和期望，调整产品的价值点、功能或切入点。

- 评估矩阵 [233]：通过构建一个框架，根据多个标准对多个产品或想法进行比较和评级。评估矩阵通常采用表格的形式，在纵列中放入不同的产品或想法，在横行中放入对产品成功至关重要的标准或因素。标准可以是定量或定性的，比如市场规模、用户满意度、技术可行性、盈利能力等，为每项赋予评级分数范围，然后对每个产品或想法针对每个标准进行打分。在最后的计算时还可以根据每个标准的相对重要性进行加权，通过加权求和，算出每个产品或想法的总分，从而可以进行综合、量化的比较。

- SWOT 分析、波特五力分析、商业画布等都是常见的商业评估分析工具。

- 通过查询数据、行研报告、用户研究报告等来进行市场规模评估，通过竞品分析来进行市场竞争评估，通过商业模型与财务模型进行财务测算，这些也是重要商业评估方面。

过去的十几年来，随着创业投资行业的发展，通过商业计划书来进行商业评估已经成为一种主流的起始方式。商业计划书汇总了项目的关键信息，包括市场与机会、产品与服务、推广与运营、财务预测、团队实力等。对产品的创造者来说，撰写商业计划书，是一个很好的思路梳理过程；对投资人、合作伙伴来说，商业计划书是一个高效的沟通工具，帮助他们快速了解项目。行业里被誉为"教科书"的商业计划书模板出自红杉资本[234]，用以下10页PPT把项目讲清楚。

（1）公司宗旨：用一句话定义你的公司。抓住事业的精髓，为什么要做，与众不同的地方；不要罗列功能，而应该传达使命。

（2）问题：描述要为用户解决的问题。介绍用户面临的痛点、需求或挑战，以及现有解决方案的缺点。

（3）解决方案：介绍你的解决方案。展示产品如何解决用户的问题，为什么你的价值主张是独特而有说服力的？为什么它会持续下去，将从这里走向何方？

（4）时机：解释为什么现在是推出产品的正确时机。强调市场趋势、用户行为、技术进步或政策变化，这些变化为产品创造了有利的机会。

（5）市场潜力：估算目标市场的规模和潜力。识别你的用户和市场，顶级的公司会创造市场。定量描述产品的总体潜在市场、可服务的潜在市场、可获得的市场。投资人往往会更倾向于潜力大的市场，而不是在一个小市场上获得很高的占有率。

（6）竞争：分析产品的竞争格局和定位。明确你的直接和间接竞争对手，并将它们的优势和劣势与自身产品的优势和劣势进行比较，突出自身差异化的卖点和竞争优势。

（7）商业模式：介绍如何通过产品赚钱。描述收入来源、定价策略、成本结构、毛利率和单位产品的成本与收入等。

（8）团队：介绍创始团队和关键成员。强调他们相关的技能、经验和成就，强化背书效果。

（9）财务：总结财务预测和关键指标。用图表的形式展示历史和预测的收入、费用、利润、现金流和增长率，列出用于衡量进度和成功的关键绩效指标，以及需要多少资金来实现。

（10）愿景：如果一切顺利，你将在五年内建成什么？

无论你是在做一个真实的还是虚拟的项目，认真研究并撰写这样一份商业计划书，都将会给你带来很大的思维提升。

思 考

用户会长期使用的产品有什么特点？

内容、工具、社交、游戏类的产品，各自考验怎样的核心竞争力？

商业计划书中如果有缺失的内容不会填，怎么办？

6.4　小练习：撰写商业计划书

如果你没有经历过为公司、为产品做重大决定，其实很难理解商业计划书中的各项内容究竟意味着什么。不妨看看这本在十年多以前、中国创业大潮开启时出版的书，从中感受并启发你的思考：阿什·马乌里亚（Ash Maurya）的《精益创业实战》[235]。这是一本关于如何使用精益创业方法创办和发展创业公司的书。书中介绍了精益创业的核心原理，包括快速迭代（通过快速开发、测试和发布产品来验证假设）、用户研究（通过研究用户的需求来确定产品或服务是否有市场）、数据驱动（通过分析数据来做出决策），还指导人们如何去定义用户与市场、如何构建可测试的假设、如何验证假设、如何迭代产品与服务。

另外，网络上也能找到一些知名的公开分享的商业计划书[236]，你可以从中获得启发。不过要注意，这些商业计划书处在当时企业不同的发展阶段，所以内容、侧重点各不相同。可以参考，但不能照搬。

对于当前的智能产品来说，尤其需要注意三点与之前的互联网、移动互联网产品不同的：技术、成本、数据。从商业层面来说，这三点影响巨大，甚至让一些基本逻辑发生了改变。比如，在互联网、移动互联网时代，人们相信只要把用户量做到足够大，就一定能成为赚钱的好生意，并且过去二十多年的发展实践也不断印证了这一点。但是在 AI 时代，一切都在改变：

- 在目前技术本身还在不断演进的时候，一方面技术是很高的门槛，能做到和不能做到直接决定了产品是否成立；而另一方面，由于技术发展太快，甚至会出现新一代技术对前一代技术碾压清盘的情况，公司发展充满了风险。

- 大部分互联网、移动互联网产品的成本不高，并且边际效益明显，用户量大幅增长并不会大幅增加成本。但是智能产品因为需要实时的算力支持，目前还很难做到利用本地算力解决大部分问题，于是导致显卡价格飞涨、算力成本水涨船高，用户使用越多、产品成本越高。虽然可以从一开始就向用户收费，但是这样就大幅增加了进入门槛，打破了互联网、移动互联网赖以成功的"免费增值服务"（Freemium）模式，给产品启动带来了更多挑战。

- 数据是智能产品的基础。它用于训练机器学习模型，用于进行预测和决策；智能产品拥有的数据越多，它进行预测和决策的能力就越好。从某种意义来说，数据就是产品本身。智能产品中数据有巨大的商业价值，可以用于提高用户体验、降低成本、增加收入、获得竞争优势。随着 AI 技术的发展，以及在人类社会中不断深入融合，数据的商业价值将会越来越大，也就更需要合理规划数据的获取与利用。

本章的小练习如下。

主题：撰写商业计划书

本科：

- 确定产品的目标用户、价值主张、核心功能、差异化竞争卖点。
- 和 AI 一起进行市场研究。使用多个 AI 以及搜索引擎，交叉验证，确保数据的准确性。
- 找到合适的商业计划书进行参考。
- 以 PPT 的形式撰写一份商业计划书（可以不包含财务测算）。

硕士：

- 确定产品的目标用户、价值主张、核心功能、差异化竞争卖点。
- 和 AI 一起进行市场研究。使用多个 AI 以及搜索引擎，交叉验证，确保数据的准确性。
- 找到合适的商业计划书进行参考。
- 以 PPT 的形式撰写一份商业计划书（必须包含财务测算）。

4

第四篇
智能设计职业之路

过去一说到 AI，人们首先想到的是机器人取代人类去做烦琐、重复、可能有危险的工作；然而随着生成式 AI 在过去的一两年内迅速成长为生产力工具，人们发现信息处理类工作更容易受到 AI 的影响。

除了这具能够联通现实与虚拟空间的身体以外，人类目前还有什么胜过 AI？

人类作为智能产品的设计者，会有怎样的挑战与机遇？

第7章

AI 时代的产品设计者

7.1 产品设计的挑战

说起历史上最了不起的产品创新，大家脑海里可能会出现战国时期出现的指南针、105 年左右蔡伦改进的造纸术、隋唐时期出现的火药、唐代出现的雕版印刷术、1041 年左右毕昇发明的活字印刷术、1440 年左右约翰内斯·古腾堡发明的印刷机、1608 年左右汉斯·利伯希发明的望远镜、1769 年詹姆斯·瓦特改进的蒸汽机、1876 年亚历山大·贝尔发明的电话、1879 年托马斯·爱迪生发明的电灯泡、1903 年莱特兄弟发明的飞机……而近代信息技术产品的发明则会更复杂一些（古代的发明很可能也是如此，只是我们无法追溯），让我们一起回顾一下。

1. 电脑

- 查尔斯·巴贝奇（Charles Babbage）于 1822 年设计了第一台机械计算机，艾达·洛夫莱斯（Ada Lovelace）于 1843 年为此写下第一个算法程序；
- 艾伦·图灵（Alan Turing）于 1936 年提出了通用机的概念；
- 约翰·冯·诺伊曼（John von Neumann）于 1945 年开发了能够存储程序的计算机的架构；
- 格蕾丝·霍珀（Grace Hopper）于 1952 年创建了第一台编译器；
- 约翰·麦卡锡（John Mauchly）和约翰·普雷斯佩·埃克特（John Presper Eckert）于 1946 年建造了第一台电子计算机 ENIAC；
- IBM 于 1953 年推出了第一台商用计算机 IBM701；
- Xerox 于 1973 年研发了第一个拥有图形用户界面的电脑 Xerox Alto；
- 埃德·罗伯茨（Ed Roberts）于 1975 年推出了第一台商业上成功的个人电脑 Altair 8800；
- 史蒂夫·乔布斯（Steve Jobs）和史蒂夫·沃兹尼亚克（Steve Wozniak）于 1976 年推出了第一台流行的个人电脑 Apple I；
- IBM 于 1981 年推出第一台标准化兼容第三方软硬件的个人电脑 IBM PC，其中使用的是 MS-DOS 操作系统，微软登场，并于 1985 年推出 Windows 1.0。

2. 互联网

- 保罗·巴兰（Paul Baran）于 1962 年提出了分组交换网络，莱昂纳德·克莱因洛克（Leonard Kleinrock）于 1961 年发表了关于分组交换理论的第一篇论文；

- 美国国防部于 1969 年创建了第一个电脑网络阿帕网（ARPANET）；
- 文特·瑟夫（Vint Cerf）和罗伯特·卡恩（Robert Kahn）于 1974 年设计了 TCP/IP 协议；
- 蒂姆·伯纳斯 - 李（Tim Berners-Lee）于 1989 年创建了万维网（World Wide Web），成为互联网的网页互联基础[237]。

3. 手机

- 摩托罗拉于 1973 年发明了移动电话；
- IBM 和 BellSouth 于 1994 年推出 PDA（Personal Digital Assistant）IBM Simon，诺基亚于 1996 年推出首个能上网的手机 Nokia Communicator，RIM 于 1999 年推出了首个带有邮件功能的手机黑莓；
- 苹果于 2007 年推出 iPhone，谷歌和 HTC 于 2008 年推出安卓手机。移动互联网时代开启。

……

如果让我们回顾这些了不起的产品创新故事，总结以及创新者的特质，大家脑海里可能会出现好奇心、创造力、远见和想象力、跨领域的深厚知识积累、解决问题的能力、动手能力、坚持不懈、敢于冒险、沟通和协作能力等。不知大家是否意识到，这个列表中的人，没有纯粹意义上的"设计师"。有想法的人很多，能把想法用文字、图像甚至原型表现出来的人也很多，但是真正能把想法以可持续使用的产品的形式做出来的人很少。事实上，在现代科技产品中，已经很难把一个产品和某个"发明人"直接关联起来，所有产品都是团队协作的成果。比想法更重要的，是做出产品，比做出产品更重要的，是形成持续的商业。

在今天的科技产品打造中，通常是在企业端由产品管理、技术研发、设计用研、数据分析团队进行产品研发，硬件还需要生产制造、采购供应，加上人力、行政、财务、法务团队保障，共同努力打造产品，然后由市场、运营、商务、销售、交付、客服团队提供给用户，用户再以购买的形式把利益反馈给企业，形成产品价值体系的循环。在这个循环中，大家各司其职、缺一不可（图 7-1）。

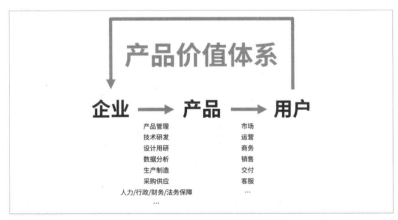

图 7-1　产品价值体系的形成

在此咱们以"用户体验"工作为例，来看一看产品设计在工作中面临的挑战。

1. 业务挑战

狭义的用户体验的工作主要是为产品研发做交互和视觉设计，不过广义的用户体验的工作范畴（图 7-2）需要全流程覆盖产品的研发与交付，从产品核心层的业务与功能梳理定义，到使用层的交互与规则定义，再到表现层的界面与视觉，最后到营销层的运营与推广。这样一来，用户体验的职能范畴就会包含产品相关的用户研究、交互设计、视觉设计、文案撰写，并且与产品管理、开发、市场、运营等职能产生交集（图 7-3）。

图 7-2　用户体验的工作范畴

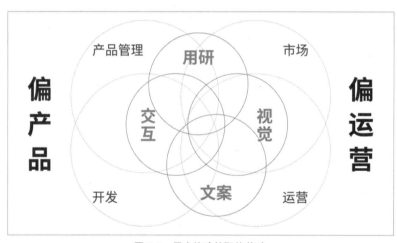

图 7-3　用户体验的职能范畴

用户体验职能不仅需要做好前面章节所讨论的各种专业工作，而且为了更好地与各交叉职能相配合，还需要在交叉领域中重点提供相关的专业能力（表 7-1）。其中与产品管理、开发、运营交叉的更多是基础职能，与市场和品牌、人力/行政/财务交叉的更多是可以延伸拓展的职能。这些延伸拓展的职能虽然与"本职"工作不是特别相关，但是对于扩展用户体验团队或者个人在公司中的影响力会很有益处。另外，在合适的情况下多参与行业社区活动，也会对公司、团队、个人的品牌建设，以及对招聘工作，都会有切实的帮助。

表7-1　用户体验职能与其他职能的工作交叉配合

工作交叉	产品管理	开发	运营	市场和品牌	人力/行政/财务
交互	竞品、用户分析，产品规划、设计，产品上线后的数据分析	交互设计细化、实施（素材输出、规范制定）、测试	为运营的产品、活动界面设计（有时也包括规则设计）。服务设计（销售、交付、客服）	重要活动的流程和环境体验设计	办公环境设计，重要活动的流程和环境体验设计
视觉	产品视觉风格定义。还会细分出"动效设计师"	视觉设计细化、实施（素材输出、规范制定）、测试	为运营的产品、活动界面设计、物料设计	品牌设计，营销物料设计。重要活动的物料设计	重要的PPT设计，办公环境设计，重要活动的物料设计
用研	产品规划期的预研，上线前后的用研测试，上线后的追踪研究	和数据科学团队一起做定量的用研分析	和数据科学团队一起做定量的用研分析	和市场团队一起做市场和用户的研究	参与员工关系调研
文案	制定产品文案策略，设计、撰写文案。还会细分出本地化职能	产品文案实施	让产品文案和运营、营销文案保持一致，更好融合，互为助力		参与公司文化建设

2. 协作挑战

在产品研发的过程中，最可怕的不是犯错，谁都会犯错，而且互联网产品的发展过程本身往往就是一个试错的过程；只要能够尽可能做出最好的测试对象，然后就是如何高效率、低成本地尝试的过程了。最可怕的其实是这样一种情况：老板花一秒钟说出一个想法，产品经理用一天细化为一个产品需求，设计师用一周做成一套设计，工程师用一个月研发成一个产品功能，上线测试一个月后发现有问题。这样不仅非常浪费时间和资源，而且会很伤团队的心气——为什么不能早点发现问题呢？

在整个产品研发的过程中，通常来说只有五个时间节点（图7-4中虚线圆圈标出的地方），是有机会能够发现问题并且向上追溯、进行调整的，错过一次少一次，而且越拖到后面，调整的成本就会越高。所以大家一定要特别注意，一是对上游的人要有质疑的精神，没有谁一定是对的，尽可能去发现问题；二是对下游的人要有负责的精神，不要让大家因为我们的失误而浪费时间资源，最后还得到不好的结果。

从产品设计与实施的视角，我们可以列出一个相对理想化的产品研发全过程，分为产品预研、产品策划、产品设计、开发实施、迭代改进五个阶段，在AI参与进来之前，其中包含其中各自阶段的工作内容、产出物、参与者分别如下（表7-2）。

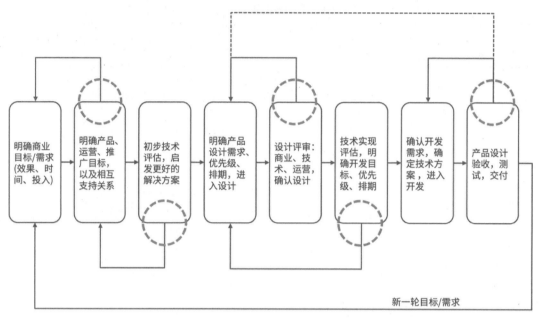

图 7-4 产品研发流程中提问题的时间窗口

表 7-2 产品设计视角的产品研发流程

	工作内容	产出物	参与者
产品预研	研究用户与利益相关人；分析已有产品数据；分析竞品和参考产品。	用户/利益相关人分析；用户/利益相关人调研结果分析；目标用户画像；目标用户行为流程、体验地图分析；已有产品数据分析；竞品/参考品分析。	用户研究员（或产品设计师、产品经理代理）：制定研究计划，执行研究，整理结果；产品经理：参与制定研究计划，分析产品数据、竞品和参考产品；产品设计师：参与制定研究计划、执行研究，参与分析产品数据、竞品和参考产品；（可选）产品销售/运营人员：参与线下调研、调研结果分析。
产品策划	确立产品设计目标：关键目标用户，产品的商业目标，用户需求与产品功能；产品原型设计：以交互线框图的方式，讨论、验证、快速迭代改进；确立产品视觉风格/品牌形象定位；配合开发团队制定产品开发文档。	产品策划文档；产品主要界面的原型设计；产品视觉风格/品牌形象定位；产品开发文档（配合开发团队）。	产品经理：确立产品设计目标。参与产品原型设计、视觉风格/品牌形象定位，配合制定开发文档；产品设计师：设计产品原型。参与确立产品设计目标、视觉风格/品牌形象定位；视觉设计师：确定视觉风格/品牌形象定位，参与确立产品设计目标、产品原型设计；前端工程师：参与产品原型设计，制作交互原型；核心开发工程师：参与产品原型设计，制定产品开发文档。

	工作内容	产出物	参与者
产品设计	细化、迭代产品的交互、视觉设计； 专家走查； 用户测试； 开始产品功能开发。	产品交互线框图； 产品视觉效果图； 专家走查、用户测试的反馈； 界面设计规范； 产品体验设计文档； 初步的功能开发结果。	产品经理：管控设计、开发的质量和进度，参与用户测试； 产品设计师：细化、迭代产品交互设计，专家走查，参与用户测试； 视觉设计师：细化、迭代产品视觉设计，参与用户测试； 用户研究员（或产品设计师、产品经理代理）：设计、执行用户测试； 前端工程师：制作交互原型，进行产品的前端开发； 开发工程师：根据产品体验设计文档开始开发产品功能。
开发实施	产品后端开发； 产品前端开发； 界面切图并配合工程实施； 开发结果的专家走查； 开发结果的用户测试。	完成开发实施的产品； 用户测试、产品测试的反馈。	工程开发团队：产品开发； 视觉设计师：配合开发切图实施； 产品设计师：检查开发结果； 产品经理：管控进度和质量； 用户研究员（或产品设计师和产品经理代理）：用户测试。
迭代改进	收集、分析产品数据； 收集、分析用户反馈； 改进产品设计； 制定版本计划，迭代开发。	用户数据与反馈汇总与分析的结论； 产品设计改进方案； 工程实施。	产品经理：制定改进计划，管控进度和质量； 产品设计师：改进产品设计； 视觉设计师：改进视觉设计，配合工程实施； 运营团队：收集用户反馈，提交给产品经理； 工程开发团队：改进开发产品。

在这个过程中产品设计需要与各个职能紧密协作，完成产品的研发。近年来有越来越多的协作工具涌现，也对这个过程中的协作起到了很大的推动作用。

3. 新技术挑战

在前面的章节中我们讨论了 AI 会对产品设计带来的各种影响。

从挑战的角度来说，接下来的产品设计需要应对如何采集和利用大规模、多样化数据的问题，让数据成为产品本身；需要应对如何让用户信任 AI 驱动的设计流程和结果，但又要避免因为过度信任而造成潜在的问题；需要应对如何平衡自动化与人性化，让人与 AI 各展所长，共生共创。这也对应着我在前文中所提出的，智能产品设计要遵循以人为师、以人为本、以人为伴的原则。

从机遇的角度来说，AI 可以成规摸地生成设计方案，帮助设计师探索更广泛的可能性并激发新的想法，实现更好的设计构思和探索；AI 可以分析大量数据并生成洞察力来优化设计决策，加速产品设计流程并减少错误，实现更好的设计优化和迭代；AI 可以帮助设计师更深入地了解用户行为、偏好和需求，实现更好地以用户为中心的设计；AI 可以通过分析用户数据和偏好来实现个性化的产品体验，实现更好的个性化和定制；AI 驱动可以模拟现实世界条件，使设计者在产品实际被做出来使用之前就可以进行虚拟测试并改进产品，更好地节省时间和资源；AI 可以自动化重复或烦琐的设计任务，释放设计者的时间来专注于更具创意和战略的工作内容……

而且 AI 不是一个独立发展的领域，它的进步会对各个领域形成强大的推动力：大语言模型、智能体正在促进机器人的行为决策、具身智能开始快速发展，3D 生成技术正在促进元宇宙的建设向着更高质量、更低成本的方向发展，大模型与生成技术的结合正在促进新材料的出现、脑机接口的实用化……这些新技术都将给产品设计带来新的挑战与机遇。

对比分析一个科技公司与一个餐饮公司的产品价值体系有什么不同。

以自己亲身经历过的协作挑战为例，分析并提出改进方案。

语音交互类产品给产品设计带来了哪些变化？

7.2 产品设计者的职业规划

说到产品设计相关的职业，大家第一反应可能是产品设计师、交互设计师、界面设计师、视觉设计师等少数几类设计职业。其实这里存在一个很大的认知盲区。咱们以抖音 /TikTok 为例，看看在这样一个大家最熟悉、较早出现的智能产品中，包含了哪些方面的设计。

- 界面与交互：简洁友好的用户界面，尤其是全屏显示视频内容、一键切换。
- 上瘾的内容：用短视频的形式占据用户注意力，以快速持续刺激形成吸引。
- 内容推荐：针对每位用户提供个性化、强沉浸的内容推送。
- 创意工具：提供丰富的视频制作、特效、配乐等工具，促进用户发布视频。
- 社区互动：以各种方式鼓励用户与作者、用户之间的互动，营造社区感。
- 活动运营：发起各种活动挑战，形成病毒式传播。
- 商业变现：构建了富含变现机会的商业生态，激励创作者创作高质量内容。

一方面，这里包含了很多个不同层面的设计，比如产品界面、内容形式、内容推荐机制、内容生产工具、社区运营、市场推广、广告与电商等；另一方面，作为一个成功的智能产品，什么是其中最关键的因素？在我看来，首先是内容推荐机制，吸引并留住用户，这是整个产品生态系统的基础、重中之重；其次是商业生态，深度绑定和激励创作者成为生态的贡献者；第三是赋能内容生产的各种创意工具，更快地创造更多、更好的内容。而 AI 则在这三方面都发挥出了重要的作用，可以在前所未有的大规模情况下实现更强的效果、更高的效率。可以说，如果没有 AI，就无法让这一切发生，正如过去多年以来各种产品的尝试一样。并且，因为 AI 带来的是最根本的底层改变，这个产品生态也对不同的用户以及内容体现出惊人的生命力、包容性与效率，使 TikTok 成为中国最成功的国际化互联网产品。

从这个例子中我们可以清晰地看到，产品设计有丰富的层面，也意味着给予不同类型的设计者以丰富的机会；同时，在 AI 的时代，设计者特别需要提升对于 AI 科技、数据的理解与运用，才能成为智能产品的优秀设计者。

以下是市场上可以见到的设计与创造相关的职业，也是产品设计者能够发光发热的地方。随着 AI 科技的发展，这些职业中相对传统的，都有机会并且应该与 AI 相结合；另外，一些新兴的职业也正在涌现，比如虚拟现实 / 增强现实设计师、提示语设计师 / 工程师（研究如何让人通过提示语的方式与 AI 互动）；还有一些即将出现，比如 AI 训练师（用数据将 AI 训练成人类需要的样子）、智能体设计师（设计智能体以及虚拟人的能力、行为与性格）、机器行为设计师（训练机器人的行为方式）等等（表 7-3）。

表 7-3　设计与创造相关的职业

3D Animator 3D 动画师	Choreographer 编舞师	Interaction Designer 交互设计师	Publication Designer 书籍设计师
3D Artist/Designer 3D 美术师 / 设计师	Content Designer/Writer 文案设计师	Interior Designer 室内设计师	Robot Behavior Designer 机器行为设计师
3D Environment Artist 3D 场景美术师	Craft and Fine Artist 手工艺美术师	Jewelery Designer 首饰设计师	Script Writer 编剧
3D Rendering Artist 3D 渲染美术师	Creative Director 创意总监	Landscape Designer 环艺设计师	Service Designer 服务设计师
Advertising Designer 广告设计师	Creative Technologist 创意工程师	Logo Designer 标识设计师	Set Designer 布景设计师
AI Agent Designer 智能体设计师	Costume Designer 道具设计师	Motion Graphics Designer 动态设计师	Song Writer 歌曲创作人
AI Trainer AI 训练师	Exhibition Designer 展陈设计师	Multimedia Designer 多媒体设计师	Sound Designer 声效设计师
Animator 动画师	Fashion Designer 服装设计师	Music Composer 作曲师	Special Effects Artist/ Animator 特效艺术师 / 动画师
Architect 建筑师	Floral Designer 花艺设计师	Music Arranger 编曲师	Technical Artist 技术美术师
Augmented Reality (AR) Designer 增强现实设计师	Front-End Developer 前端工程师	Packaging Designer 包装设计师	Typographer 字体设计师
Art Curator 艺术策展人	Game Artist 游戏美术师	Photo Editor 照片编辑师	User Experience (UX, UE) Designer 用户体验设计师

Art/Design Educator 艺术 / 设计教师	Game Designer 游戏设计师	Photographer 摄影师	User Experience Researcher 用户体验研究员
Art Director 艺术总监	Game Level Designer 游戏关卡设计师	Product Designer 产品设计师	User Interface (UI) Designer 用户界面设计师
Art Therapist 艺术疗愈师	Graphic Designer 平面设计师	Product Manager 产品经理	Video/Film Editor 视频剪辑师
Brand Designer 品牌设计师	Illustrator 插画师	Production Designer 制作设计师	Visual Designer 视觉设计师
Character Rigger 角色绑定师	Industrial Designer 工业设计师	Prompt Designer/Engineer 提示语设计师 / 工程师	Virtual Reality (VR) Designer 虚拟现实设计师

通过 Anvaka，可以看到人们在谷歌搜索这些职业的相关关键词形成知识图谱（图 7-5 ～图 7-7）。

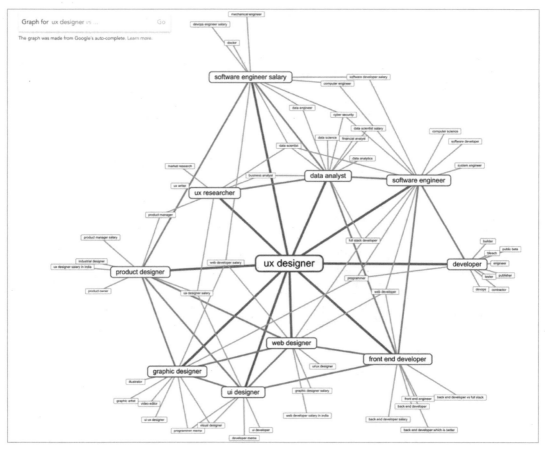

图 7-5　Anvaka 上把谷歌搜索关键词的关系可视化：UX Designer（2023 年）

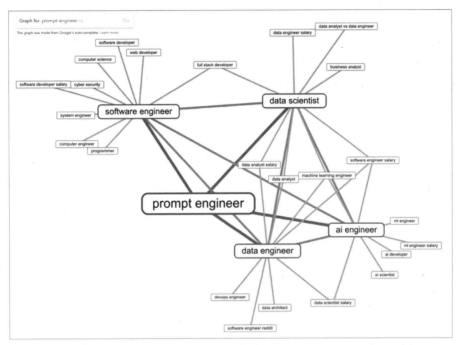

图 7-6　Anvaka 上把谷歌搜索关键词的关系可视化：Prompt Engineer（2023 年）

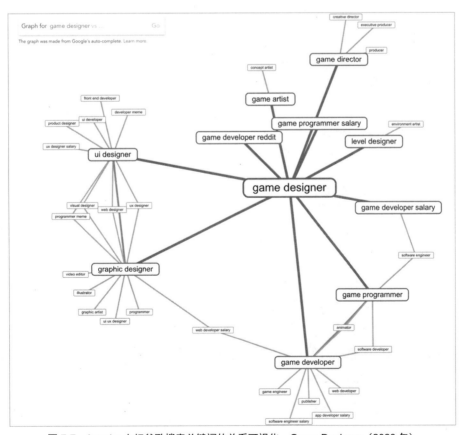

图 7-7　Anvaka 上把谷歌搜索关键词的关系可视化：Game Designer（2023 年）

如果我们看以互联网为代表的科技公司，各项职业已经形成了清晰的要求（去招聘网站查询是最直接的了解方法）、发展路径（图 7-8），比如可以简单地分为技术开发、产品与设计、运营与市场、其他职位四大类，各类既有细分，在发展到一定阶段时还可以在同类或者跨类重新落位，比如做产品设计的人既可以沿着设计路线发展，也可以转为产品路线或者运营市场路线，并最终成为能力综合、能够统领业务的人。对比之前的工业设计时代，技术开发类职位几乎是全新长出的，产品与设计类职位与之前的工业设计也有了彻底的变化，运营市场类职位也增加了互联网内容、活动、投放、社群相关的部分。在 AI 时代，一定也会发生类似的事情，部分职业获得全新的发展，另外产生一些全新的职业，比如处理数据与 AI 关系的 AI 训练师、AI 标注员（人工标注信息以帮助 AI 学习）、AI 人类对齐工程师（按照人类社会的伦理道德对 AI 给予反馈，从而使 AI 的价值观与人类对齐），处理人与 AI 关系的提示语设计师 / 工程师、智能体设计师、机器行为设计师等。

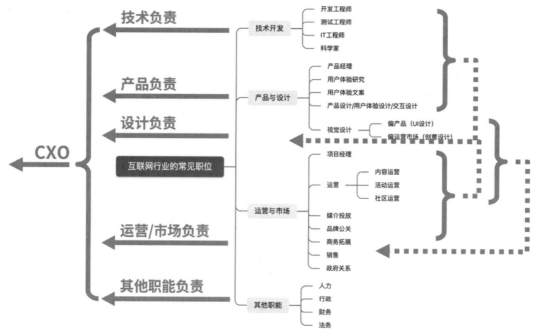

图 7-8　互联网行业中各职业的发展路径

在 AI 时代进行职业发展规划，对于有志于在产品设计领域中发展的人来说是一个充满挑战但回报也会非常丰厚。二十多年前，我就是在互联网浪潮刚刚开始的时候进入互联网产品设计领域，成为最早一批从事用户体验的人，获得了很大的发展助力。这段切身的体会让我深知，在早期进入一个即将高速发展的领域，会有怎样的红利，这也是为什么在 2017 年我选择继续前行，进入 AI 领域继续发展。现在，AI 应用的窗口正在打开，竞争的焦点正在从技术领域向技术 + 产品领域转移，即将出现智能产品的大爆发，值得大家全力以赴投身其中。以下是一些具体的建议。

- 学习 AI 能做什么、做成怎样、如何做到：学习 AI 的基础知识和应用，比如概念、技术、方法和工具，是一切的基础。这可以帮助产品设计者理解 AI 的潜力和局限性，及其对产品和用户的影响。了解 AI 在设计行业的最新趋势，积极参与相关社区，每天从媒体和行业专家的文章、书籍、播客、课程、会议中获取信息，汇总到自己的学习资料库中，以便于管理和加深理解。思考 AI 在各个领域和层面产生的影响，深刻理解 AI 如何改变产品设计，并探索如何将它们集成到产品设计中。

- 探索用 AI 做设计，以及设计智能产品：无论做什么产品设计，都可以从中找到可以利用 AI 来增强能力和创造创新体验的机会。主动探索和寻求机会，把 AI 纳入工作流，尽可能参与智能产品设计课题，在实际或者虚拟项目中锻炼，应用和提高 AI 知识技能，包括实习、工作、比赛、黑客马拉松、研讨会等，以此来充分体会 AI 的潜力与局限。与 AI 专家、数据科学家、工程师合作，学习他们的洞见和专业知识，扬长避短，让他们做到最好的技术研发，让自己做好最好的产品设计。

- AI 越是强大，就越需要聚焦在"人何以为人"：人类创造 AI 不是为了被取代，因而在运用 AI 的过程中、创造智能产品的过程中，尤其需要重视以人为师、以人为本、以人为伴的原则。同时，人类的核心能力，人性与创造，一定是人类赖以生存，并且有巨大潜力可挖的东西。围绕这两方面来培养感受力、同理心、价值观，创造性思维、批判性思维、提出问题与判断筛选的能力，这些特质与技能在 AI 时代依然是无价之宝。

借用我之前提出的 STEM-DALB 模型（图 7-9），来描述 AI 时代的人类综合能力培养路径："科学"与"艺术"分列两端，科学向应用移动变为"技术"，艺术向应用移动变为"设计"，技术与艺术接触融合的地方产生"工程"与"商业"，而"数学"作为理工的基础，"语文"作为人文的基础。由此培养人类的综合能力，依据不同的特长与爱好确定不同的发展方向，并在 AI 的帮助下获得更好的成长。

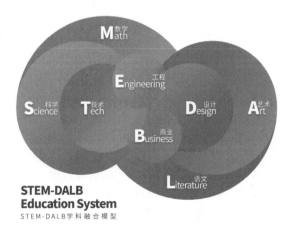

图 7-9 文理兼备的综合能力培养 STEM-DALB 模型

AI 正在开始广泛而深刻地影响人类世界，我们可以期待的，绝不只是渐进式的职业提升；最值得期待的重大机会是，在 AI 时代，每个人都有机会成为超级个体。

《创世纪》的作者用 7 小时完成了这个视频短片，我一觉醒来就可以收获 AI 生成的数以千计的设计方案，Midjourney 创立第一年靠 11 个人做到了 1 亿美元的收入[238]，AlphaFold 启动两年就预测出 2.14 亿个蛋白质结构，远超人类用冷冻电镜法在过去六十多年里发现的大约 19 万个结构……AI 的时代正在来临，它正在以我们无法想象的方式改变世界。其中一个最显著的影响是，它为每个人提供了成为超级个体的机会。AI 可以如何赋能人类、促进协作并开启集体进步的新模式，是特别值得思考与实践的问题。

我发起的"AI 创造力"概念，聚焦如何创造性地使用 AI，以及如何用 AI 增强人类的创造力，倡导人与 AI 各展所长、协作共创。人们努力培养自己的 AI 创造力，就能掌握这样的新理念、新策略、新力量，站在跨越时空积累的人类文明精华上，与 AI 协作共创，做到远超过去能力的成就，成为超级个体。

超级个体能够获取并处理海量的知识和资源。AI 可以帮助人访问以前无法获得的大量知识和资源，包括各种主题的信息，可以用来解决问题和创造新产品的工具和技术，并且完全没有语言的障碍。AI 技术，比如机器学习、自然语言处理、计算机视觉、生成式 AI，使个人能够有效地处理大量信息并进行数据驱动决策。AI 算法对复杂数据集进行分析并得出有意义见解的能力，使个人能够做出更明智的选择、解决复杂问题并以过去无法想象的方式进行创新。

超级个体能够进一步强化团队协作。AI 不仅增强了个人能力，还促进了个人之间的协作，促进了集体智能的出现。借助 AI 驱动的协作平台，来自不同背景、使用不同语言的个人都可以无缝协作，超越地域甚至时空的限制。AI 算法可以自动化烦琐的任务，为个人腾出时间专注于更高价值的活动，比如批判性思维、创造力与创新，我们就能更好地构建自己独特的视角和专业知识，从而产生新颖的解决方案和突破性的创新。

超级个体能够更具有创造力地解决问题。AI 可以帮助人更有效地解决问题，比如大规模、高效率、低成本的充分探索，用来生成新想法、创造新产品；再比如通过数据分析、模式识别、模拟预测，尤其是在人类过去无法获得的数据信息、无法处理的复杂问题、无法识别的模式情况、无法持续的时间长度下，形成洞察与创新，帮助人们做出更好的决策、实现更好的解决方案。

即便不是人人都能真正成为"超级个体"，但只要与 AI 各展所长、共生共创，也一定能超越过去的自己。

产品设计是一个充满幸福感的职业。虽说也像其他各种职业一样，有着各种挑战与烦恼。但是和绝大多数职业不同的是，一方面，产品设计必须要深入用户的世界，了解和洞察他们的生活与工作、痛点与期待，这就如同有机会去过他们的人生。对绝大多数职业来说，人这一辈子就是一条单行道，一辈子体验一段人生；而产品设计则可以不断地体验不同的人生，获得不同的感受，增加人生的厚度与长度。另一方面，产品设计是一个活到老学到老的职业，虽说这也意味着压力与挑战，但是新知识、新技能、新体验、新机会所能带来的收获，要远远超过这个过程中的付出。这就如同前面章节所讨论的设计过程，只有充分拥抱不确定性，才能充分拥抱可能性，才能在人生的道路上尽可能靠近那个可能存在的最优解。而在这个过程中，AI 将会成为你的最佳伙伴。

◀ 思　考 ▶

你最想要从事的职业是什么？

你最擅长做哪些事情？

你最希望 AI 职业顾问帮到你什么？

7.3　如何面试与被面试

2016 年，我在知乎上写了这个回答[239]：

设计师与其他职位相比，相同的地方在于，设计也是一种高度依赖专业能力、依赖团队协作的工作；不尽相同的地方在于，设计师的工作中既需要很多方法流程，又需要方法流程搞不定的创造性，既要非常理性的思考，又要非常感性的表达，既要思考产品外在如何被人使用，又要思考产品内部如何运作。这种矛盾冲突构成了设计师工作的本质，这也是设计师面试考察的基础。

1. 招聘要点

从面试官的角度来说：

- 人是公司最重要的财富。对的人能把二流的想法干成一流的事情，错的人会把一流的想法干成二流的事情。

- 人的能力和文化同样重要。对的人不仅自己会越变越好，还会带动周围的人越变越好。错的人进来，不仅会让你和团队花更多的时间，结果反而还不好。

- 招聘最大的成本，是找错人→尝试融入→出问题→替换，耽误时间、事情和机会的总成本。如果一个公司在招聘上草率，公司环境大概率会有问题。

- 你在面试的人，一旦通过，就会长年累月地跟你在一起工作。你愿意和他／她一起面对艰巨的挑战和艰难的时刻吗？如果确定愿意，才说同意招聘。

- 初创公司比较难招到特别棒的人才，但也绝不能妥协。一方面尽可能招到当前阶段能找到的最好的人才，另一方面努力培养自己的人才；让候选人了解到你们多么努力培养人才，这本身就能帮你吸引到更好的人才。

从面试者的角度来说：

- 这个公司想要什么样的人才，公司欣赏的人才标准和自己的价值观一致吗？这个公司的文化是怎样的，和自己的价值观一致吗？

- 公司的业务类型是什么，对设计的要求是什么？2B 与 2C 的公司，技术导向与运营导向的公司，在设计工作的内容、节奏和业绩评判上会有很大的不同。

- 公司有多重视设计岗位，有什么具体的例子？目前团队规模有多大，发展计划如何，目前相关团队里的人是什么样的？怎样的人和行为能获得升职，了解一个实际的例子。

- 自己能获得哪些方面的能力提升，如何获得？仔细了解你的直管领导，你是否愿意在他/她的领导下工作，他/她是否能帮你在专业和职业上提升。

2. 招聘准备

从面试官的角度来说：

- 招聘文案简明扼要，说清楚工作内容和职位要求。行业普遍的要求，放不放其实并没有那么重要。对内，总结成 3 ～ 5 个关键词，便于 HR 去检索。

- 招聘文案简明扼要，说清楚企业自身的吸引力，尤其是差异化的吸引力（比如李开复老师投资，苹果年度最佳，技术牛人 leader）。在招聘网站上，总结成 3 ～ 5 个关键词，便于求职者来检索。

- 招聘文案中展现对职位的重视，以及积极的团队文化。

从面试者的角度来说：

- 对照工作内容和职位要求，是自己喜欢的、擅长的吗？了解招聘企业的公司/团队/创始人、业务/产品/服务、文化/环境，是自己喜欢的吗？如果要申请，就根据要求调整自己的简历和作品集。

- 作品集中的作品，要有针对性的突出，不要平均展现；只放你最优秀的作品，不求量多，有一件作品打动面试官就足够；尤其不要放水平不够的作品，这不仅严重减分，更让面试官质疑你的判断力。

- 作品集中对作品的描述，不要只是罗列做过的项目，一定要展现分析问题解决问题的过程；不要只是展现你所应用的方法和流程，而尤其要突出你做出的创造性的工作。

- 作品集和简历合二为一。对于设计师来说，作品内容比简历内容更重要。或者作品集中带有简历，或者简历中带有作品集的链接。同时，请也为 HR 和面试官考虑，不要让他们去下载一个巨大的作品集。尤其如果作品质量不高，会让对方更失望。记住，你的作品集和简历是你最重要的一份设计作品。

- 研究招聘企业的业务/产品/服务，找问题，准备好改进方案。

3. 面试考察

从面试官的角度来说：

1) 专业能力

- 请他/她介绍过去做过最有成绩的、最有难度的项目经历，不停追问细节，只有亲身认真做过，才能说出扎实的细节；多问几个维度，交叉验证。

- 请他 / 她介绍过去收获最大的项目经历，过程中是如何学习、提升的，不停追问细节。在 AI 时代，快速学习也是一项关键能力。

2）分析、创造力

- 请他 / 她介绍以前做过的一件事情，是如何分析问题、解决问题、评估结果的。重新来过可以怎样做得更好，从多少方面、多少方法入手。
- 把现在你面对的实际问题扔给他 / 她，看他 / 她怎么分析解决，现场做方案，从多少方面、多少方法入手，遇到不会的东西怎么想办法。

3）协作能力

- 请他 / 她介绍和同事或外部合作方协作完成一个任务的故事，遇到什么困难，是怎么解决的。
- 请他 / 她介绍有没有和同事或外部合作方遇到过冲突，或者意见不一致，是怎么解决的。

4）文化契合度

- 请他 / 她介绍在过去工作经历中，最开心的、最不开心的事情是什么，为什么。
- 把现在咱们团队中存在的实际问题扔给他 / 她，问他 / 她怎么想、会怎么做。

5）附加 HR 问题

- 了解他 / 她的职业规划、稳定性、离职原因，如何评价之前的工作环境、希望有怎样的工作环境，家庭情况等（注意，欧美公司严禁询问种族、婚育情况，涉嫌歧视）。
- 了解他 / 她对这份工作有什么期待和顾虑。

6）结论

- 如果同意招聘 / 强烈支持招聘，进入下一轮。
- 如果不同意招聘，婉拒或者安排补充面试。

从面试者的角度来说：

- 仔细回顾自己过去的工作 / 项目经历，理清其中的专业点、协作点，以及如何学习成长的。如何讲出来，可以录像看效果，还可以和朋友互相演练。
- 平时的工作中就注意锻炼自己的分析和创造力。任何任务都不只一种解决方案，多思考、尽可能多地尝试多种解决方案，快速原型、快速检验。这是设计师本职工作中就应具有的基础素质，在面试中你可能也会需要用到。
- 学会讲自己的设计，抓重点，有理有据，有评估方法。会用一句话讲清楚，也会用 3 ～ 5 分钟讲清楚。
- 清晰表达你对职业发展、团队环境的要求，以及你愿为此付出的努力。
- 真诚表达，不要说谎，圈子很小。最重要的，还是平时的积累。

4. 招聘过程中还要注意

从面试官的角度来说：

- 招聘不只是 HR 的事，是每个人的事。你的朋友中就有最佳候选人（你了解他 / 她的能力和文化），把你的手机通讯录、微信、微博、Linkedin、脉脉等都过一遍；相关的人都骚扰一遍，你并不知道他 / 她现在的状态究竟怎样，是不是在看新机会。
- 在各种综合的、专业的招聘平台上都要下功夫。
- 拿到候选人联系方式，第一时间联系，交流情况、约面试。好人才是被疯抢的。
- 面试的时候，如果不是万不得已，一定不要让候选人等。好人才是被疯抢的。
- 面试到不错的候选人，最好最好当场送往下一轮面试，直至做出最终的招聘结论。好人才是被疯抢的。
- 面试到不合适的候选人，不要马上草草结束，给候选人留下的坏印象是会传播的。但也不用浪费你的时间，跟候选人了解相关行业、公司情况，（如果适合）和候选人坦诚交流职业发展建议，都是不错的选择。
- 无论遇到合适或不合适的候选人，面试时间都是 30 ～ 40 分钟为宜，最少 20 分钟。
- 无论遇到合适或不合适的候选人，都不要忘了花一些时间宣传自己的公司 / 团队，种一颗种子。
- 及时（当天）写面试反馈。简明扼要，有自己的判断，有判断的依据事实，有招聘的决定。

从面试者的角度来说：

- 从自己的朋友圈子、微信群、微博、Linkedin 等社交网站中找人，了解自己应聘的企业 / 团队中的情况。内部推荐通常不会让你得到特别的优待，但是多了解内部情况能帮你做更好的准备。
- 挑选主流的综合、专业招聘平台，知乎、微博、Linkedin 等社交平台，UI 中国、站酷、视觉中国、Dribble、Behance 等专业社区，在上面花一些工夫展现自己。让别人能在网上直接看到你的工作成果和思考非常重要，并且在这些地方比在孤岛一样的个人网站更容易获得影响力。
- 面试的时候要带自己的作品，不要打印出来（花钱，不环保，也无法最好的展现作品），带电脑。
- 面试的时候注意自己的着装、仪表，以及随身携带的每样东西，这些都是设计师能力和品位的一部分。
- 无论面试结果如何，给对方留下好印象。圈子很小，人生很长。
- 面试后作总结，为之后的面试作改进。

在今天，可以让 AI 扮演面试官，帮助我们进行各种面试练习。比如下面这个例子（原始问题用英文提问，获取英文回答后再翻译为中文，并针对专业性与语言通顺性对答案做了微调）。

向 AI 的提问：

我是一个应届毕业大学生，想要找用户体验设计的工作。你可以扮演谷歌的面试官来面试我吗？

- New Bing 的回答：

我可以扮演谷歌的面试官，并问你一些关于用户体验设计的问题。请注意，这不是官方的谷歌面试，我与谷歌没有任何关系。这只是一个有趣且有教育意义的练习，可以帮助你练习你的技能和知识。

以下是我想问你的一些问题：

- 请介绍一下你自己和你在用户体验设计方面的背景。是什么激发了你对这个领域的兴趣，你迄今为止做过哪些项目？

- 你如何处理一个新的用户体验设计项目？从构思到实施，你会采取哪些步骤？你会使用哪些工具和方法？

- 你如何进行用户研究，你使用哪些方法来收集和分析用户数据？你如何将你的发现和见解传达给利益相关者和开发人员？

- 你如何创建用户画像和用户旅程图？使用这些工具的优点和挑战是什么？你能给我看一个你为之前的项目创建的用户画像和旅程图吗？

- 你如何设计直观、可访问和美观的用户界面？用户界面设计的原则和最佳实践是什么？你如何测试和评估你的用户界面设计的易用性和用户满意度？

- 你如何在用户体验设计项目中与其他设计师、开发人员和产品经理进行协作？你使用哪些工具和平台来促进团队合作和沟通？你如何处理来自他人的反馈和批评？

- 你如何跟上用户体验设计的最新趋势和发展？你从哪些来源获得灵感和学习？用户体验设计行业目前面临的挑战或机遇有哪些？

以我的工作经历来说，真实的面试不会完全以这样的方式进行，不过这些问题的确可以用作参考，帮助面试者、面试官提前做好准备。另外，世界各地的开发者也已经研发了几百个用于求职招聘的智能产品[240]，随时准备为大家提供帮助，还有更多、更好的在路上。

思 考

面试官要考察哪些方面的情况？

面试可以从哪些方面准备？

怎样才是不浪费向面试官提问的机会？

7.4　小练习：把自己当作一个产品打造

你最擅长的是产品研究和设计方法，这些方法也可以帮助你设计职业之路吗？

用户研究：用产品研究的方法来了解你的优势、兴趣和目标，进行个人 SWOT 分析来确定自己擅长哪些领域以及需要改进哪些领域。这种自我评估将帮助你认清自我，把职业道路与个人的特长和期待贯通起来。

市场研究：把你的职业发展作为一个设计问题，对行业、就业市场和潜在职位进行研究。从行业资讯、报告、活动中获得信息，并与能够提供宝贵观点的行业专家建立联系。这个研究会帮你了解你意向的职业道路的需求、挑战和趋势。

概念构建：用设计思维、CREO 人机共创模型等方法，为你的职业道路生成想法和概念。头脑风暴、集思广益，探索各种可能，并考虑如何把你的技能和兴趣应用于各种环境，选择最适合自己的、差异化竞争的细分市场。这个过程会帮你发现独特的机会和潜在的职业方向。

原型测试：把你的职业道路视为迭代过程。通过在目标领域进行虚拟项目、实习、自由职业或者实际工作，把你的职业想法变为原型进行测试，确定这些是否符合你的目标和期望。这种实际检验的方法会帮你完善你的职业道路规划。

作品展示：你就是那个作品，找到合适的方式把自己各方面的成果充分展现出来，公开在网络上，让有可能会对你感兴趣的人随时可以看到。不要为了求量而堆砌质量参差不齐的成果，打动人只需要一件足够好的成果，如果有两件就说明你有持续产生这种水平的成果的能力，如果连续的成果能体现你的成长就预示着你有更大的潜力。设计与写作同样重要，因为写作是表达思想最低成本的方式。这种形式会给你带来意外的惊喜。

迭代反馈：在工作过程中，除了把工作成绩与回报，以及与其他人的横向对比作为反馈信息，也要持续向导师、同事和行业专家寻求反馈建议。定期评估你的进度、技能和成就。根据反馈进行必要的调整和改进。

持续迭代：像 AI 一样，不断学习和发展新技能来塑造你的职业道路。坚持每天了解行业趋势、技术和方法，参加社交网络里以及专业领域中的讨论、课程，持续提高知识与技能，在你选择的领域中保持竞争力。在这个过程中，积极建立人脉关系，保持适应性和灵活性，及时调整发展方向，愿意探索新领域并抓住意外的机会。

本章的小练习如下。

主题：把自己当作一个产品打造

本科：
- 对自己进行用户研究。
- 用 AI 帮助进行市场研究。
- 用 AI 帮助头脑风暴适合自己的职业机会。
- 根据上述结果为自己写一份简历。

硕士：

- 对自己进行用户研究。
- 用 AI 帮助进行市场研究。
- 用 AI 帮助头脑风暴适合自己的职业机会，用评估矩阵进行评分。
- 根据上述结果为自己写一份简历。

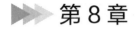

第 8 章

自我挑战课题

8.1 重设计 100 个产品

市场上已经有很多智能产品，对这些产品进行重设计，是一种很好的练习。当我们以重设计为目标时，思考的广度和深度往往会远超普通的竞品分析。在重设计的过程中，我们不仅能透过这些产品更深入地理解如何做智能产品的设计，并在此基础上思考如何构建差异化竞争的点。重设计通常可以从以下角度来切入：改进用户体验、添加新功能、修复错误、改变视觉风格。不用太在意自己的想法是否能代表原产品的广泛目标用户，我们通常没有足够的资源去进行那么大规模的研究；重新设定一个目标用户群体，以此为基础进行设计就好。大家可以从以下 100 个产品开始。

大语言模型与智能体产品

（1）OpenAI ChatGPT

（2）微软 New Bing

（3）谷歌 Gemini

（4）Anthropic Claude

（5）智谱清言

（6）讯飞星火

（7）字节豆包

（8）月之暗面 Kimi

（9）阿里通义

（10）腾讯混元

（11）百度文心一言

（12）Peo AI

（13）Character AI

（14）Replika

（15）Chirper AI

（16）MindOS

（17）苹果 Siri

（18）小米小爱同学

（19）Auto-GPT

（20）AgentGPT

AI 影像生成、设计与编辑产品

（21）Midjourney

（22）Stable Diffusion（WebUI、ComfyUI）

（23）Adobe Firefly

（24）Canva

（25）Leonado AI

（26）Artbreeder

（27）Blockade Labs Skybox

（28）Runway Gen 1、Gen-2

（29）Pika Labs

（30）Dreamina

（31）Mootion

（32）Synthesia

（33）Rask AI

（34）HeyGen

（35）D-ID

（36）剪映

（37）Cascadeur

（38）Tripo3D

（39）Meshy

（40）Luma AI

AI 音乐与声音产品

（41）Udio

（42）Suno

（43）Stable Audio

（44）天工 AI 音乐

（45）灵动音口袋乐队

（46）灵动音和弦派

（47）Mubert

（48）BandLab SongStarter

（49）AIVA

（50）SOUNDRAW

（51）网易天音

（52）网易云音乐 X Studio

（53）Neural Drum Machine

（54）The Infinite Drum Machine

（55）全民 K 歌的换曲风功能

（56）Yousician

（57）ElevenLabs

（58）大饼 AI 变声

（59）火山引擎智能语音

（60）讯飞有声

AI 办公与学习产品

（61）飞书

（62）钉钉个人版

（63）Notion AI

（64）WPS AI

（65）Microsoft 365 Copilot

（66）FigJam AI

（67）Tome

（68）Beautiful.ai

（69）Rewind AI

（70）ResearchRabbit

（71）网易子曰

（72）好未来 MathGPT

（73）微软小英

（74）Grammaly

（75）Speak AI

AI 生活服务产品

（76）抖音 /TikTok 的内容推荐

（77）拼多多的商品推荐

（78）大众点评的用户评价

（79）淘宝问问

（80）淘宝极有家的室内设计生成

（81）小度智能音箱

（82）微信"扫一扫"内的翻译

（83）讯飞翻译机

（84）Meta Seamless 翻译

（85）ChatLaw

（86）美图秀秀

（87）妙鸭相机

（88）形色 App

（89）天工 App 的智能搜索

（90）智谱 / 豆包 / 星火 / 通义 / 文心一言 / 天工等的智能体市场

AI 产业服务产品

（91）阿里鹿班

（92）WeShop

（93）灵动 AI

（94）筑绘通 Pinlandata

（95）Sketchup Diffusion

（96）GitHub Copilot

（97）CodeGeeX

（98）Phind

（99）Replit

（100）uizard

8.2　探索设计 100 个新产品

正如本书中所论述的，设计智能产品的基本原则在于以人为师、以人为本、以人为伴，可以参考产品设计第一性原理、CREO 人机协作模型来进行。面对不同的 AI 技术，在不同的应用领域，具体的设计方法与流程会有所不同。比如有人把生成式 AI 应用的设计方法总结为：搭建生成式多变性的环境，为丰富的、不完美的、探索性的输出，为人类控制、心智模型、解释性、避免伤害，而进行设计[241]。

与普通的产品设计相比，智能产品的设计同样从人出发，通过梳理使用场景和过程来识别问题 / 机会、定义用户需求，然后策划产品概念、搭建原型并测试，逐步进行设计和研发的深化，直到发布和迭代改进。不同的地方在于，设计智能产品需要充分理解 AI 和大数据的能力，知道要用什么技术、能做到什么效果，充分发挥 AI 对真实世界的模拟与预测，以及辅助个体与集体智慧进行大规模高效双向互动的效果，并设计好数据采集、使用的机制，使其成为可以持续沉淀的产品核心价值；另外，由于 AI 运行的结果存在一定概率的出错可能，也需要做好人对 AI 的控制机制，以及产品系统的容错机制。在这个过程中，我们需要整合各种 AI 工具来构建适合的工作流，以实现高效探索与实施；如果有机会与 AI 专家紧密协作，更能推进工作的深度，实现更好的智能产品设计。大家可以从以下 100 个产品开始。为了利于入手，以下选题都是围绕大家熟悉的日常生活来展开。

家居产品

（1）智能电视

（2）智能音箱

（3）智能空调

（4）智能冰箱

（5）智能洗衣机

（6）智能热水器

（7）智能空气净化器

（8）扫地机器人

（9）智能空气炸锅

（10）智能电饭煲

（11）智能床垫

（12）智能桌椅

（13）智能按摩椅

（14）智能宠物喂食器

（15）智能家居照明

（16）智能家电遥控器

（17）家庭数据智能存储

（18）家居故障智能助手

（19）智能门锁

（20）智能家居安防

生活服务产品

（21）中英文名字智能起名助手

（22）智能美食助手

（23）智能种植助手

（24）智能装修助手

（25）智能家具助手

（26）智能穿搭助手

（27）智能美容美发助手

（28）智能美妆镜

（29）智能亲子游戏助手

（30）智能宠物助手

（31）智能购物助手

（32）智能礼物助手

（33）智能财务助手

（34）智能冥想助手

（35）智能环境音助手

（36）智能翻译助手

（37）智能防诈助手

（38）智能手表

（39）智能眼镜

（40）智能项链

健康产品

（41）智能健康助手

（42）智能医药助手

（43）智能药盒

（44）智能睡眠助手

（45）智能健身助手

（46）智能健身镜

（47）智能手环

（48）智能跑鞋

（49）智能体重秤

（50）智能血压计

关爱产品

（51）老人智能陪伴助手

（52）智能拐杖

（53）智能儿童手表

（54）智能婴儿床

（55）盲人的智能眼镜

（56）盲人的显示器

（57）聋哑人的手语翻译软件

（58）自闭症儿童智能卡片

（59）智能情绪追踪与调节

（60）智能心理助手

出行产品

（61）智能汽车座舱

（62）智能车况监测

（63）自动驾驶的人机协作

（64）智能公交助手

（65）公交智能优惠体系

（66）智能红绿灯

（67）智能导航

（68）智能地图

（69）智能旅行助手

（70）智能旅行翻译

教育产品

（71）智能学习（数学）

（72）智能学习（语文）

（73）智能学习（外语）

（74）智能学习（科学）

（75）智能学习（历史地理）

（76）智能学习（美术设计）

（77）智能学习（音乐）

（78）智能学习（体育）

（79）智能学习（小实验）

（80）智能学习（编程）

效率产品

（81）智能闹钟日历

（82）个人知识管理智能助手

（83）个人职业智能助手

（84）个人简历智能助手

（85）个人智能分身训练

（86）青少年生日虚拟人制作

（87）老人人生记录模型训练

（88）图像生成模型自动化训练

（89）网络信息热点智能助手

（90）头脑风暴智能助手

娱乐产品

（91）新闻智能助手

（92）图书影视游戏智能助手

（93）与图书影视游戏角色、历史名人聊天

（94）智能互动小说体验

（95）智能儿童故事机

（96）智能音乐电台

（97）智能电子宠物

（98）智能虚拟女友／男友

（99）传统游戏智能助手

（100）智能实景剧本杀

8.3　挑战 3000 个产品概念设计

如果有人让你设计 3000 个产品概念，你的第一反应多半是：这是个不可能完成的任务。可是，回想我在第 5 章 5.2 节中向大家展示的，如何用定义问题维度、利用 AI 进行结构化的头脑风暴的形式来进行产品概念设计。如果我们把维度进一步丰富一下，变为五个维度，每个维度中有五个选项，在每个维度中任选一个选项来形成产品概念，组合的结果就会有 $5×5×5×5×5=3125$ 种！

在 AI 的帮助下，设计范式发生转变，我们也必须建立与之相匹配的开放心态、思维方式，以及工作流。这也是为什么有的人在使用今天的 AI 时，总得不到高质量的成果，因为我们提问的质量直接决定了回答的质量；提示语工程很有用，但问题的定义能力才最关键[242]。比如我们可以把产品概念设计的问题简单定义为以下五个维度，列出其中的选项如下。

维度一，用户：年轻女性，年轻男性，老人，小孩，父母。

维度二，场景：休闲，学习，消费，工作，竞赛。

维度三，行为：看电视，看书，看网络视频，逛网络社区，玩游戏。

维度四，目的：休息，娱乐，挣钱，锻炼身体，获得知识。

维度五，构思方法：类比法，数据驱动，第一性原理，六顶思考帽，SWOT 分析。

然后与 AI 一起共创（表 8-1）。

因为对于真实世界的理解水平还不够，AI 有时会产生"幻觉"（hallucination），一本正经地胡说八道；因为基于对网络上积累信息的学习训练，AI 事实上还无法产生真正的原创创新。但这些问题都不是障碍，也一定会逐步解决。我从 2017 年持续追踪 AI 创造力相关的案例，从中能够清晰地看到发展过程与趋势，供大家参考。[243]

表 8-1　AI 按照结构化的问题定义，进行头脑风暴

向 AI 提出要求	请从以下每个维度中选择一个选项，把三个维度的选项结合在一起，形成一个产品创意，设计一款产品。 ● 维度一，用户：年轻女性，年轻男性，老人，小孩，父母。 ● 维度二，场景：休闲，学习，消费，工作，竞赛。 ● 维度三，行为：看电视，看书，看网络视频，逛网络社区，玩游戏。 ● 维度四，目的：休息，娱乐，挣钱，锻炼身体，获得知识。 ● 维度五，构思方法：类比法，数据驱动，第一性原理，六项思考帽，SWOT 分析。 比如："年轻女性"在"休闲"场景下"看电视"，目的是娱乐，请用类比法来设计一款产品。
ChatGPT 的回答	使用类比法，结合以上维度，设计一款产品如下： 产品名称：MindFit 维度一：用户——年轻女性 维度二：场景——休闲 维度三：行为——看书 维度四：目的——锻炼身体 维度五：构思方法——类比法 产品描述： MindFit 是一款结合阅读和健身的智能产品，专为年轻女性提供休闲娱乐和身体健康的体验。通过类比法，将阅读与身体锻炼结合，为用户提供全新的方式来获得知识和保持身体健康。 产品特点： 1. 个性化阅读计划：MindFit 根据用户的阅读兴趣和健身需求，提供个性化的书单和健身计划。用户可以选择自己感兴趣的书籍，并根据自己的时间和身体状况进行健身计划的安排。 2. 智能健身指导：MindFit 配备智能传感器和算法，能够监测用户的身体活动和健身效果。根据用户的阅读进度和身体数据，提供实时的健身指导和反馈，帮助用户更好地掌握阅读与健身的平衡。 3. 互动社区：MindFit 建立了一个互动社区，用户可以与其他年轻女性分享书籍推荐、健身心得和成果。这个社区可以激发用户之间的互动和学习，提供更多的支持和动力。 4. 培养良好习惯：MindFit 通过记录用户的阅读和健身数据，帮助用户建立良好的阅读和健身习惯。系统会提供个人化的提醒和挑战，激发用户的学习兴趣和健身动力。 通过类比法，将阅读和健身结合起来，MindFit 为年轻女性提供了一个全新的休闲娱乐和身体健康的产品体验。用户可以在阅读的同时，通过健身活动来锻炼身体，培养健康的生活方式。

New Bing 的回答	为年轻男性在工作场景下看书，目的是获得知识，请用类比法来设计一款产品。 产品名称：书友工作网 产品描述：这是一个专为年轻男性提供看书工作服务的平台，可以让年轻男性通过阅读各种有趣和有用的书籍来获得知识和收入。年轻男性可以根据自己的兴趣和专业选择不同的书籍类型，如科技、商业、历史、文学等。平台还提供了任务系统、评价系统和奖励系统，让年轻男性可以根据自己的阅读进度和质量完成不同的任务，获得评价和奖励。平台还有专业的导师和编辑，可以为年轻男性提供在线指导和反馈。这款产品旨在让年轻男性享受看书工作的乐趣，提高知识水平和收入水平。 类比方法：这款产品是用类比法设计的，它类比了知乎这个平台，将知乎上用户通过回答问题来分享知识和获得收益的模式，转化为用户通过阅读书籍来获取知识和收入的模式。这样可以借鉴知乎的优势，如丰富的内容、活跃的社区、激励的机制等，同时也可以满足年轻男性对看书工作的需求。
Gemini 的 回答	产品名称：虚拟陪伴机器人 用户：年轻女性 场景：休闲 行为：看电视 目的：娱乐 构思方法：类比法 产品描述： 虚拟陪伴机器人是一款专为年轻女性设计的休闲娱乐产品。它可以根据用户的兴趣爱好，提供个性化的娱乐内容和互动体验。 具体来说，虚拟陪伴机器人可以通过以下方式为用户提供娱乐： * 提供丰富的娱乐内容，包括电视剧、电影、动漫、综艺等。 * 提供个性化的推荐，根据用户的喜好推荐感兴趣的内容。 * 提供互动体验，用户可以与虚拟陪伴机器人进行聊天、游戏等。 虚拟陪伴机器人可以帮助年轻女性在休闲时刻获得更丰富、更有趣的娱乐体验。它可以成为年轻女性的"闺蜜"，陪伴她们度过愉快的时光。 以下是一些具体的设计细节： * 虚拟陪伴机器人可以采用 AI 技术，根据用户的表情、语音等信息进行情感识别和反馈。 * 虚拟陪伴机器人可以采用多种交互方式，如语音、手势、眼动等。 * 虚拟陪伴机器人可以与用户建立情感连接，成为用户信任的朋友。 我认为，虚拟陪伴机器人具有一定的市场潜力。随着 AI 技术的不断发展，虚拟陪伴机器人将变得更加智能化和人性化，从而满足年轻女性对休闲娱乐的需求。

讯飞星火的 回答	产品创意：设计一款名为"互动娱乐电视"的产品，适用于年轻女性、年轻男性、老人、小孩和父母。用户可以在休闲场景下通过看电视进行娱乐，同时也可以参与竞赛活动。 这款产品结合了多个维度的选项，满足了不同用户的需求。年轻女性可以通过观看电视来放松身心，享受娱乐时光；年轻男性可以在比赛中展示自己的技能，提高竞争力；老人和孩子可以通过观看教育类节目学习和获取知识；父母则可以通过观看网络视频了解最新的育儿知识和家庭健康信息。 该产品可以提供多种类型的电视节目和网络视频内容，以满足用户的娱乐需求。例如，可以提供电影、电视剧、综艺节目等不同类型的节目，让用户选择自己喜欢的内容进行观看。此外，还可以提供一些互动功能，如投票、评论等，让用户参与到节目中来，增加娱乐性和互动性。 在工作方面，该产品可以为员工提供一个休闲娱乐的平台，让他们在工作之余放松身心。例如，可以提供一些轻松有趣的游戏节目或体育赛事直播，让员工在休息时间进行娱乐。 在消费方面，该产品可以与电商平台合作，将用户喜欢的电视节目或网络视频推荐到购物页面上，实现边看边买的功能。用户可以通过购买与节目相关的商品来支持他们喜欢的明星或节目团队。 综上所述，这款"互动娱乐电视"产品将用户的休闲需求、学习和工作目的相结合，为不同年龄段的用户提供了一个全方位的娱乐和学习平台。
文心一言的 回答	根据您提供的维度，我选择以下选项来构思一款产品： 用户：年轻女性 场景：休闲 行为：逛网络社区 目的：娱乐、获得知识 构思方法：类比法 产品名称：时尚知识分享社区 产品描述： 时尚知识分享社区是一个专为年轻女性设计的在线社交平台，提供了一个集娱乐和学习于一体的环境。通过模拟现实生活中的逛街体验，用户可以在社区内浏览不同主题的时尚店铺，与店主和其他顾客进行互动交流，同时获取最新的时尚资讯和知识。 产品特点： 时尚店铺：在时尚知识分享社区中，每个店铺都代表一个独特的时尚主题，如服装、美妆、鞋履、手袋等。用户可以进入店铺浏览最新的产品信息和潮流趋势，还可以与店主或其他用户进行讨论和交流。 用户分享：用户可以在社区内分享自己的时尚心得、购物经验和使用感受，或者推荐自己认为有价值的产品和品牌。其他用户可以点赞、评论和分享这些内容，形成互动和交流的氛围。

文心一言的回答	时尚教程：社区提供了一系列时尚教程和视频，涵盖了不同主题的时尚知识，帮助用户了解和掌握最新的时尚趋势和技巧。用户也可以通过教程学习如何搭配服装、化妆和造型等。 趋势推荐：基于用户的浏览和购买记录，社区会向用户推荐相应的时尚趋势和产品。用户可以根据推荐进行购物或深入了解相关的时尚信息。 社交功能：用户可以通过社区内的私信、关注、好友系统等功能与其他用户进行交流和互动，扩大自己的社交圈子。 总结： 时尚知识分享社区通过模拟逛街的体验，为年轻女性提供了一个集娱乐和学习于一体的时尚社交平台。用户可以在社区内获取最新的时尚资讯和知识，同时与其他用户进行互动和交流，满足自己的娱乐和社交需求。
商汤商量的回答	根据你给出的条件，我们可以设计一款产品，叫作"快乐盒子"（HAppyBox）。 产品描述： 快乐盒子是一款基于互联网的电视盒子，主要面向年轻女性用户。它的设计灵感来自于现代智能手机，采用了简约的界面和易于使用的操作方式。 快乐盒子的核心功能是提供各种有趣的娱乐内容，包括电影、电视剧、综艺节目、音乐和视频等。用户可以通过快乐盒子轻松找到自己喜欢的内容，并享受高品质的视听体验。 除了娱乐内容，快乐盒子还提供了各种生活服务，例如购物、美食、旅游等。用户可以通过快乐盒子购买各种商品和服务，享受便捷的生活体验。 总之，快乐盒子是一款集娱乐和生活服务于一体的产品，旨在为年轻女性用户带来快乐和便利。
字节豆包的回答	针对年轻女性在休闲场景下看电视的娱乐需求，可以设计一款类比于"智能化妆镜"的产品——"智能电视镜"。 这款产品将电视屏幕嵌入到化妆镜中，同时具备化妆镜和电视的功能。在休闲场景下，年轻女性可以一边照镜子，一边观看电视节目，享受娱乐时光。 与传统电视相比，这款产品更加便捷和私密，可以满足用户在休闲场景下的娱乐需求，同时不会占据过多空间。此外，产品还可以集成其他功能，如网络视频播放、社交媒体互动等，提升用户体验和产品价值。 类比法是一种通过比较不同领域的事物或现象，寻找共性和创新点的方法。在这个例子中，通过类比智能化妆镜和电视，找到了一个新的产品创意，满足了用户在特定场景下的需求。
智谱清言的回答	产品名称：悦享视界 产品定位：一款专为年轻女性设计的，集休闲娱乐、学习提升、社交互动于一体的智能电视应用。 产品功能： 1. 个性化推荐：根据用户的观看历史和兴趣偏好，利用数据驱动的算法推荐相关的影视作品，以满足年轻女性的娱乐需求。 2. 丰富内容：提供各类影视资源，包括热门剧集、电影、综艺节目等，满足用户在休闲场景下的观看需求。

智谱清言的回答	3. 学习提升：整合优质的教育资源，如 TED 演讲、知名公开课等，帮助年轻女性在休闲时间提升自我。 4. 社交互动：引入社交功能，允许用户与好友分享观看心得，形成线上讨论小组，促进用户间的交流和互动。 5. 健康提醒：内置健康提醒功能，提醒用户注意用眼卫生，合理安排观看时间，保持良好的生活习惯。 6. 家庭模式：考虑到年轻女性可能需要与家人共享电视资源，特别设计了家庭模式，允许用户与家人共同使用，满足家庭成员的不同需求。 产品优势： 1. 精准定位：针对年轻女性的需求进行个性化设计，提供符合她们兴趣的影视内容和学习资源。 2. 丰富功能：集休闲娱乐、学习提升、社交互动于一体，满足用户在多个场景下的需求。 3. 健康关怀：关注用户的健康，提供合理的观看建议和提醒，让用户在享受视听盛宴的同时，保持良好的生活习惯。 4. 家庭共享：支持家庭模式，方便家庭成员共同使用，增进家庭成员间的交流和互动。

让我们再次回顾一下，AI 时代的 AI 人机共创模型（图 8-1）：

- CREO AI 人机共创模型是一个过程模型，描述了人与 AI 如何实现共创。
- 创造过程的每一个环节，都可以引入 AI，重新构建工作流。人与 AI 之间如何设定分工协作也是重要环节之一，是实现控制性与设计范式转变的关键。
- 整个过程以人为始、以人为终，以人为师、以人为本、以人为伴。同时，人们使用产品的过程数据也将化为产品本身。

图 8-1　倡导人类与 AI 各展所长、协作共创的 CREO 人机共创模型

AI 时代正在到来，让我们一起拥抱 AI 创造力！